Graphische Thermodynamik

und Berechnen der Verbrennungs- Maschinen und Turbinen

Von

M. Seiliger
Ingenieur-Technolog.

Mit 71 Abbildungen, 2 Tafeln
und 14 Tabellen im Text

Springer-Verlag Berlin Heidelberg GmbH
1922

ISBN 978-3-662-42706-4   ISBN 978-3-662-42983-9 (eBook)
DOI 10.1007/978-3-662-42983-9

Meiner lieben Frau

Dr. med. **Pauline Seiliger**

zugeeignet

Vorwort.

Die vorliegende Arbeit verfolgt den Zweck, in einer für weitere Kreise der Techniker und Ingenieure faßlichen. Form die wärmetechnischen Grundlagen der Hauptvorgänge in den Verbrennungsmaschinen zu behandeln und deren graphische Darstellungen, der Wirklichkeit möglichst annähernd, darzulegen.

Zur einfacheren Lösung dieser Aufgabe wurde die graphische Methode als die zweckmäßigste gewählt, wobei außer den linearen auch die logarithmischen Koordinaten als ein ausgezeichnetes Hilfsmittel hinzugezogen wurden. Dennoch ist auch den analytischen Beweisführungen Platz eingeräumt, um wo nötig die graphischen Folgerungen unterstützen oder dieselben verallgemeinern zu können.

Der erste Teil „Graphische Thermodynamik" ist als Einleitung zu der Lehre der Gase und Dämpfe sowie der Wärmemaschinen aufgefaßt. Bei der Behandlung der thermodynamischen Größen wurde der schwerfaßliche Begriff der Entropie nicht benutzt und dagegen eine einfachere thermodynamische Größe spezifische Arbeit der Zustandsänderung eingeführt.

Der zweite Teil „Berechnung der Verbrennungsmaschinen und -turbinen" beginnt mit einer Lehre der halbidealen Gase, die den Verbrennungsgasen näher als die idealen Gase kommen. In dem Abschnitt über Verbrennung werden in Kürze die Gesetze unvollkommener Verbrennung angeführt, die zum Verständnis der allerwichtigsten und bisher auch am wenigsten untersuchten Verbrennungsperiode beitragen. Der letzte Abschnitt behandelt die Frage der Gasturbinen; mit einigen Ergänzungen läßt sich dieser Abschnitt auch für die Dampfturbinen anwenden.

Bei der Korrektur hat mich in dankenswerter Weise Dr. C. Pingoud unterstützt.

z. Z. Helsingfors, im April 1922.

M. Seiliger.

Inhaltsverzeichnis.

Zweiter Teil.

Berechnen der Verbrennungsmaschinen und Turbinen.

Berichtigungen.

Seite:	Zeile:	von:	statt:	lies:
43	8	unten	thermisch	technisch
87	3	„	$\overline{OA''}$	$\overline{OA'}$
92	4	„	AL	$-AL$
99	4	„	$\dfrac{v_3}{v_2}$	$\dfrac{v_3'}{v_2}$
160	2	„	(d)	(e)
„	6	„	(d)	(f)
„	7	„	(e)	(c)
199	15	oben	54	53
„	20	„	1,5	1,7
211	2	unten	$Eb'e'$ und	und $Eb'e'$.

Seiliger Thermodynamik.

Erster Teil.

Graphische Thermodynamik.

1. Hauptsätze der Thermodynamik.

Mechanisches Äquivalent. Die mechanische Wärmelehre oder Thermodynamik umfaßt die Lehre von der Verwandlung und Umsetzung der Wärme in Arbeit und umgekehrt.

Die Wärmeentwickelung bei Stoß, Reibung und im allgemeinen bei einer Vernichtung der mechanischen Arbeit ist alt und längst bekannt. Desgleichen ist auch bekannt, daß bei einer Wärmezufuhr infolge Volumenvergrößerung unter Überwindung äußerer Kräfte Arbeit geleistet wird.

Wir sind gewohnt, die Wärme als eine Energieform aufzufassen, wobei sie, wie alle anderen Energieformen, dem Gesetze der Erhaltung der Energie unterworfen ist. Dieses Gesetz besagt in der Anwendung auf die Umsetzung der Wärme in Arbeit, daß die wirklich in Arbeit umgewandelte Wärmemenge Q und die hieraus entstandene mechanische Arbeit L äquivalent sind: $Q = A \cdot L$.

Der Wert A wird als thermisches Arbeitsäquivalent und der umgekehrte Wert $1:A$ als mechanisches Wärmeäquivalent bezeichnet.

Als Arbeitseinheit nehmen wir das Kilogrammometer und als Wärmeinheit die große Kalorie an, d. h. die Wärmemenge, die zur Erwärmung eines Kilo Wassers um einen Grad Celsius (von $14{,}5^0$ bis $15{,}5^0$) aufzuwenden ist. Dann ist, wie es Joule und andere Forscher festgestellt haben:

$$A = 1:427 \quad \ldots \ldots \ldots \quad (1)$$

Erster Hauptsatz. Innere Energie. Betrachten wir zuerst, welche Erscheinungen sich geltend machen, wenn wir einem Körper Wärme zuführen, so zeigen sich einerseits sichtbare, anderseits unsichtbare Erscheinungen.

Als sichtbare Erscheinungen können wir die Volumenvergrößerung (Ausdehnung) und die Geschwindigkeitsänderung feststellen.

Bei einer Ausdehnung des Körpers entsteht, wie bekannt, eine Ausdehnungsarbeit, die wir in Arbeitseinheiten für 1 kg des Körpers mit L bezeichnen; diese Arbeit ist AL Kalorien oder AL Wärmeeinheiten (WE) äquivalent.

Bei der Änderung der Geschwindigkeit der Gesamtmasse wird ebenfalls eine Arbeit geleistet, die einem Zuwachs der lebendigen Kraft gleichkommt. Ist die Geschwindigkeit vor Wärmezufuhr gleich w_1 und nach Wärmezufuhr gleich w_2, dann ist die entstandene Arbeit auf 1 kg des Körpers $\dfrac{w_2{}^2 - w_1{}^2}{2\,g}$ kgm oder $A \cdot \dfrac{w_2{}^2 - w_1{}^2}{2\,g}$ WE gleich.

Die unsichtbaren Erscheinungen sind z. B. dadurch zu erkennen, daß die Temperatur des Körpers vor und nach der Wärmezufuhr verschieden ist. Wir werden diese Erscheinungen etwaigen Änderungen der inneren Energie zuschreiben. Angenommen, daß 1 kg Körper vor der Wärmezufuhr eine innere Energie U_1 und nach der Wärmezufuhr U_2 besitzt, so wird die innere Energieänderung gleich $U_2 - U_1$ WE sein.

Es kann auch ein Teil der Wärme verloren gehen. Dieser Verlust entsteht dadurch, daß ein Teil der Wärme trotz Isolierung, oder weil keine Isolierung vorhanden ist, nach außen verloren geht, d. h. an einen anderen Körper, nicht aber an den von uns betrachteten, übertragen wird. Es sei dieser Wärmeverlust in WE durch V bezeichnet.

Die ganze zugeführte Wärme Q_e ist also gleich:

$$Q_e = AL + A \cdot \frac{w_2{}^2 - w_1{}^2}{2\,g} + (U_2 - U_1) + V \ . \ . \ . \ (2)$$

Diese Gleichung besagt, daß die einem Körper zugeführte Wärme zur Leistung äußerer Arbeit, zur Vergrößerung der Geschwindigkeit der Gesamtmasse, zur Erhöhung seines Energieinhaltes und schließlich auch zur Übertragung auf andere Körper verwendet werden kann, und wird als der erste Hauptsatz der Thermodynamik bezeichnet.

Diese Formel, sowie auch die theoretischen Darlegungen vereinfachen sich bei der Voraussetzung, daß keine Wärmeverluste nach außen eintreten. Dann erhalten wir aus (2) mit $V = 0$:

$$Q = AL + A \cdot \frac{w_2{}^2 - w_1{}^2}{2\,g} + (U_2 - U_1) \ . \ . \ . \ . \ (2\,\mathrm{a})$$

Wir können diese Formel auch für den allgemeinen Fall der Wärmezufuhr mit Verlust verwenden, indem wir:

$$Q = Q_e - V \ . \ . \ . \ . \ . \ . \ . \ . \ . \ (3)$$

annehmen.

Es sei hier betont, daß Q_e die ganze zugeführte Wärme und Q die von dem Körper aufgenommene Wärme bedeuten. Von der zugeführten Wärme Q_e geht im allgemeinen der Teil V nach außen verloren; der Rest $Q_e - V = Q$ wird von dem Körper aufgenommen. Damit ist keineswegs gesagt, daß die ganze Wärmemenge Q im Körper als Wärme bleibt. Im Gegenteil: ein Teil dieser Wärmemenge wird meistenteils in Arbeit

$$A L + A \cdot \frac{w_2{}^2 - w_1{}^2}{2\,g}$$

verwandelt, während der Rest zur Erhöhung der inneren Energie U dient und dem Körper als Wärme bleibt.

Sind die Anfangs- und Endgeschwindigkeiten der Gesamtmasse dieselben oder unterscheiden sie sich nur wenig voneinander, wie es auch in der praktischen Technik bei Kolbenmaschinen der Fall ist, so entsteht aus (2a) die Formel:

$$Q = U_2 - U_1 + A L \quad \ldots \ldots \ldots (2\,\mathrm{b})$$

und für die unendlich kleinen Energie-, Arbeits- und Wärmeänderungen dU, dL und dQ aus (2b):

$$dQ = dU + A \cdot dL \ldots \ldots \ldots (2\,\mathrm{c})$$

Die Formeln (2), (2a), (2b) und (2c) sind nicht nur für die Wärmezufuhr, sondern auch für die Wärmeabfuhr gültig. Die erste bezeichnen wir als positive, die letzte als negative Wärme und ferner die Ausdehnungsarbeit als positive und die Verdichtungsarbeit als negative Arbeit.

Zweiter Hauptsatz. Der erste Hauptsatz der Thermodynamik besagt, daß jede durch die Umwandlung der Wärme in Arbeit entstandene L kgm Arbeit einer Wärmemenge von $A L = Q$ äquivalent ist, d. h. daß bei der Zusammenstellung der Wärmebilanz L kgm Arbeit durch Q WE ersetzt werden können. Es folgt aber keinesfalls hieraus, daß wenn wir einem Körper eine Wärmemenge von Q WE verlustlos zugeführt haben, auch unbedingt dadurch $A L$ kgm Arbeit entsteht. Im Gegenteil, die technische Praxis zeigt, daß es in einer Wärmemaschine unmöglich ist, die ganze verlustlos zugeführte und auch von dem Körper aufgenommene Wärme in Arbeit umzuwandeln; ein Teil bleibt unbedingt als Wärme zurück und kann wenigstens in derselben Maschine nicht in Arbeit umgesetzt werden. Diese Eigenschaft der Wärme wird als zweiter Hauptsatz der Thermodynamik bezeichnet.

Soll durch Verwandlung der Wärme eine Arbeit von L kgm geleistet werden, so muß der Körper nicht $Q_1 = A L$, sondern $Q_1 + q = Q$ WE aufnehmen.

Wirkungsgrad. Je kleiner der Wert q ist, desto vollkommener und vorteilhafter ist die Wärmeverwandlung. Der Quotient der entstandenen Arbeit AL zur verlustlos zugeführten Wärmemenge Q heißt theoretischer thermischer Wirkungsgrad der Maschine und wird mit η_{tt} bezeichnet:

$$\eta_{tt} = \frac{AL}{Q} = \frac{Q_1}{Q} = \frac{Q-q}{Q} = 1 - \frac{q}{Q} \ \ . \ \ . \ \ . \ \ . \ \ (4)$$

Aus dieser Formel ersehen wir, dem zweiten Hauptsatze der Thermodynamik entsprechend, daß der theoretische thermische Wirkungsgrad eines Wärmemotors stets kleiner als 1 ist.

Der wirkliche (indizierte) thermische Wirkungsgrad ist noch kleiner, da bei praktischer Umwandlung der Wärme in Arbeit auch mit Wärmeverlust V nach außen zu rechnen ist. Für diesen Fall ist:

$$\eta_{it} = \frac{AL}{Q_e} = \frac{Q_1}{Q_e} = \frac{Q-q}{Q_e} = \frac{Q_e - V - q}{Q_e} = 1 - \frac{V+q}{Q_e} . \ \ (5)$$

Diese im Zylinder der Maschine entstandene Arbeit L_i wird von dem Kolben mittels Pleuelstange und Kurbel auf die Maschinenwelle übertragen. Da, wie bekannt, jede Arbeitsumsetzung in einer Maschine mit einem unvermeidlichen Arbeitsverlust verbunden ist, so wird die auf die Welle übertragene Arbeit L_B kleiner als L_i sein. Das Verhältnis der wirklichen Arbeit L_B (gebremste oder auch nützliche) zur im Arbeitszylinder entstehenden Arbeit L_i (Wärmeverwandlungsarbeit oder auch indizierte Arbeit) wird mechanischer Wirkungsgrad η_m genannt:

$$\eta_m = \frac{L_B}{L_i} . \ \ . \ \ . \ \ . \ \ . \ \ . \ \ . \ \ . \ \ . \ \ (6)$$

Bezeichnen wir auch das Verhältnis der wirklichen Arbeit in WE zu der zugeführten Wärme Q_e als wirtschaftlichen Wirkungsgrad η_w, dann haben wir:

$$\eta_w = \frac{AL_B}{Q_e} = \frac{AL_B}{AL_i} \cdot \frac{AL_i}{Q_e} = \eta_m \cdot \eta_{it} \ \ . \ \ . \ \ . \ \ . \ \ (7)$$

Für den technischen, d. h. ökonomisch-wirtschaftlichen Betrieb ist der wirtschaftliche Wirkungsgrad der maßgebende: je größer η_w ist, desto weniger Wärme, bzw. Brennstoff ist für eine und dieselbe Arbeit nötig.

Die Umwandlung der Wärme in Arbeit in den wirtschaftlichen Wärmemotoren besteht aus periodisch abwechselnder Zu- und Abfuhr der Wärme einem gasförmigen Körper (Dampf, Luft usw.) und aus periodisch abwechselnden Ausdehnungen und Verdichtungen (bei Wärmemaschinen) oder aus der Ausströmung (bei Wärmeturbinen) des gasförmigen Körpers.

2. Graphische Darstellung der Zustandsänderungen. Zustandsänderungsdiagramm.

Zustandsgröße. Der Zustand eines Gases wird in jedem Augenblick durch den Druck p auf seine Oberfläche, durch das spezifische Volumen v und die absolute Temperatur T bestimmt.

Der absolute Druck p wird in Kilogramm pro Quadratmeter, $p = \mathrm{kg/qm}$ gemessen; der Druck $p = 0$ entspricht dem absoluten Vakuum; der atmosphärische Druck ist 10 333 kg/qm gleich.

Das spezifische Volumen oder der Rauminhalt der Gewichtseinheit wird in Kubikmeter pro 1 Kilogramm, $v = \mathrm{cbm/kg}$ gemessen.

Die absolute Temperatur T wird, vom absoluten Nullpunkt gerechnet, in Celsius gemessen; der absolute Nullpunkt entspricht in Celsius 273^0 unter Null; damit ist $T = 273^0 + t$, wenn t die Celsiustemperatur bedeutet.

Diese drei Größen werden als Zustandsgrößen bezeichnet.

Zustandsfläche und Gleichung. Zwischen den Zustandsgrößen besteht meistens ein derartiger Zusammenhang, daß je zwei Größen die dritte bestimmen. Dieser Zusammenhang wird analytisch durch die sog. Zustandsgleichung gekennzeichnet:

$$f(p, v, T) = 0.$$

So ist z. B. die Zustandsgleichung für Gase:

$$pv = RT \quad \text{(das Boyle-Mariotte-Gay-Lussacsche Gesetz)},$$

für die überhitzten Dämpfe:

$$p(v + b) = RT \quad \text{(die Formel von Tumlirz)},$$

oder für Dämpfe in weiteren Grenzen:

$$\left(p + \frac{a}{v^2}\right)(v - b) = RT \quad \text{(die Formel von van der Waals)}.$$

Der genannte Zusammenhang kann auch graphisch dargestellt werden. Wird ein rektanguläres räumliches Koordinatensystem p, v, T (Abb. 1) gewählt und für die Werte p_1, v_1, T_1, die der Zustandsstandsgleichung $f(p, v, T) = 0$ entsprechen, der Punkt A, für die Werte p_2, v_2, T_2 der Punkt B usw. gesetzt, so bilden die Punkte A, B usw. eine Fläche $NKLM$, welche Zustandsfläche genannt wird.

Zustandsänderungs-Gleichung und -Kurve. Der allmähliche Übergang des Körpers von einem Zustande p_1, v_1, T_1 (Punkt A) zu einem anderen p_2, v_2, T_2 (Punkt B) wird auf der Zustandsfläche durch die sog. Zustandsänderungskurve dargestellt: AB (Abb. 1).

Die Zustandsänderungskurve kann als ein Schnitt der Zustandsfläche $KLMN$ mit einer anderen Fläche angesehen werden, die als Zustandsänderungsfläche bezeichnet wird. Analytisch wird die Zustandsänderungsfläche durch die Zustandsänderungsgleichung ausgedrückt.

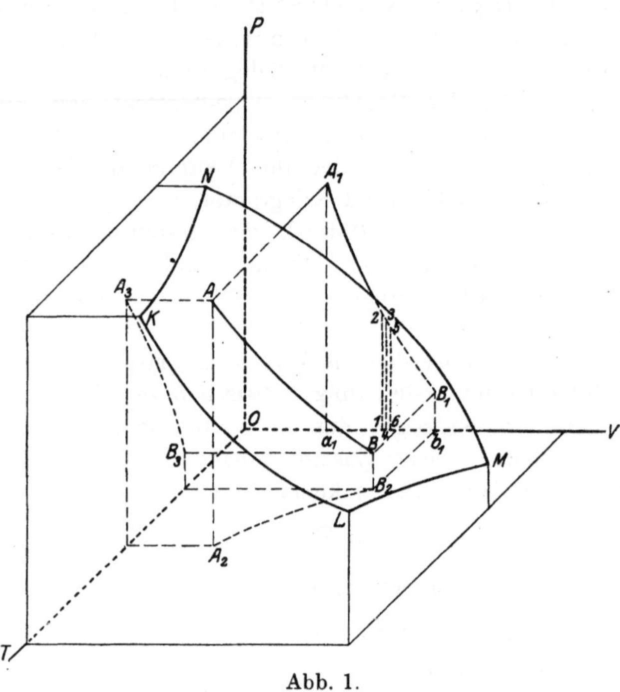

Abb. 1.

So entspricht z. B. der Zustandsänderung bei konstanter Temperatur eine Ebene, die senkrecht zur T-Achse im Abstande $T = T_0$ von dem Koordinatenanfangspunkt O durchgeht. Die Zustandsänderungskurve bei konstanter Temperatur wird als Schnitt dieser Ebene mit der Zustandsfläche $KLMN$ dargestellt: Kurven KL, MN usw. (Abb. 1).

Druck- und Temperaturkurven. Zustandsänderungsdiagramm. Wird die Zustandsänderung AB auf die Koordinatenebene projeziert, so entstehen auf der p/v-Ebene die Druckvolumen- ($A_1 B_1$), auf der T/v-Ebene die Temperaturvolumen- ($A_2 B_2$) und auf der p/T-Ebene die Drucktemperatur-Kurve ($A_3 B_3$). Je eine dieser drei Kurven wird durch zwei andere bestimmt, so daß für die Bestimmung der Zustandsänderung bloß zwei derselben nötig und genügend sind. Diese zwei Kurven bilden zusammen das **Zustandsänderungsdiagramm**.

In den meisten Fällen werden wir nur die ersten zwei Kurven benutzen. Die p/v-Kurve wird als **Druck-**, die T/v-Kurve als **Temperaturkurve** kurz bezeichnet werden.

Die Druck- bezw. die Temperaturkurven werden analytisch durch die Gleichungen $\varphi(p, v) = 0$, bezw. $\psi(T, v) = 0$ ausgedrückt.

Ist der Zustand eines Körpers $f(p, v, T) = 0$ bekannt, so ist für die Bestimmung einer Zustandsänderung eine der obengenannten zwei Kurven genügend.

In der Tat: ist z. B. die Druckkurve analytisch, d. h. in Form von $\varphi(p, v) = 0$ gegeben, dann erhält man durch Eliminieren der Größe p von $\varphi(p, v) = 0$ und der Zustandsgleichung $f(p, v, T) = 0$ die Gleichung $\psi(v, T) = 0$ der Temperaturkurve. Ist dagegen die Druckkurve graphisch angegeben, so wird auf dieser für den beliebigen Wert von v der entsprechende Wert von p gefunden, dann aus der Gleichung $f(p, v, T) = 0$ der entsprechende Wert von T berechnet und schließlich mit den auf ·diese Weise gefundenen Werten $v_1 T_1$, $v_2 T_2$ usw. die Temperaturkurve entworfen.

Beispiel. Als Beispiel einer wirklichen Druckkurve, die graphisch dargestellt ist, kann das bei der Arbeit einer Maschine entnommene Indikatordiagramm dienen. Aus dieser Druckkurve ist es ganz einfach mit Hilfe der Zustandsgleichung die Temperaturkurve aufzuzeichnen.

Die Temperaturkurve, wie später zu ersehen sein wird, ist am besten für theoretische Behandlungen geeignet und kann, soweit nur alle wirklichen Verhältnisse in Betracht gezogen werden können, auch vorläufig aus theoretischen Gründen gezeichnet werden. Stellen wir die derartig gezeichneten Temperaturkurven in ein Temperaturdiagramm zusammen, so können wir mittels der Zustandsgleichung ein Druckdiagramm oder das sog. theoretische Indikatordiagramm erhalten. Je mehr die theoretischen Voraussetzungen der Tatsächlichkeit entsprechen, desto näher steht das theoretische Diagramm dem wirklichen.

Erste graphische Transformation. Die praktische Technik hat es am meisten mit Gasen, deren Zustandsgleichung durch eine der folgenden Formeln ausgedrückt sein kann:

$$\left(p + \frac{a}{v^2}\right) \cdot (v - b) = RT$$

$$p \cdot (v + b) = RT$$
$$p \cdot v = RT$$

zu tun.

Alle diese drei Formeln ergeben eine einfache Regel für die Konstruktion der Druckkurven nach angegebener Temperaturkurve und umgekehrt. Da die zweite und dritte Formel als besondere Fälle der ersten aufgefaßt werden können, so soll zuerst die Konstruktionsregel für die allgemeinere erste Formel gezeigt werden.

Im Koordinatensystem $p\,O\,v$ (Abb. 2) ist I die angegebene

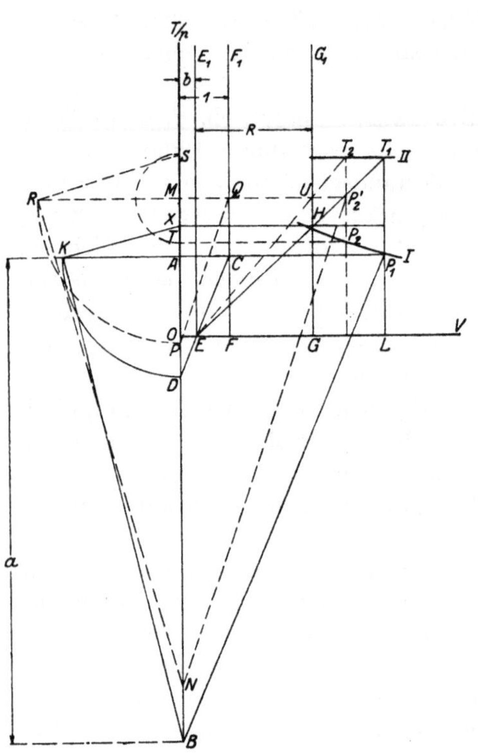

Abb. 2.

Druckkurve. Man lege auf der Abszissenachse $OE = b$, $OF = 1$ (Volumeneinheit) und $EG = R$ ab und ziehe aus den Punkten E, F, G senkrecht zur Abszissenachse die Geraden EE_1, FF_1 und GG_1. Aus einem beliebigen Punkte p_1 der Druckkurve ziehe man parallel zur Abszissenachse die Gerade $p_1\,C\,A$ und lege auf der Ordinatenachse aus dem Punkte A die Strecke $AB = a$ ab; ferner ziehe man aus C (Schnittpunkt von $p_1\,A$ und FF_1) CD parallel zur $p_1\,B$ und setze auf der Verlängerung der Geraden $p_1\,C\,A$ links von der Ordinatenachse den Punkt K, so daß $AK = AD$ sei. Aus dem Punkt K soll KX senkrecht zu BK bis

zu Schnittpunkt X mit der Ordinatenachse und aus X die Gerade XH parallel zur Abszissenachse gezogen werden. Ist der Punkt H der Schnittpunkt von XH mit der Geraden GG_1, so ziehe man schließlich aus E den Strahl EH bis zum Schnitt mit der Geraden $L\,p_1$, die aus dem Punkte p_1/v_1 parallel zur Ordinatenachse geht. Dieser Schnittpunkt T_1 liegt auf der gesuchten Temperaturkurve II.

Beweis.

Aus der Ähnlichkeit der Dreiecke ADC und ABp_1 folgt:

$$\overline{AD} : \overline{AC} = \overline{AB} : \overline{A\,p_1}$$

oder
$$\overline{AD} : 1 = a : v$$

und
$$\overline{AD} = AK = \frac{a}{v};$$

und aus dem rechtwinkligen Dreieck XKB:
$$\overline{AK}^2 = BA \cdot AX.$$

Mit $AK = a : v$ und $\overline{AB} = a$ ergibt sich:
$$AX = \frac{a}{v^2}$$

und
$$GH = \overline{OX} = OA + AX = p + \frac{a}{v^2}.$$

Ferner aus der Ähnlichkeit der Dreiecke EHG und ET_1L folgt:
$$T_1 L : \overline{EL} = HG : EG$$

oder
$$T_1 L = \frac{(v-b)\left(p + \dfrac{a}{v^2}\right)}{R},$$

d. h.
$$T_1 L = T_1.$$

Ist umgekehrt die Temperaturkurve II gegeben, so zeichne man wie früher die Geraden EE_1, FF_1 und GG_1. Aus einem beliebigen Punkt T_2 der Temperaturkurve wird der Strahl EUT_2 und aus seinem Schnittpunkt U mit der Geraden GG_1 die Gerade UM parallel zur Abszissenachse gezogen. (UM schneidet die Vertikale aus T_2 im Punkt $p_2{}'$.) Wir legen $MN = a$ ab und ziehen aus Q die Gerade QP parallel zu $p_2{}'N$, dann setzen wir $PM = RM$ und ziehen RS senkrecht zu NR. Ist ferner $TM = MS$, so ziehen wir aus T eine Parallele Tp_2 zur Abszissenachse. Der Schnittpunkt von Tp_2 mit der aus Punkt T_2/v_2 durchgehenden Parallele zur Ordinatenachse liegt auf der gesuchten Druckkurve.

Entspricht die Zustandsgleichung der Formel
$$p(v+b) = RT,$$

dann wird sich diese Konstruktion sehr vereinfachen. Man mache (Abb. 3) $OE = b$ und $EG = R$, ziehe aus p_1 die Horizontale p_1K bis zum Schnittpunkt K mit der Vertikalen GG_1 und den Strahl EK bis zum Schnittpunkt T_1 mit der Vertikalen p_1L. Der Punkt T_1 liegt auf der Temperaturkurve, wie es aus:

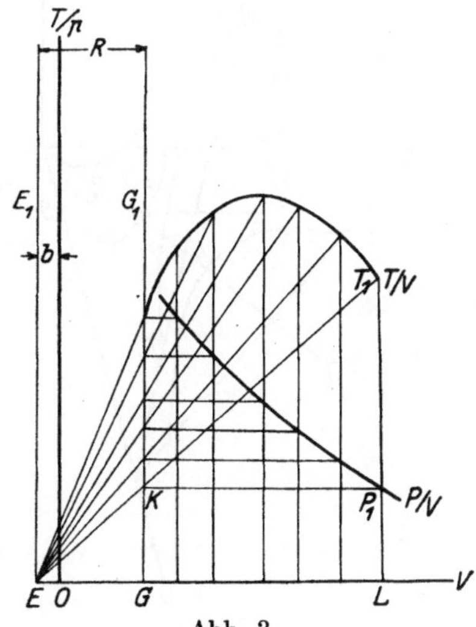

Abb. 3.

$$\overline{T_1 L} = \frac{\overline{EL} \cdot \overline{KG}}{\overline{EG}} = \frac{(v + b) \cdot p}{R}$$

folgt.

Diese Konstruktion der einen Kurve (p/v bzw. T/v) nach der anderen (T/v bzw. p/v) werden wir als erste graphische Transformation der graphischen Thermodynamik bezeichnen.

Bei diesem Verfahren werden auf der Ordinatenachse die Werte für die Drücke und für die Temperaturen zugleich eingetragen. Dabei ist es selbstverständlich, daß für die Drücke ein Maßstab und für die Temperaturen ein anderer gewählt werden muß. Allein bei gewählten Maßstäben für die Temperaturen, Drücke und ·Volumina, kann der Wert R nicht willkürlich gewählt sein, da er in diesem Falle einen ganz bestimmten Wert hat, der auch graphisch ermittelt werden kann.

Um sich davon zu überzeugen, wähle man auf der Druckkurve (I, Abb. 2) einen Punkt $p_1 v_1$ und rechne aus der Zustandsgleichung den entsprechenden Wert T_1. Findet man nach Konstruktion, Abb. 2, die Horizontale XH, dann wird der Schnitt derselben mit dem Strahl ET_1 den Punkt H bestimmen und die Vertikale durch H den Wert $EG = R$ auf der Abszissenachse abschneiden.

Beispiel. Zur Veranschaulichung des oben Ausgeführten untersuchen wir als Beispiel den sog. Gaszustand, der durch Gleichung

$$p v = R T \quad . \quad . \quad (8)$$

dargestellt ist.

R bedeutet hier eine Konstante, die von der Natur des Gases abhängt.

Die Zustandsfläche, die dieser Gleichung entspricht, hat die Form eines Sattels. Abb. 4 zeigt einen Teil dieser Fläche.

Schneiden wir diese Fläche mit einer Ebene, die parallel zu der Koordinatenebene $p\,OT$ in einem Abstande $v = v_0$ von dieser durchgeht, so erhalten wir auf der Zustandsfläche die

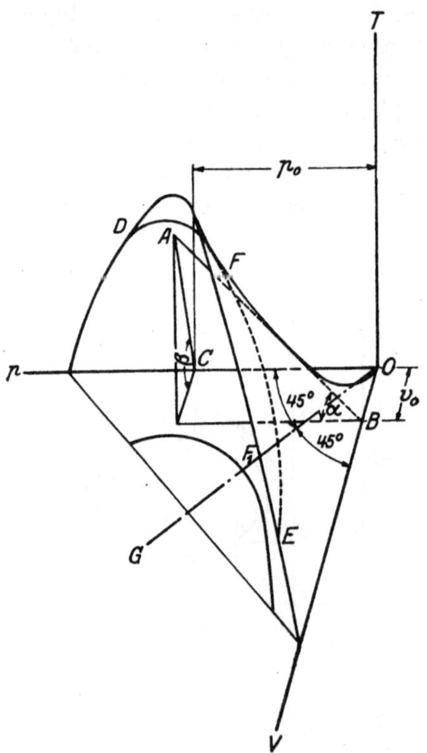

Abb. 4.

Kurve der Zustandsänderung bei konstantem Volumen — die sog. Isochore, die durch Gleichung:

$$\frac{p}{T} = \text{Konst.} = \frac{R}{v_0} \qquad \dots \dots \dots \quad (9)$$

bestimmt ist, und einer Geraden AB (Abb. 4), die zur Koordinaten-ebene pOv unter Winkel α geneigt ist, entspricht. Der Winkel α wird aus Gleichung:

$$\text{ctg } \alpha = \frac{R}{v_0}$$

bestimmt. Bei $v_0 = 0$ fällt die Schnittebene mit der Koordinaten-ebene pOT zusammen, der Winkel α ist gleich 0 und die Isochore entspricht der Koordinatenachse Op.

Schneiden wir ähnlich die Zustandsfläche mit einer Ebene, die parallel zu der Koordinatenachse vOT im Abstande $p = p_0$ von dieser durchgeht, so erhalten wir auf der Zustandsfläche die Kurve der Zustandsänderung bei konstantem Druck, die sog. Isobare, die durch Gleichung:

$$\frac{v}{T} = \text{Konst.} = \frac{R}{p_0} \qquad \dots \dots \dots \quad (10)$$

bestimmt ist, und einer Geraden AC, die zur Koordinatenebene pOv unter Winkel β geneigt ist, entspricht. Der Winkel β wird aus Gleichung:

$$\text{ctg } \beta = \frac{R}{p_0}$$

bestimmt. Bei $p = 0$ fällt die Schnittebene mit der Koordinaten-ebene vOT zusammen, der Winkel β ist gleich 0 und die Isobare entspricht der Koordinatenachse Ov.

Die Zustandsfläche $pv = RT$ kann also aus zwei Gruppen gerader Linien gebildet sein, und zwar aus Isochoren und Isobaren.

Schneiden wir schließlich die Zustandsfläche mit einer Ebene, die parallel zur dritten Koordinatenebene pOv im Abstande von dieser $T = T_0$ geht, so erhalten wir auf der Zustandsfläche die Kurve der Zustandsänderung bei konstanter Temperatur, die sog. Isotherme, die durch Gleichung:

$$pv = \text{Konst.} = RT_0 \qquad \dots \dots \dots \quad (11)$$

bestimmt und durch eine gleichseitige Hyperbel dargestellt wird. Der Scheitel dieser Hyperbel liegt im Abstande $a = \sqrt{2RT_0}$ von der Koordinatenachse OT. Die Scheitel der verschiedenen Isothermen liegen auf der Ebene, die durch OT und die Halbierungslinie OG des Winkels pOv durchgeht, und bilden eine Parabel $x = \sqrt{2RT}$, welche durch den Koordinatenanfang O durchgeht und $2R$ als Parameter hat. Diese Parabel wird als **Scheitelparabel** bezeichnet.

Die Zustandsfläche $pv = RT$ kann also auch durch eine zur pOv-Ebene parallele Verschiebung einer gleichseitigen Hyperbel auf der Scheitelparabel gebildet sein.

Die einfache Form der Zustandsgleichung $pv = RT$ ergibt auch eine einfache Konstruktion für die erste graphische Transformation.

Ist eine T/v-Kurve $A_2 B_2$ (Abb. 5) angegeben, so mache man $Ov = R$ und ziehe $v\,v_1$ parallel zur T-Achse; aus einem beliebigen Punkt C_1 der Kurve $A_2 B_2$ ziehe man $C_1 O$ und vom Schnittpunkte $C_1 O$ mit $v\,v_1$ eine Parallele zur v-Achse $v_1 a_1$; der Schnittpunkt a_1 dieser Parallele $v_1 a_1$ mit der Vertikale aus C_1 ist ein Punkt der entsprechenden p/v-Kurve.

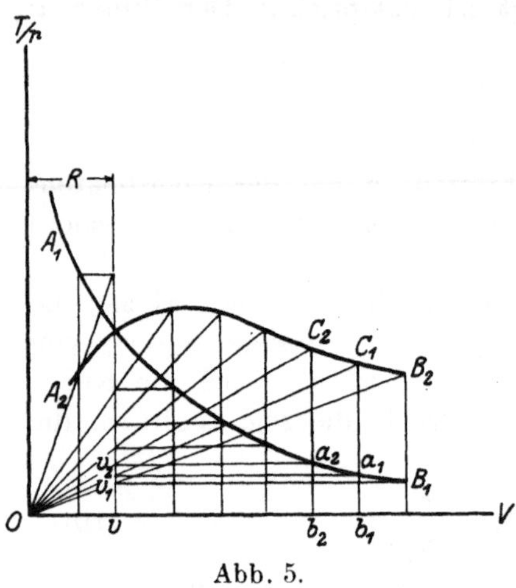

Abb. 5.

Beweis.

Aus $\triangle\, O\,C_1\,b_1 \sim \triangle\,v\,v_1\,O$ folgt:

$$O\,b_1 : C_1\,b_1 = O\,v : v\,v_1; \quad \text{oder} \quad v : T = R : v\,v_1$$
$$v\,v_1 = a_1\,b_1 = R\,T : v.$$

Da aber aus (8) $RT : v = p$, so ist $a_1\,b_1 = p$.

Ist umgekehrt die p/v-Kurve $A_1 B_1$ angegeben, so ziehe man wieder $v\,v_1$ und aus beliebigem Punkte a_1 eine Parallele $a_1\,v_1$ zur v-Achse; der Strahl $O\,v_1$ schneidet die Vertikale aus a_1 in Punkt C_1, der auf der T/v-Kurve liegt.

Bei gewähltem Maßstabe für T, p und v kann selbstverständlich R nicht willkürlich angenommen sein, da es in diesem Falle einen ganz bestimmten Wert hat, der auch, wie früher erwähnt, graphisch ermittelt werden kann.

Die Isochoren der idealen Gase werden im p/v-Diagramm sowie im T/v-Diagramm durch Parallelen zur V-Achse dargestellt, dagegen die Isobaren im p/v-Diagramm durch Parallelen zur p-Achse und im T/v-Diagramm durch Strahlen aus dem Koordinatenanfang (Abb. 6).

Die Isotherme wird im T/v-Diagramm durch Parallele zur v-Achse (Abb. 6) und im p/v-Diagramm durch eine gleichseitige Hyperbel $pv = $ Konst. dargestellt. Die Konstruktion der gleichseitigen Hyperbel kann nach dem ersten graphischen Verfahren ausgeführt werden.

In der praktischen Technik haben wir es sehr oft mit der sog. Polytrope zu tun. Diese Zustandsänderungskurve wird durch Gleichung:

$$p\,v^n = C_1 \quad . \quad . \quad (12)$$

gekennzeichnet, wo C_1 eine konstante Größe bedeutet. Ist ein bestimmter Punkt $p_1\,v_1\,T_1$ angegeben, so ermittelt sich die Konstante wie folgt:

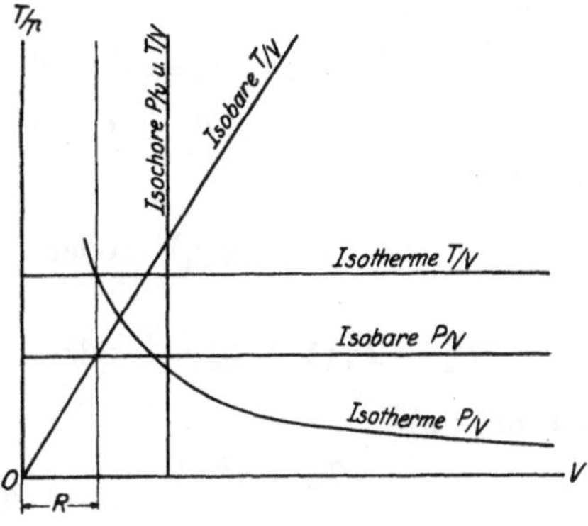

Abb. 6.

$$C_1 = p_1\,v_1^n \ldots \ldots \ldots (13)$$

Mit $p\,v = RT$ erhalten wir aus (12):

$$T\,v^{n-1} = C_2 \quad \text{oder} \quad T^n\,p^{1-n} = C_3 \ldots \ldots (12\,\text{a})$$

Die Konstruktion der Polytrope in dem Temperaturdiagramm (T/v-Kurve) nach Gleichung $T\,v^{n-1} = T_1\,v_1^{n-1}$, wo $T_1\,v_1$ einen angegebenen Punkt der Polytrope bedeutet, wird nach Brauerschem Verfahren, wie folgt, ausgeführt (Abb. 7).

Wir wählen einen beliebigen Winkel γ_1 und berechnen aus der Gleichung:

$$(1 + \operatorname{tg}\gamma_2) = (1 + \operatorname{tg}\gamma_1)^{n-1} \ldots \ldots \ldots (\text{a})$$

den Winkel γ_2. Dann ziehen wir (Abb. 7) aus O einen Strahl OX' unter dem Winkel γ_1 zur Abszissenachse und einen Strahl OY' unter dem Winkel γ_2 zur Ordinatenachse. Aus dem angegebenen Punkt $B(T_1\,v_1)$ ziehen wir $B-1$ vertikal und $B-I'$ parallel zur Abszissenachse, dann aus 1 die Gerade $1-2'$ unter Winkel 45^0 zur Abszissenachse und von Punkt I' die Gerade $I'-II$ unter Winkel 45^0 zur Ordinatenachse. Der Schnittpunkt C der Vertikalen aus $2'$ und der Horizontalen aus II liegt auf der Polytrope.

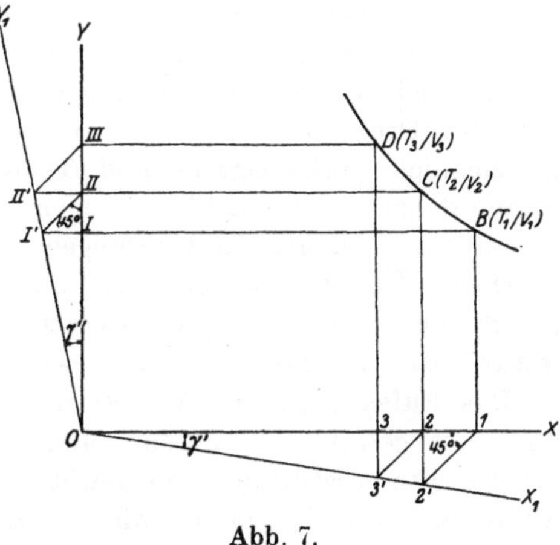

Abb. 7.

Beweis.

$$\overline{1-2} = v_1 - v_2 = \overline{2-2'} = \overline{O-2} \cdot \operatorname{tg} \gamma_1 = v_2 \cdot \operatorname{tg} \gamma_1$$

$$I - \overline{II} = T_2 - T_1 = \overline{I-I'} = \overline{O-I} \cdot \operatorname{tg} \gamma_2 = T_2 \cdot \operatorname{tg} \gamma_2$$

und damit:

$$v_1 = v_2 \left(1 + \operatorname{tg} \gamma_1\right) \quad \text{oder} \quad \left(1 + \operatorname{tg} \gamma_1\right)^{n-1} = \left(\frac{v_1}{v_2}\right)^{n-1}$$

$$T_2 = T_1 \left(1 + \operatorname{tg} \gamma_2\right) \quad \text{oder} \quad \left(1 + \operatorname{tg} \gamma_2\right) = \frac{T_2}{T_1}$$

oder mit (a)

$$\frac{T_2}{T_1} = \frac{v_1^{n-1}}{v_2^{n-1}} \quad \text{oder} \quad T_1 \, v_1^{n-1} = T_2 \, v_2^{n-1}.$$

Führen wir die Konstruktion aus Punkt C weiter, so erhalten wir ebenfalls weitere Punkte der Polytrope. Die Konstruktion muß sehr sorgfältig und genau ausgeführt sein, da ein Zeichenfehler in einem Punkt auch auf weitere Punkte erweitert wird.

Die p/v-Kurve der Polytrope wird entweder nach der ersten graphischen Transformation aus der T/v-Kurve oder direkt gezeichnet. Im letzten Fall bleibt die Konstruktion dieselbe und soll die Abhängigkeit von γ_1 und γ_2 durch die Gleichung:

$$\left(1 + \operatorname{tg} \gamma_2\right) = \left(1 + \operatorname{tg} \gamma_1\right)^n$$

ausgedrückt sein.

Die Polytrope bei $n = 0$ geht in die Isobare ($p = \text{Konst.}$), bei $n = \sim$ in die Isochore ($v = \text{Konst.}$) und bei $n = 1$ in die Isotherme ($T = \text{Konst.}$) über.

Stufenartiges Zustandsänderungsdiagramm. Die Druck- bzw. Temperaturkurven sind in der praktischen Technik meistenteils Kurven, die sich asymptotisch den Koordinatenachsen nähern. In der Nähe der Ordinatenachse wird einer kleinen Volumenveränderung eine ziemlich große Druck- und Temperaturänderung entsprechen. Es kann daher durch eine kleine Ungenauigkeit in den Volumenablesungen ein großer Fehler in Ablesungen der Drücke oder Temperaturen entstehen. Um diesen Fehler zu vermeiden, oder um ihn jedenfalls zu verkleinern, ist es empfehlenswert, das Stufendiagramm für Temperatur- bzw. Druckkurven zu verwenden.

Das Stufendiagramm (Abb. 8) entsteht im wesentlichen, wie folgt. Von einem gewählten größten Volumen v_1 bis zu einem Volumen v_2 wird die Temperaturkurve in gewöhnlicher Weise gezeichnet; dann wird der Maßstab für die Volumina um a-mal vergrößert (derjenige für die Temperaturen bleibt unverändert) und die Kurve weiter gezeichnet. Die Kurve erhält eine stufenartige Gestalt $A\,B - B_1\,C_1 - C_2\,D_2$.

Die Kurve der zweiten Stufe $B_1\,C_1$ unterscheidet sich von der

Verlängerung der ersten Stufe BC dadurch, daß der Wert von v auf der zweiten Stufe für denselben Wert von T a-mal größer als auf der wirklichen Kurve BC ist.

Auf Abb. 8 ist ein stufenartiges Diagramm der Temperaturkurve, die analytisch durch Gleichung $Tv^{0,3} = \text{Konst.}$ gegeben ist, vom Anfangspunkt A ($v = 15$ cbm/kg und $T = 330^0$ abs.) gezeichnet. Die

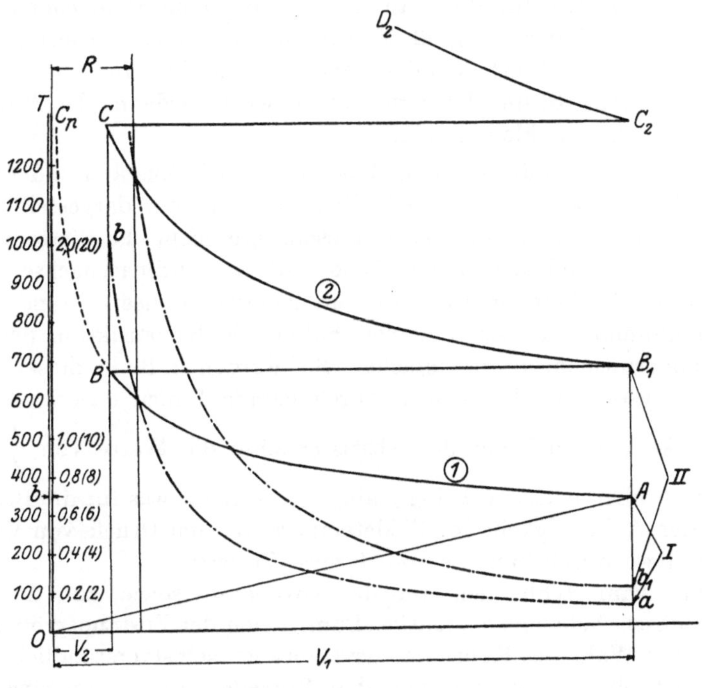

Abb. 8.

erste Stufe umfaßt Werte bis $v = 1,5$ cbm/kg und dementsprechend bis $T = 660^0$, die zweite Stufe vom vergrößerten Volumen $v = 15$ cbm/kg (wirklich $v = 1,5$ cbm/kg) und $T = 660^0$ bis zum vergrößerten Volumen $v = 1,5$ cbm/kg (wirklich $v = 0,15$ cbm/kg) und dementsprechend $T = 1320^0$, die dritte Stufe vom vergrößerten Volumen $v = 15$ cbm/kg (wirklich $v = 0,15$) usw.

Dieselbe Abbildung enthält auch die Druckkurve, vorausgesetzt, daß die Zustandsgleichung der Formel:

$$p\,(v + b) = RT,$$

wo $b = 0,016$ und $R = 47,1$ sind, entspricht.

Für den Anfangspunkt $T = 330$ und $v = 15$ cbm/kg ist:

$$p = \frac{47,1 \cdot 330}{15 + 0,016} = 1033 \text{ kg/qm} = 0,1 \text{ at}.$$

Wird dieser Wert für p im gewählten Maßstabe eingetragen (Punkt a), so erhält man nach üblicher Konstruktion den Wert R. Die Druckvolumenkurve der ersten Stufe ist nach dem graphischen Verfahren (vgl. Abb. 3) gezeichnet. Für die zweite Stufe soll b, da v um zehnmal vergrößert ist, auch um zehnmal vergrößert sein. Was den Maßstab für p anbetrifft, so kann man denselben unveränderlich, d. h. wie für die erste Stufe lassen; dementsprechend muß auch R um zehnmal vergrößert werden. Für das Aufzeichnen ist es einfacher, den Wert R unverändert zu lassen; für die so gezeichnete zweite Stufe der Druckkurve wird alsdann der Maßstab für p um zehnmal kleiner sein.

Andere Zustandsänderungsdiagramme. Die Zustandsänderungskurven können auch selbstverständlich noch anders dargestellt werden. Legen wir z. B. auf der Abszissenachse nicht die Werte von v sondern $\log v$ und dementsprechend auf der Ordinatenachse $\log p$ bzw. $\log T$ ab, dann erhalten wir ein logarithmisches Zustandsänderungsdiagramm, welches in vielen Fällen die Konstruktion der Zustandsänderungskurve vereinfacht. So werden z. B. in diesem Koordinatensystem die Polytropen durch gerade Linien dargestellt.

Es können auch auf der Abszissenachse die Werte von $\dfrac{1}{T}$ und auf der Ordinatenachse von $\log p$ abgelegt werden, was für die Bestimmung der Abhängigkeit der Siedetemperatur vom Druck von Vorteil ist, da diese durch eine Gerade dargestellt wird.

Man kann schließlich auf den Ordinaten- sowie auf den Abszissenachsen beliebige eindeutige Funktionen der Zustandsgrößen ablegen. Die Wahl des Koordinatensystems ist selbstverständlich ganz willkürlich und hängt nur von den Vorteilen ab, die im einzelnen Fall zu erhalten sind.

3. Graphische Darstellung der Arbeit, Wärme und Energie. Wärmediagramm.

Arbeit im Druckdiagramm. Wir kehren nun zu dem ersten Satze der Thermodynamik (2) zurück und betrachten, wie sich die äußere Arbeit L, die verlustlos zugeführte Wärme Q und die Energieänderung $U_2 - U_1$ eines Gases bei seiner Zustandsänderung analytisch und graphisch durch die Zustandsgröße p, v und T bestimmen lassen. L, Q und $U_2 - U_1$ sollen die entsprechende Arbeit, Wärme und Energieänderung für 1 kg Gas bezeichnen.

Wird einem Körper Wärme zugeführt, so wird sich, wie gesagt, sein Volumen ändern. Ein unendlich kleiner Volumenzuwachs dv kann als Summe der unendlich kleinen Verschiebungen ds aller

Flächenelemente: $abcd$, $a_1 b_1 c_1 d_1$ usw. (Abb. 9) normal zu jedem Elemente betrachtet werden:

$$dv = \Sigma(abcd) \cdot ds$$

Für die Verschiebung jedes Flächenelementes ist selbstverständlich eine gewisse Arbeit nötig, die dem Produkte aus der Kraft, die

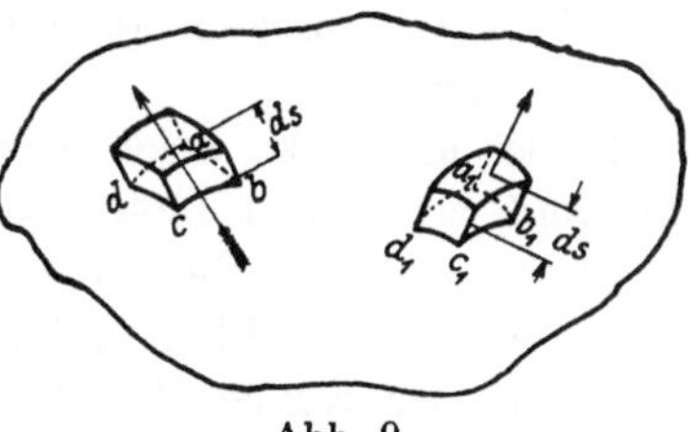
Abb. 9.

auf das Körperelement wirkt, mit seiner Verschiebung in der Richtung der Kraft gleich ist. Bei der Volumenänderung dv ändert sich der absolute Druck im allgemeinen von p bis $p + dp$ und kann durchschnittlich dem Werte $p + a \cdot dp$, wo $0 < a < 1$, gleichgesetzt werden. Der absolute Druck auf das Flächenelement $abcd$ ist damit:

$$(p + a \cdot dp)(abcd)$$

und das Produkt dieser Kraft auf die Verschiebung in der Richtung der Kraft

$$(p + a \cdot dp)(abcd)ds$$

stellt die absolute Arbeit bei Verschiebung eines Flächenelementes dar.

Summiert man die Arbeit auf der ganzen Fläche, dann ergibt sich die Arbeit eines Kilogramm Gases bei der Volumenänderung dv wie folgt:

$$dL = \Sigma(p + a \cdot dp)(abcd) \cdot ds = (p + a\,dp)\,\Sigma(abcd)\,ds$$

$$dL = (p + a\,dp)\,dv.$$

Da aber der Wert $dp \cdot dv$ unendlich klein im Vergleich zu dv ist, so erhält man:

$$dL = p \cdot dv \quad \ldots \ldots \ldots \ldots \quad (14)$$

Dem Werte dL entspricht auf der p/v-Ebene (Abb. 1) der gestrichene Streifen $1—2—3—4$, der nächste Streifen $3—4—5—6$ stellt die elementare Arbeit desselben Kilogramm Gas bei weiterer Zustandsänderung dar, usw. Die Fläche $A_1 B_1 b_1 a_1$ zwischen der Abszissenachse Ov, der Druckkurve p/v und den Parallelen $A_1 a_1$, $B_1 b_1$ zur Ordinatenachse, aus den Endpunkten A_1 und B_1 gezogen, stellt also die absolute Arbeit von 1 kg Gas bei seinem Übergange von

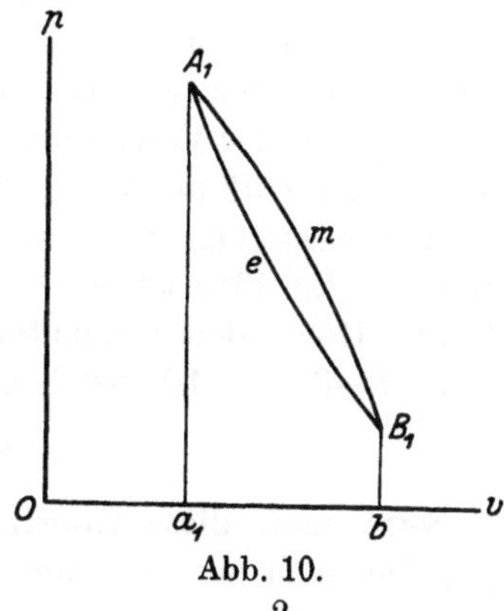

Abb. 10.

Zustand A in Zustand B auf der Zustandsänderungskurve $A_1 l B_1$ (Abb. 10) dar.

Es ist sofort zu ersehen, daß die absolute Arbeit bei einer Zustandsänderung nicht bloß von dem Anfangs- und Endzustand, sondern auch von der Gestalt der Druckkurve, d. h. von der Art der Zustandsänderung, abhängig ist. Für eine andere Zustandsänderung, z. B. nach der Kurve $A_1 m B_1$ in denselben Grenzen, ist, wie aus Abb. 10 ersichtlich, diese Arbeit verschieden: sie ist der Fläche $A_1 m B_1 b_1 a_1$ gleich, also um Fläche $A_1 m B_1 l$ größer als für $A_1 l B_1$.

Zweite graphische Transformation (Arbeit im Wärmediagramm). Die absolute Arbeit bei einer Zustandsänderung von $p_1 v_1$ zu $p_2 v_2$ kann graphisch auch anders dargestellt werden.

Es sei (Abb. 11) $p_1 p_2$ die Druckkurve und $T_1 T_2$ die entsprechende Temperaturkurve. Der elementare Streifen 1—2—3—4

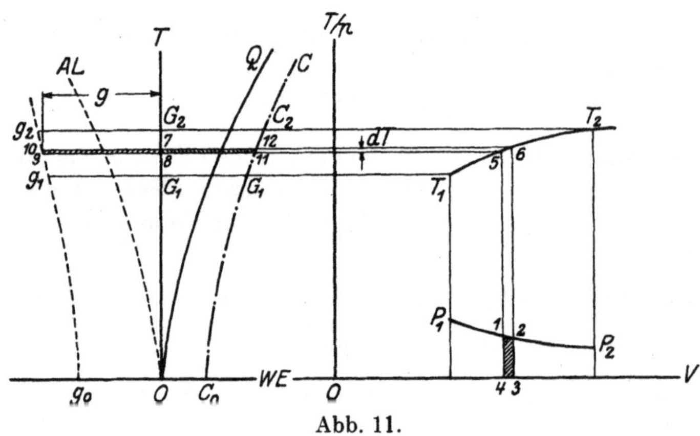

Abb. 11.

stellt die elementare Arbeit $p\,dv$ bei der Zustandsänderung von 1 bis 2 dar. Dieser Änderung entsprechen auf der Temperaturkurve die Punkte 5 und 6 mit dem Temperaturunterschied dT. Es sei ein Koordinatensystem $T — O — WE$ so gewählt, daß die Abszissenachse $O — WE$ auf der Verlängerung der Abszissenachse $O — v$ und die Ordinatenachse OT parallel zur Ordinatenachse OT/p liegt. In diesem Koordinatensystem legen wir entsprechend dem Werte T zwischen 5 und 6 eine Strecke g ab, so daß der Streifen 7—8—9—10 mit dT als Höhe der elementaren Fläche $A p\,dv$ gleich ist. Da die Fläche 7—8—9—10 gleich $g \cdot dT$ ist, so folgt daraus, daß

$$g \cdot dT = A \cdot p\,dv \quad \ldots \ldots \ldots \quad (15)$$

Setzt man diese Konstruktion fort, dann entsteht eine Kurve $g_1 g_2$, die auch zur Ermittelung der Arbeit dient. Diese Konstruktion werden wir als **zweite graphische Transformation** der graphischen Thermodynamik bezeichnen.

Für das Beispiel des Gaszustandes, der durch Gleichung $pv = RT$ dargestellt ist, ergibt sich eine sehr einfache Konstruktion der g-Kurve. Es sei $p_1 p_2$ (Abb. 12) die Zustandsänderungskurve p/v; wir

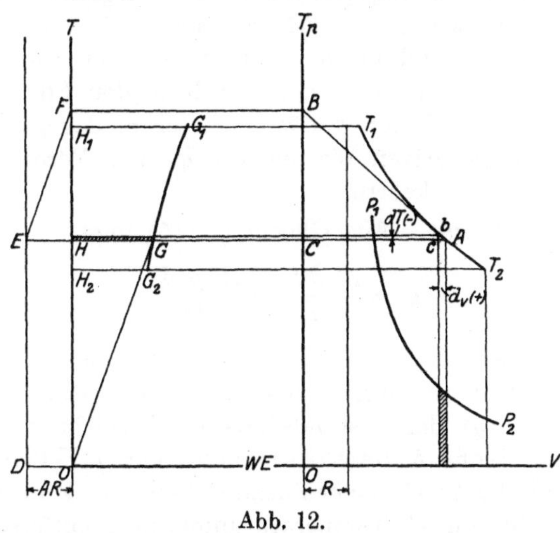

Abb. 12.

zeichnen zuerst nach der ersten graphischen Transformation die T/v-Kurve. Dann ziehen wir durch einen Punkt A der Kurve $T_1 T_2$ eine Tangente AB zu dieser Kurve und aus A und B Horizontalen: BF bis zur Ordinatenachse OT und AE bis zur Vertikale DE (die Vertikale DE ist im Abstande $\overline{OD} = AR$ von der Ordinatenachse OT gezogen). Ferner ziehen wir aus O eine Parallele zu EF bis zum Schnitt mit AE in Punkt G; dann liegt der Punkt G auf der g/T-Kurve.

Beweis.

Aus $\triangle Abc \sim \triangle ABC$ folgt:

$$\overline{BC} = v \cdot \frac{dT}{dv},$$

und aus $\triangle FEH \sim \triangle OGH$

$$\overline{HG} = \frac{AR \cdot T}{\overline{HF}},$$

da aber $\overline{BC} = \overline{HF}$, so ist:

$$\overline{HG} = \frac{AR \cdot T \cdot dv}{v \cdot dT}$$

und mit $RT = pv$

$$\overline{HG} = \frac{A p\, dv}{dT}$$

oder mit (15)

$$HG = g.$$

Es ist aus der Konstruktion leicht zu ersehen, daß für die Ausdehnungsarbeit (positive Arbeit, $dv > 0$), falls $dT > 0$ ist, der Punkt G links von OT liegt; ist dagegen $dT < 0$, so liegt der Punkt rechts von OT. Da aber, wie es aus (15) zu ersehen ist, für $dv > 0$ und $dT < 0$ auch $g < 0$, und für $dv > 0$ und $dT > 0$ auch $g > 0$ ist, so folgt hieraus, daß die links von OT liegenden Punkte der g/T-Kurve den positiven Werten von g entsprechen, dagegen die rechtsliegenden — den negativen Werten von g. Für Verdichtungsarbeit gilt dagegen das Umgekehrte.

Spezifische Arbeit.   Aus Gleichung (15) folgt:

$$g = \frac{A \cdot dL}{dT} = \frac{A \cdot p \cdot dv}{dT} \quad \ldots \ldots \quad (16)$$

Hieraus ersehen wir, daß g nichts anderes ist, als der Differentialquotient der Arbeit (in WE) nach der Temperatur, den wir als **spezifische Arbeit** der Zustandsänderung bezeichnen. Die Kurve $g_1 g_2$ wird **spezifische Arbeitskurve** oder kurz g/T-Kurve genannt.

Die spezifische Arbeit einer Zustandsänderung können wir auch als Arbeit in WE um 1^0 Temperaturunterschied auffassen.

Die Fläche zwischen der spez. Arbeitskurve, der Ordinatenachse und den Parallelen aus T_1 und T_2 zur Abszissenachse ist AL, d. h. der Ausdehnungsarbeit bei Zustandsänderung von p_1, v_1, T_1 bis p_2, v_2, T_2 gleich.

Arbeitsinhalt.   Verlängern wir die g/T-Kurve bis zum Schnitt mit der Abszissenachse (Abb. 11), dann können wir die Fläche $G_2 g_2 g_1 G_1$ als Differenz zwischen Fläche $G_2 g_2 g_0 O$ und $G_1 g_1 g_0 O$ betrachten:

$$AL = G_2 g_2 g_1 G_1 = G_2 g_2 g_0 O - G_1 g_1 g_0 O.$$

Bei Verschiebung des Punktes G_1 auf der g/T-Kurve bis zu der Abszissenachse ($T = 0$) erhalten wir:

$$AL_2 = \square\, G_2 g_2 g_0 O,$$

dementsprechend wird

$$AL_1 = \square\, G_1 g_1 g_0 O$$

und damit

$$AL = AL_2 - AL_1 \quad \ldots \ldots \ldots \quad (17)$$

Der Wert AL_2 stellt, wie aus Abb. 11 folgt, die absolute Arbeit dar, die der Körper bei dieser Zustandsänderung von $T = 0$ bis $T = T_x$ leisten kann und wird als **Arbeitsinhalt** der Zustandsänderung im Punkte p_x, v_x, T_x bezeichnet.

Bei dieser Definition kann die von dem Körper bei einer Zustandsänderung von A bis B geleistete Arbeit als Differenz zwischen Arbeitsinhalten bei Anfangs- und Endzustand aufgefaßt werden.

Legen wir die Werte $AL_1, AL_2 \ldots$ als Abszissen, entsprechend den Ordinaten $T_1, T_2 \ldots$ ab, so erhalten wir eine Kurve $O - AL$ (Abb. 11) des Arbeitsinhaltes der gegebenen Zustandsänderung, kurz die AL/T-Kurve.

Beispiel. Folgendes Beispiel soll die Bedeutung der g/T- und AL/T-Kurve erklären.

Es sei der Zustand eines Körpers durch die Gleichung $pv = RT$ (a), wo R eine Konstante bedeutet, und die Zustandsänderung durch die Gleichung $p = p_0$ (b) ausgedrückt.

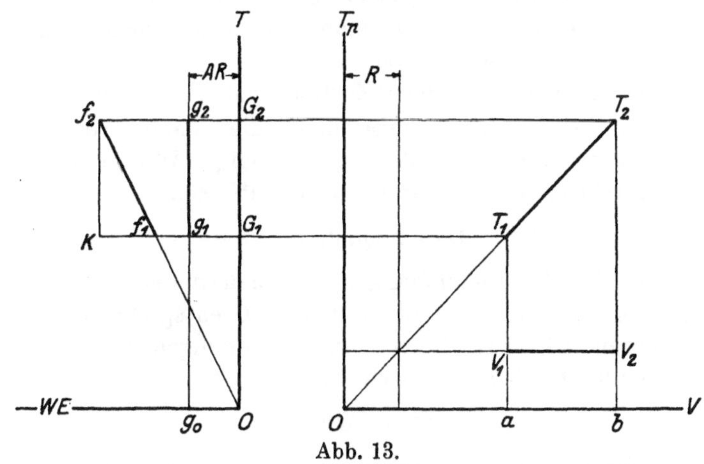

Abb. 13.

Die p/v-Kurve wird für eine isobarische Änderung durch eine Parallele zu der Abszissenachse dargestellt (vgl. $v_1 v_2$ Abb. 13), die T/v-Kurve durch den Strahl $OT_1 T_2$.

Aus (a) und (b) folgt:

$$v = \frac{R}{p_0} \cdot T$$

und durch Differenzierung:

$$dv = \frac{R}{p_0} \cdot dT,$$

also mit (15)

$$g = \frac{A \cdot p \cdot dv}{dT} = AR.$$

Die g/T-Kurve ist eine Gerade $g_1 g_2$, die der Ordinatenachse OT parallel ist.

Die AL/T-Kurve wird, da

$$AL = \square\,(G_2 g_2 g_0 O) = AR \cdot T,$$

durch den Strahl $O f_2$ (Abb. 13) dargestellt.

Bei Zustandsänderung von $p_1 v_1 T_1$ (A) bis $p_2 v_2 T_2$ (B) ist die Arbeit bei konstantem Druck:

$$L = \square\, v_1 v_2 b a = p_0 v_2 - p_0 v_1 = RT_2 - RT_1$$

oder

$$AL = ART_2 - ART_1 = G_2 f_2 - G_1 f_1 = f_1 k.$$

Spezifische Wärme. Die Wärme Q, die wir einem Körper verlustlos zuführen können, ist nicht nur für verschiedene Körper verschieden, sondern auch für denselben Körper in seinen verschiedenen Aggregatzuständen. Ebenso ist die Wärme für denselben Körper und denselben Aggregatzustand in verschiedenen Zustandsänderungen wiederum verschieden.

Geht der Körper von einem Zustand $p_1 v_1 T_1$ in einen anderen $p_2 v_2 T_2$ über, so ist erfahrungsgemäß die dabei zuzuführende Wärme Q von der Zustandsänderung abhängig. Wir können damit Q als eine Funktion der Zustandsgrößen auffassen:

$$Q = F(p, v, T),$$

wo aber p, v, T nicht unabhängig sind, sondern der Zustandsänderungsgleichung $\varphi(p, v) = 0$ und $\psi(T, v) = 0$ entsprechen.

Eliminieren wir aus diesen zwei Gleichungen und aus $Q = F(p, v, T)$ p und v, dann erhalten wir

$$Q = f(T),$$

woraus hervorgeht, daß die bei einer Zustandsänderung von dem Körper aufgenommene Wärme als Funktion der Temperatur aufgefaßt werden kann. Desgleichen kann auch Q als Funktion von dem spez. Volumen v oder von dem Druck p angesehen werden.

Der Differentialquotient der von dem Körper aufgenommenen Wärme Q nach der Temperatur T wird als **spezifische Wärme** des Körpers bei angegebener Zustandsänderung bezeichnet:

$$c = \frac{dQ}{dT} \quad\cdots\cdots\cdots \quad (18)$$

Die spezifische Wärme einer Zustandsänderung ist auch eine Funktion der Temperatur. Somit können wir also für jede Zustandsänderung nach Analogie mit der g/T-Kurve eine Kurve der spezifischen Wärme (kurz c/T-Kurve) ziehen ($c_1 c_2$ Abb. 11). Der Streifen 7—8—11—12 wird

$$dQ = c \cdot dT$$

messen, dagegen die Fläche $G_2 c_2 c_1 G_1$ zwischen der c/T-Kurve, der Ordinatenachse und den Parallelen aus T_1 und T_2 zur Abszissenachse die Wärme Q, die für die Zustandsänderung von A bis B nach der Kurve $p_1 p_2 - T_1 T_2$ notwendig ist.

Jeder Zustandsänderung eines Körpers kommen ganz bestimmte Werte von der nach außen geleisteten Arbeit AL und von der vom Körper aufgenommenen Wärme zu und umgekehrt, um eine bestimmte Zustandsänderung zu erzielen, ist es notwendig, nicht nur eine gewisse Wärmemenge dem Körper verlustlos zuzuführen, sondern auch eine bestimmte Arbeitsleistung hervorzurufen.

Wärmeinhalt. Verlängern wir die c/T-Kurve bis zum Schnitt mit der Abszissenachse, dann können wir die Fläche $G_2 c_2 c_1 G_1$ als Differenz zwischen den Flächen $G_2 c_2 c_0 O$ und $G_1 c_1 c_0 O$ betrachten.

$$Q = \square \, G_2 c_2 c_1 G_1 = \square \, G_2 c_2 c_0 O - \square \, G_1 c_1 c_0 O.$$

Bei Verschiebung des Punktes c auf der c/T-Kurve bis zur Abszissenachse ($T = 0$) erhalten wir:

$$Q_2 = \square \, G_2 c_2 c_0 O,$$

dementsprechend wird

$$Q_1 = \square \, G_1 c_1 c_0 O$$

und damit
$$Q = Q_2 - Q_1 \quad \ldots \ldots \ldots \ldots \quad (19)$$

Der Wert Q_2, wie aus Abb. 11 folgt, ist diejenige Wärme, die dem Körper für diese Zustandsänderung von $T = 0$ bis $T = T_2$ zugeführt ist; sie wird als **Wärmeinhalt** der Zustandsänderung im Punkte $p_2 v_2 T_2$ bezeichnet.

Für verschiedene Zustandsänderungen eines Körpers ist der Wärmeinhalt verschieden. Wir können deshalb einem gewissen Zustand keinen Wärmeinhalt zuschreiben, falls die Zustandsänderung nicht angegeben ist. Dasselbe gilt selbstverständlich auch für den Arbeitsinhalt.

Bei dieser Definition kann die für eine Zustandsänderung von A bis B erforderliche Wärme als Differenz zwischen Wärmeinhalt bei Anfangs- und Endzustand aufgefaßt werden.

Nun können die sämtlichen Flächen $c_2 G_2 O c_0$, $c_1 G_1 O c_0$ usw. planimetriert und die erhaltenen Werte Q_1, $Q_2 \ldots$ als Abszissen entsprechend den Ordinaten T_1, $T_2 \ldots$ abgelegt werden. Wir erhalten dann eine Kurve $O - Q$ (Abb. 11) des Wärmeinhaltes der gegebenen Zustandsänderung, kurz die Q/T-Kurve.

Beispiel. Die spezifische Wärme bei den sog. idealen Gasen ist für eine beliebige polytropische Zustandsänderung konstant. Sämtlichen Polytropen mit demselben Exponent n (die die sog. Polytropenschar n bilden) entspricht nur eine c/T-Kurve, abgesehen

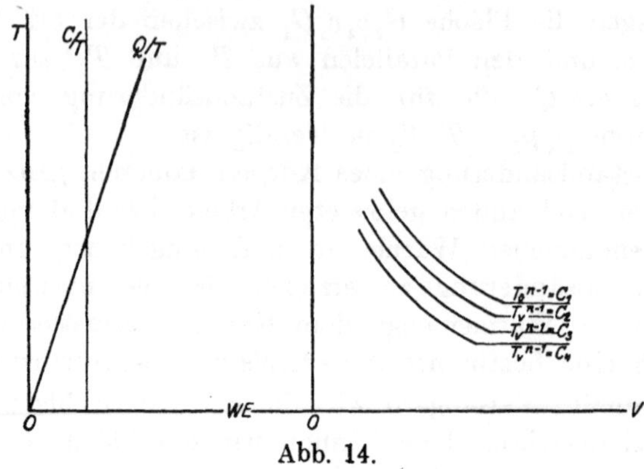

Abb. 14.

davon, aus welchem Punkt die Polytrope ausgeht. Für jede Polytropenschar wird die c/T-Kurve durch eine zur Ordinatenachse parallele Gerade und die Q/T-Kurve durch einen aus dem Koordi
natenanfang ausgehenden Strahl dargestellt (vgl. Abb. 14).

Für andere Körper ist die spezifische Wärme eine Funktion der
Temperatur, eine andere für jede Zustandsänderungsart und manch-
mal auch eine besondere für jede Zustandsänderungskurve einer
Kurvenschar. So ist es z. B. mit den Dämpfen. Versuche haben
gezeigt, daß bei Zustandsänderungen bei konstantem Druck die c/T-
Kurven verschieden sind. In diesem Falle sind auch die Q/T-Kurven
verschieden.

Abb. 15 stellt z. B. die Kurven der spezifischen Wärme bei

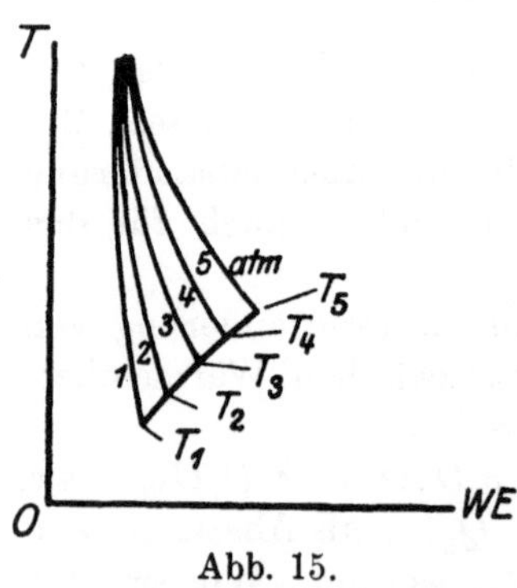

Abb. 15.

konstantem Druck für überhitzten Dampf
dar. Jedem Druck (1, 2, 3 ... at) entspricht eine besondere Kurve, die bis
zu der entsprechenden Sättigungstemperatur gezogen ist. Als Verlängerung
dieser Kurve bis zur Abszissenachse
können wir zur Berechnung der Werte
des Wärmeinhaltes entweder eine Vertikale aus T, oder eine Tangente zu der
Kurve im Punkt T, oder eine andere
beliebige Kurve wählen. Die aus einer
c/T-Kurve entstandenen Q/T-Kurven
fallen je nach gewählter Verlängerung verschieden aus, vom Punkt T
aus verlaufen sie dagegen parallel. Damit wird die zugeführte
Wärme Q, die der Differenz der Wärmeinhalte entspricht, bei jeder
Verlängerung gleich ausfallen.

Innere Energie. Es bedarf noch der Untersuchung der inneren
Energie.

Aus (2a) mit (17) und (19) erhalten wir:

$$Q_2 - Q_1 = (U_2 - U_1) + (A L_2 - A L_1)$$

oder
$$Q_2 - A L_2 - U_2 = Q_1 - A L_1 - U_1.$$

Diese Gleichung gilt für jede beliebige Zustandsänderung, es ist also im allgemeinen

$$Q - A L - U = U_0,$$

wo U_0 von p, v, T, also von Zustandsgrößen unabhängig ist. Diese Größe ist, wie wir später sehen werden, die chemische Energie des Körpers.

Bezeichnen wir den von den Zustandsgrößen abhängigen Teil der inneren Energie als innere Wärmeenergie U, dann ist die gesamte innere Energie (U)

$$(U) = U + U_0.$$

Solange wir die Zustandsänderungen ohne Rücksicht auf die chemische Energie betrachten, können wir der Kürze wegen U_0 gleich 0 setzen. Wir erhalten dann:

$$Q - A L = U \quad \ldots \ldots \ldots \quad (20)$$

Da Q und $A L$ für eine bestimmte Zustandsänderung lediglich Funktionen von T sind, so ist auch U eine Funktion nur von T und kann daher auch durch eine U/T-Kurve dargestellt werden. Aus Gleichung (20) ist zu ersehen, daß je zwei der Q/T, $A L/T$ und U/T-Kurven die dritte bestimmen.

Wärmeinhalt bei konstantem Volumen und Druck. In der praktischen und theoretischen Thermodynamik treten häufig die Zustandsänderungen a) bei konstantem Volumen und b) bei konstantem Druck auf.

Im ersten Falle, da $v = \text{Konst.}$, $dv = 0$ und damit $L = 0$ oder aus (20):

$$(Q)_{v \,=\, \text{Konst.}} = (U)_{v \,=\, \text{Konst.}}$$

Die innere Energie bei konstantem Volumen ist nichts anderes als der Wärmeinhalt bei dieser Zustandsänderung. Bezeichnen wir die spezifische Wärme bei konstantem Volumen mit c_v, dann ist aus (18):

$$d(U)_{v \,=\, \text{Konst.}} = c_v \cdot dT \quad \ldots \ldots \ldots \quad (21)$$

Im zweiten Fall, da $p = \text{Konst.}$, ist $A L = A \cdot \int_0^v p \cdot dv = A \cdot pv$ und damit aus (20)

$$(Q)_{p \,=\, \text{Konst.}} = (U)_{p \,=\, \text{Konst.}} + A \cdot pv = I, \quad \ldots \ldots \quad (22)$$

wo I den Wärmeinhalt bei konstantem Druck bedeutet. Bezeichnen wir ferner die spezifische Wärme bei konstantem Druck durch c_p, dann ist aus (12)

$$dI = c_p \cdot dT \quad \ldots \ldots \ldots \quad (23)$$

Die spezifische Wärme der verschiedenen Gase wird experimentell festgestellt und zwar am meisten für die Zustandsänderung bei konstantem Volumen c_v oder bei konstantem Druck c_p. Es ist also nach den so festgestellten Werten für c_v oder c_p leicht die U/T- oder I/T-Kurve einzutragen. Sind die c_v/T- oder c_p/T-Kurven verschieden für verschiedene Volumina v (bzw. Druckverhältnisse p), so wie es z. B. auf Abb. 15 gezeigt ist, dann entstehen auch Scharen von U/T- oder I/T-Kurven.

Dritte graphische Transformation. In der Folge werden wir annehmen, daß wir es nur mit solchen Gasen zu tun haben, bei welchen die innere Energie eine eindeutige Funktion der Zustandsgrößen ist, oder anders ausgedrückt: wie das Gas auch seinen Zustand ändern möge, so behält es dennoch, wenn es zu demselben Zustand p, v, T zurückkehrt, dieselbe innere Energie bei.

Bei dieser Voraussetzung haben die U/T-Kurven eine sehr wichtige Eigenschaft: ist nämlich für eine Schar Zustandsänderungen eine Schar U/T-Kurven angegeben, dann ist damit für eine beliebige Zustandsänderung die entsprechende U/T-Kurve leicht zu bestimmen.

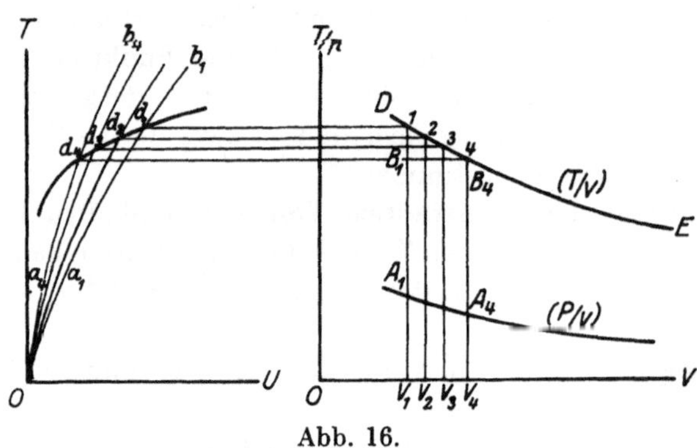

Abb. 16.

Es seien z. B. $a_1 b_1$, $a_2 b_2$, ... (Abb. 16) die U/T-Kurven entsprechend den Isochoren $A_1 B_1$, $A_2 B_2$ ...; es soll die U/T-Kurve für eine Zustandsänderung DE bestimmt werden. Die Kurve DE schneidet die Isochoren $A_1 B_1$, $A_2 B_2$ ... in den Punkten 1, 2, 3 ... Dem Punkte 1 der Kurve $A_1 B_1$ (gegebenenfalls der Isochore) entspricht der Punkt d_1 auf der U/T-Kurve, derselbe Punkt entspricht auch dem Werte U im Punkt 1 der Kurve DE, da nach Voraussetzung die innere Energie eindeutig ist. Es entspricht also die U/T-Kurve $d_1 d_2 d_3 d_4$ ... der Temperaturkurve DE.

Das Entwerfen der U/T-Kurve für eine beliebige T/v-Kurve nach angegebener Schar von U/T-Kurven bezeichnen wir als **dritte graphische Transformation** der graphischen Wärmetheorie.

Es folgt hieraus, daß falls die U/T-Kurven für eine Reihe von Zustandsänderungen (z. B. bei konstantem Volumen oder Druck usw.) zusammenfallen, dann entspricht diese U/T-Kurve jeder beliebigen Zustandsänderungskurve, d. h. die innere Energie ist für einen solchen Körper von Druck und Volumen unabhängig.

Wärmediagramm. Die spezifische Wärme wird für verschiedene Körper durch Versuche festgestellt. Nach diesen Versuchsangaben ist es leicht eine Kurvenschar c_v/T (oder c_p/T) zu zeichnen und ferner durch Planimetrierung der entsprechenden Fläche der c_v/T- bzw. c_p/T-Kurve die Energieinhaltskurven (U/T) (bzw. Wärmeinhaltskurven bei konstantem Druck I/T) einzutragen. Somit entsteht das sogenannte Wärmediagramm.

Thermodynamische Tafel. Das Wärme- und Zustandsänderungsdiagramm bilden die sogenannte thermodynamische Tafel, welche anschaulich die Änderungen von Druck, Volumen, Temperatur, spezifischer Wärme und Arbeit, sowie von Wärme- und Arbeitsinhalt verfolgen läßt.

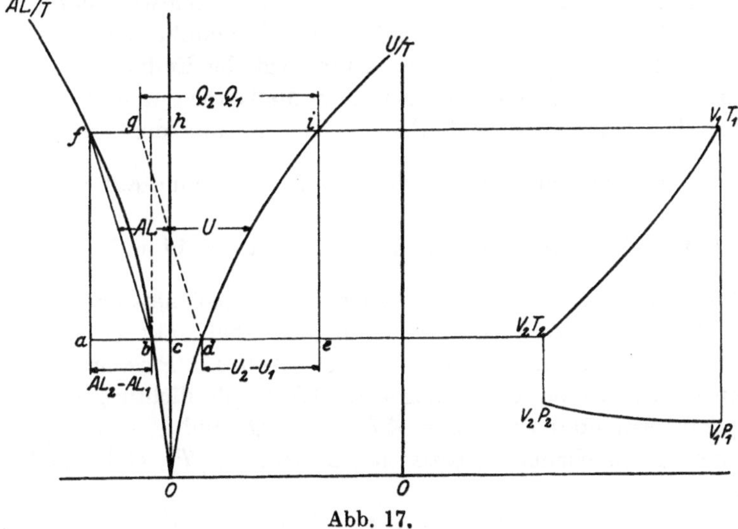

Abb. 17.

Wir können die beiden Diagramme in verschiedene Koordinatensysteme eintragen, wie es in Abb. 17 gezeigt ist, oder aber zusammen in ein Koordinatensystem, indem wir auf der Abszissenachse die Wärmemengen und die Volumina, auf der Ordinatenachse die Temperatur und den Druck eintragen.

Für eine beliebige Zustandsänderung lassen sich aus dem Wärmediagramm die nötigen Kurven, wie folgt, entwerfen. Wird z. B. in dem $T/p\text{-}O\text{-}v$-System eine Druck- oder Temperaturkurve (p/v oder

T/v) für eine Zustandsänderung gezeichnet, so erhalten wir für diese Zustandsänderung mit Hilfe der ersten graphischen Transformation die Temperatur- bzw. Druckkurve (T/v bzw. p/v), mit Hilfe der zweiten — die spezifische Arbeitskurve (g/T) und durch Planimetrierung die Arbeitsinhaltskurve (AL/T), und schließlich mit Hilfe der dritten Transformation die Energieinhaltskurve (U/T), letztere beide in dem $T/$WE-Koordinatensystem (Abb. 17).

Beispiele zur Verwendung der thermodynamischen Tafel. Es lassen sich eine ganze Reihe verschiedener thermodynamischer Aufgaben mit Hilfe der Tafel graphisch verfolgen.

1. Es seien auf der Zustandsänderungskurve gegeben: der Anfangspunkt A ($p_1 v_1 T_1$) und der Verdichtungsgrad $\dfrac{v_1}{v_2} = e$ (vgl. Abb. 8). Bestimmt soll werden: der Endpunkt ($p_2 v_2 T_2$), die gelieferte Arbeit $AL_2 - AL_1$, die innere Energieänderung $U_2 - U_1$ und die Wärmezufuhr $Q_2 - Q_1$.

Wir nehmen an, daß wir die Zustandsänderungskurve nach dem stufenartigen Verfahren zeichnen (v_e sei das kleinste Volumen der ersten Stufe). Ist $v_2 > v_e$, dann liegt der Endpunkt B auf derselben Stufe wie A; ist dagegen $v_2 < v_e$, dann liegt der Endpunkt auf einer höheren Stufe. Wird das Volumen v_1 im Maßstabe durch $OA = s$ mm dargestellt, dann entspricht dem Werte v_2 auf der ersten Stufe

$$OX_1 = \frac{s}{e} \text{ mm, auf der zweiten Stufe } OX_2 = \frac{a \cdot s}{e} \text{ mm, auf der dritten}$$

Stufe $OX_3 = \dfrac{a^2 s}{e}$ mm usw., wo a die Übergangszahl und X_1, X_2 $\ldots$ den Punkt der 1., 2., $\ldots$ Stufe bedeutet (am geeignetsten wäre es a gleich 10 zu wählen). Nachdem wir den Endpunkt ($p_2 v_2 T_2$) gefunden haben, ziehen wir aus T_1 und T_2 (Abb. 17) Parallelen zur Abszissenachse und erhalten die negativen Werte (Verdichtungsarbeit mit Temperatursenkung) von $AL_2 - AL_1$, $Q_2 - Q_1$ und $U_2 - U_1$ als Differenz der entsprechenden Abszissen auf bzw. AL/T-, Q/T- und U/T-Kurven:

$$AL_2 - AL_1 = ab$$
$$Q_2 - Q_1 = \overline{gi}$$
$$U_2 - U_1 = \overline{de}$$

2. Es seien auf der Zustandsänderungskurve gegeben: der Anfangspunkt A (p_1, v_1, T_1) und statt $\dfrac{v_1}{v_2} = e$ der Wert $\dfrac{p_2}{p_1}$ oder $\dfrac{T_2}{T_1}$ oder der Endpunkt B ($p_2 v_2 T_2$). Bestimmt soll werden: AL, $U_2 - U_1$ und $Q_2 - Q_1$.

Bei gegebenem $\dfrac{p_2}{p_1}$ oder $\dfrac{T_2}{T_1}$ oder Endpunkt B können wir auf der Zustandsänderungskurve die Größe v_2 und damit $\dfrac{v_1}{v_2} = e$ sofort bestimmen. Die weitere Ausführung verläuft, wie in 1 gezeigt ist.

3. Es sei auf der Zustandsänderungskurve der Anfangspunkt $B\,(p_2\,v_2\,T_2)$ und die Ausdehnungsarbeit AL gegeben. Es soll der Endpunkt, $U_2 - U_1$ und $Q_2 - Q_1$ bestimmt werden.

Der Temperatur T_2 entspricht auf der AL/T-Kurve der Wert $AL_2 = \bar{bc}$; da $AL = AL_2 - AL_1$, so ist $AL_1 = AL_2 - AL$. Legen wir $ab = AL$, dann wird $ac = AL_1$. Wir ziehen $af//OT$ und bestimmen damit den Punkt f mit $ac = fh = AL_1$, also auch die Endtemperatur T_1 und dann nach Beispiel 2 auch $U_2 - U_1$ und $Q_2 - Q_1$.

4. Es sei auf der Zustandsänderungskurve der Punkt $B\,(p_2\,v_2\,T_2)$ und $U_2 - U_1$ oder $Q_2 - Q_1$ gegeben. Bestimmt werden soll der Endpunkt, die geleistete Arbeit AL, $Q_2 - Q_1$ oder bzw. $U_2 - U_1$.

Die graphische Berechnung erfolgt in diesem Falle ähnlich wie in Beispiel (3).

Auf den normalen thermodynamischen Tafeln (vgl. Tafel I) werden nicht nur die c_p/T-, c_v/T-, U/T- und I/T-Kurven, sondern auch einige wichtige Zustandsänderungskurven in stufenartiger Form und die denselben entsprechenden g/T- und AL/T-Kurven eingetragen.

Für das Entwerfen der Tafel müssen somit die Zustandsgleichung $f\,(p, v, T) = 0$, die Gleichungen derjenigen Zustandsänderungen, die für die Theorie und Praxis am wichtigsten sind, und die c/T-Kurven analytisch oder graphisch gegeben sein.

Isothermische Zustandsänderung. Unter einer isothermischen Zustandsänderung verstehen wir solch eine, die bei einer konstanten Temperatur verläuft. Da wir bisher den Wärmeinhalt, die geleistete Arbeit und die innere Energie als Funktionen der Temperatur aufgefaßt haben, so verlieren die vorher gegebenen Definitionen für den Fall der isothermischen Zustandsänderung ihre Bedeutung. Es wird jedoch auch für diese Zustandsänderung die zugeführte Wärme, sowie die geleistete Arbeit von den Grenzwerten der Zustandsänderung abhängig sein, und zwar entweder von dem Volumen oder von dem Druck, da je eine dieser zwei Größen bei konstanter Temperatur durch die andere bestimmt ist.

Eine thermodynamische Tafel wäre nicht vollständig, wenn die Arbeitsinhalts- bzw. Wärmeinhaltskurven bei isothermischen Zustandsänderungen nicht vorkämen.

Wie sich diese zeichnen lassen, wird an einzelnen Beispielen später gezeigt werden.

4. Gase und Dämpfe.
Technisch wichtigste Zustandsänderungen.

Grenzkurven. Die Zustandsgleichung eines Körpers kann durch Versuche festgestellt werden. Zu diesem Zweck werden für verschiedene Volumina und Drücke entsprechende Temperaturen vermerkt. Ferner wird für eine Reihe von den auf diese Weise gefundenen Werten $p\,v\,T$ eine Formel $f(p\,v\,T)$ aufgestellt, welche durch diese Werte zu 0 wird. Wir sagen dann, daß die Gleichung $f(p\,v\,T) = 0$ die gesuchte Zustandsgleichung ist. Insofern als diese Gleichung nicht extrapoliert wird, ist sie nur für das Gebiet der aus den Versuchen festgestellten Werten gültig.

Auf der Zustandsfläche, die der Gleichung $f(p\,v\,T) = 0$ entspricht, wird die Reihe der einander entsprechenden Werte von $p\,v\,T$ in einem Gebiete liegen, das durch eine oder mehrere Kurven begrenzt ist. Diese sogenannten Grenzkurven trennen das Gebiet, in welchem der Körper dem Gesetze $f(p, v, T) = 0$ entspricht, von einem oder mehreren Gebieten, wo derselbe Körper selbstverständlich auch bestehen kann, jedoch einem anderen Zustandsgesetze folgt. Ein und derselbe Körper kann also in verschiedenen Gebieten verschiedenen Zustandsgesetzen folgen.

Es gibt, wie bekannt, drei Hauptzustände des Körpers, oder drei Aggregatzustände: der feste, der flüssige und der gasförmige, von denen jeder für jeden Körper durch ein besonderes Gesetz bestimmt ist. Entwirft man diesen Gesetzen entsprechende Zustandsflächen, dann stellen die Schnittkurven dieser Fläche die Grenzkurven dar.

Zwischen diesen Hauptzuständen befinden sich noch eine Reihe von Zwischenzuständen, so daß die Aggregatzustände in Wirklichkeit nicht immer so scharf abgegrenzt sind. Es lassen sich z. B. zwischen dem festen und flüssigen Zustand eine ganze Reihe von Übergängen feststellen, in denen der Körper mehr oder wenig weicher bzw. mehr oder weniger flüssiger (dickflüssig, dünnflüssig) wird. Auch beim Übergang von flüssigem zu gasförmigem Zustand entstehen eine Reihe von Zwischenzuständen: teilweise Verdampfung (nasser Dampf), Sättigungs-, Überhitzungs- und schließlich Gaszustand.

Damit ist es klar, daß die Aufstellung eines Zustandsgesetzes für sämtliche Zustände eines Körpers fast ausgeschlossen ist. Wir müssen deshalb, wenn wir von einem Zustandsgesetz sprechen, stets auf die Grenze seiner Gültigkeit hinweisen. Geometrisch ausgedrückt bedeutet es, daß die Zustandsfläche eines Körpers in weiteren Grenzen der Zustandsgrößen durch verschiedene Flächen zusammengestellt ist.

Wichtigste Körper der Wärmetechnik. In der praktischen Wärmetechnik kommen folgende Körper in Betracht:

1. für Gebläse, trockene Kompressoren, Luftmotoren usw. mit mittleren Druckverhältnissen: **Luft und Kohlensäure** in idealem Zustand,

2. für Verbrennungsmotoren, sowie für Kompressoren mit höheren Temperaturverhältnissen: **Wasserstoff, Sauerstoff, Stickstoff, Kohlenoxyd, Stickoxyd, Methan, Äthylen** usw. in halbidealem Zustand,

3. für Dampfanlagen: **Wasser und Wasserdampf,**

4. für Kälteanlagen: **Ammoniak, Schwefelsäure, Kohlensäure, Wasser** in flüssigem und dampfförmigem Zustand.

Alle die obengenannten Gase haben in verschiedenen Zustandsgebieten verschiedene Eigenschaften, die in der Folge kurz besprochen werden sollen.

Ideale Gase. Definiton. Man versteht unter einem idealen Gas ein solches, das folgenden Bedingungen entspricht:

1. seine Zustandsgleichung ist

$$pv = RT$$

und gilt für beliebige Druck- und Temperatur-Verhältnisse; hierbei bedeutet R die sog. Gaskonstante, die jedoch für jedes Gas einen besonderen Wert haben kann,

2. seine spezifische Wärme bei konstantem Druck c_p und bei konstantem Volumen c_v ist von Druck, Volumen und Temperatur unabhängig, also konstant. Bei verschiedenen Gasen sind die spezifischen Werte jedoch verschieden.

In Wirklichkeit gibt es solche Gase nicht. Allein jedes Gas, ebenso wie auch Dampf in überhitztem Zustande kann auf verhältnismäßig kleinen Gebieten der Zustandsfläche als diesen zwei Bedingungen mehr oder weniger entsprechend angesehen werden. Es sollte eigentlich überhaupt nicht von idealen Gasen gesprochen werden, sondern vielmehr nur von einem Gebiet des idealen Zustandes.

Innere Energie. In Abschnitt 3 wurde gezeigt, daß, falls die Zustandsänderung durch die Gleichung $pv = RT$ ausgedrückt ist, die elementare Arbeit für eine Zustandsänderung bei konstantem Druck gleich:

$$A \cdot p\,dv = AR \cdot dT$$

ist und damit (vgl. 22)

$$dI = (dU)_{p=\text{Konst.}} + AR \cdot dT,$$

wo I den Wärmeinhalt bei konstantem Druck bedeutet; mit (23)

$$dI = c_p \cdot dT$$

erhalten wir:

$$(c_p - AR) \cdot dT = (dU)_{p=\text{Konst.}}$$

Die innere Energie haben wir zunächst als Funktion der drei Zustandsgrößen (p, v, T) aufgefaßt, die noch näher zu bestimmen ist. Da aber je zwei Zustandsgrößen die dritte bestimmen, so kann die innere Energie U als eine Funktion von je zwei Zustandsgrößen betrachtet werden.

Es sei zuerst die innere Energie U von Volumen v und Temperatur T abhängig. Für eine Zustandsänderung bei konstantem Volumen ist, wie bekannt:

$$c_v \cdot dT = (dU)_{v=\text{Konst.}}$$

und da c_v konstant, so ist:

$$(U)_{v=\text{Konst.}} = c_v \cdot T + K.$$

Hier bedeutet $(U)_{v=\text{Konst.}}$ den Wert von U bei gegebenem konstantem Wert von v; dementsprechend darf der konstante Wert K als konstant nur bei $v = \text{Konstant}$ aufgefaßt werden. Es folgt hieraus, daß im allgemeinen der Wert U für verschiedene Werte von v gleich:

$$U = c_v \cdot T + f(v)$$

also jedenfalls vom Druck p unabhängig ist.

Es sei ferner U von p und T abhängig. Für eine Zustandsänderung bei konstantem Druck ist:

$$(c_p - A \cdot R) \cdot dT = (dU)_{p=\text{Konst.}}$$

und da $(c_p - A \cdot R)$ konstant, so ist:

$$(U)_{p=\text{Konst.}} = (c_p - A R) T + K_1.$$

Hier bedeutet $(U)_{p=\text{Konst.}}$ den Wert von U bei gegebenem konstantem Wert von p. Aus denselben Erwägungen wie früher ersehen wir, daß U vom Volumen v unabhängig ist.

Es folgt also, daß die innere Energie der idealen Gase nur von der Temperatur abhängig ist und damit

$$\left(\frac{dU}{dT}\right)_{v=\text{Konst.}} = \left(\frac{dU}{dT}\right)_{p=\text{Konst.}}$$

oder
$$c_v = c_p - A R \quad \ldots \ldots \ldots \quad (24)$$

Wärmediagramm. Die Aufstellung des Wärmediagramms für ideale Gase ist sehr einfach.

Auf Abbildung 18 entsprechen die Vertikalen AB und CD den c_v/T- und c_p/T-Kurven. Die Flächen $a_1 a_2 A O$ sind der Temperatur T proportional; es ist also die U/T-Kurve durch die geneigte Gerade OU dargestellt. Links von OT ist die geneigte Gerade $OI (y = ART)$ gezogen, und damit entspricht die Strecke zwischen Richtung OI und OU dem Wärmeinhalt bei konstantem Druck:

$$y + x = A R T + c_v T = c_p T.$$

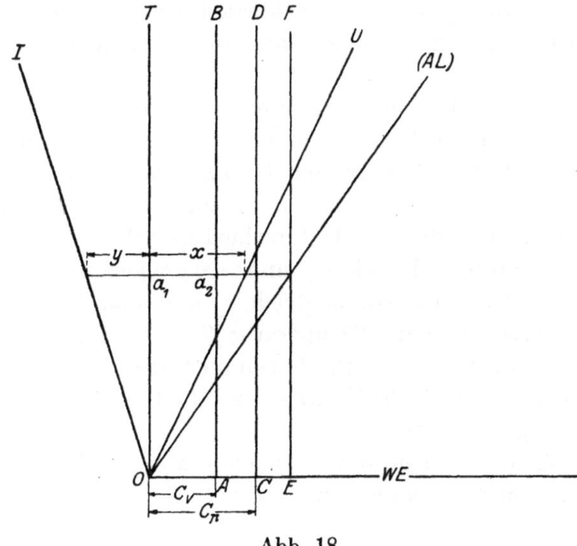

Abb. 18.

Für eine polytropische Zustandsänderung, die durch Gleichung

$$p\,v^{n} = \text{Konst.}$$

dargestellt ist, erhalten wir aus dieser und der Zustandsgleichung $p\,v = R\,T$ durch Logarithmieren und Differenzieren.

$$\ln p + n \cdot \ln v = \ln \text{Konst.} \quad \text{und} \quad \frac{dp}{p} + n \cdot \frac{dv}{v} = 0,$$

$$\ln p + \ln v = \ln T + \ln R \quad \text{und} \quad \frac{dp}{p} + \frac{dv}{v} = \frac{dT}{T}$$

und nach Subtraktion

$$(1 - n) \cdot \frac{dv}{v} = \frac{dT}{T}$$

oder

$$\frac{T \cdot dv}{dT \cdot v} = \frac{1}{1 - n}.$$

Ferner aber mit (16):

$$g = \frac{A\,p \cdot dv}{dT} = \frac{A\,p\,v \cdot dv}{v \cdot dT} = \frac{A\,R\,T \cdot dv}{v \cdot dT},$$

also

$$g = \frac{A\,R}{1 - n} \quad \ldots \ldots \ldots \quad (25)$$

Die spezifische Arbeit ist für eine polytropische Zustandsänderung der idealen Gase konstant; die dazu gehörige g/T-Kurve wird durch eine Vertikale $E\,F$ dargestellt, die Arbeitsinhaltskurve $(O/A\,L)$ wird dementsprechend durch einen Strahl aus O wiedergegeben.

Formel (25) trifft nicht nur für ideale Gase zu, sondern für alle diejenigen Gase, bei denen der Zustand durch Gleichung $pv = RT$ gekennzeichnet ist.

Halbideale Gase. Definition. Wenden wir uns nun zu den Gasen, die bei den Verbrennungskraftmaschinen in Betracht kommen, so erweist es sich, daß dieselben in den Grenzen der Druck- und Temperaturverhältnisse dieser Maschinen, auch der Zustandsgleichung $pv = RT$ folgen, und daß der Unterschied zwischen der spezifischen Wärme bei konstantem Druck c_p und derjenigen bei konstantem Volumen c_v auch konstant ist, obgleich c_p und damit auch c_v keine Konstanten, sondern von der Temperatur T abhängige Größen sind.

Das Zustandsgebiet, innerhalb dessen die Gase diesen Bedingungen entsprechen, werden wir als halbideal und die Gase in diesem Gebiete kurz als halbideal bezeichnen.

Für halbideale Gase sind damit folgende drei Bedingungen gültig:

1. die Zustandsgleichung in diesem Gebiete entspricht der Gleichung:

$$pv = RT,$$

2. die spezifische Wärme bei konstantem Druck hängt nur von der Temperatur ab:

$$c_v = a + bT + cT^2 + \cdots, \quad \ldots \ldots \ldots \ldots (26)$$

wo $a, b, c \ldots$ konstant sind,

3. der Unterschied zwischen der spezifischen Wärme bei konstantem Druck und derjenigen bei konstantem Volumen ist für ein und dasselbe Gas unveränderlich, wie sich auch die spezifische Wärme mit der Temperatur ändern möge:

$$c_p - c_v = \text{Konst.} \ldots \ldots \ldots \ldots (27)$$

Innere Energie. Für die idealen Gase haben wir festgestellt, daß ihre innere Energie nur von der Temperatur abhängig ist. Da aber der ausgeführte Beweis seine Gültigkeit behält, wenn c_p und c_v nicht nur konstante Größen, sondern auch Funktionen von T sind, so folgt daraus, daß die innere Energie der halbidealen Gase ausschließlich von der Temperatur T abhängig ist:

$$U = f(T).$$

Wenden wir den ersten Satz der Wärmelehre

$$dQ = dU + A \cdot p \cdot dv$$

oder, was dasselbe ist,

$$c \cdot dT = dU + g \cdot dT \quad \ldots \ldots \ldots (a)$$

auf eine Zustandsänderung mit konstantem Volumen an, so erhalten wir, weil $g = 0$ ist,

$$c_v \cdot dT = (dU)_{v=\text{Konst.}}$$

Da jedoch, wie eben gezeigt, die innere Energie U für halbideale Gase von Volumen und Druck unabhängig ist, so folgt hieraus, daß

$$(dU)_{v=\text{Konst.}} = dU$$

und damit aus (a)

$$c = c_v + g, \quad \ldots \ldots \ldots \quad (28)$$

d. h. die spezifische Wärme der halbidealen Gase ist bei beliebiger Zustandsänderung der algebraischen Summe der spezifischen Wärme bei konstantem Volumen und der spezifischen Arbeit bei dieser Zustandsänderung gleich.

Es ist also für die idealen und halbidealen Gase:

$$dU = c_v\, dT.$$

Für praktische Zwecke genügte es das Verhältnis der spezifischen Wärme und der Temperatur als linear anzunehmen:

$$c = a + b\, T.$$

Wärmediagramm. Das Wärmediagramm für halbideale Gase wird sich (Abb. 19) insofern von demjenigen für ideale Gase unterscheiden, als:

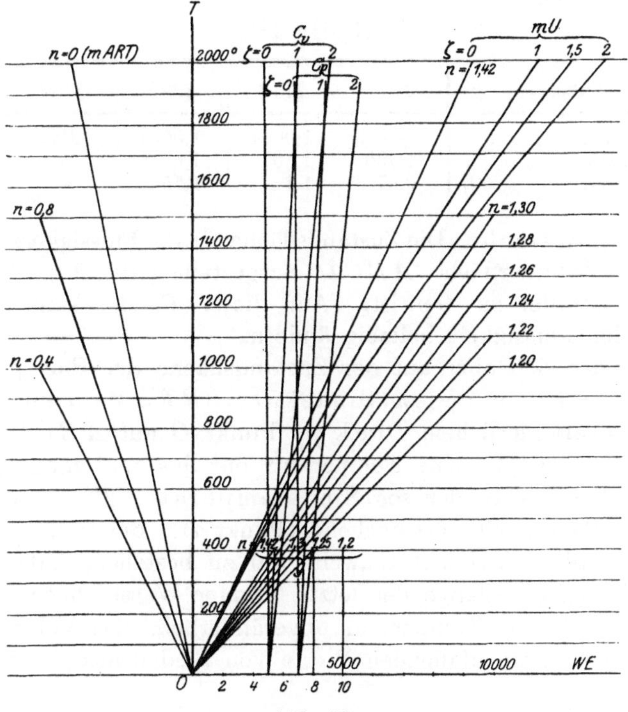

Abb. 19.

1) die c_p/T- und c_v/T-Kurven nicht durch Vertikalen, sondern durch zur Abszissenachse unter Winkel $\left(\operatorname{tg}\alpha = \dfrac{1}{b}\right)$ geneigte Geraden und

2) die U/T-Kurve, da U der Fläche eines Trapezes:

$$U = \left(a + \frac{b}{2}\cdot T\right)\cdot T$$

entspricht, durch eine Parabel dargestellt werden.

Richtung AR bleibt dieselbe.

Tafel I (S. 82) ist die thermodynamische Tafel halbidealer Gase.

Dämpfe. Wie wir bereits erwähnt haben, finden sich zwischen dem Gas- und Flüssigkeitszustand verschiedene Übergangszustände. Zur näheren Erklärung dessen verfolgen wir zuerst den Flüssigkeitszustand.

Die Flüssigkeiten sind unverdichtbar. Das spezifische Volumen ist damit vom Druck unabhängig. Mit der Temperatur nimmt das Volumen der Flüssigkeit zu, wie es z. B. aus der beigelegten Tabelle, in welcher für die einzelnen Flüssigkeiten bei verschiedener Temperatur das entsprechende Volumen in Liter pro Kilogramm angegeben ist, folgt.

Tabelle I[1]).

Bei T^0 abs. =	243 ^{0}	273 ^{0}	300 ^{0}	373 ^{0}	473 ^{0}
für Wasser	—	1,0001	1,0034	1,0433	1,1590
„ Ammoniak	1,490	1,567	1,67	—	—
„ Kohlensäure	0,97	1,1	1,55	—	—

Zustandsfläche. Die Zustandsfläche für die Flüssigkeit wird also durch die Zylinderfläche $ABCD$ dargestellt (Abb. 20), deren Erzeugende parallel zu Op ist. Auf dieser Fläche kann sich der Zustand der Flüssigkeit beliebig ändern.

Es findet sich aber auf der Zustandsfläche der Flüssigkeit eine eigentümliche Kurve, die sog. Siedekurve (EF). Wird einer Flüssigkeit bei unveränderlichem Druck p_s (Punkt O auf $ABCD$) Wärme zugeführt, so steigt seine Temperatur nur bis zu einem gewissen Wert, nämlich bis zu der sog. Siedetemperatur T_s, diesem Druck und dieser Flüssigkeit entsprechend (Punkt a). Bei fernerer Wärmezufuhr hört die Flüssigkeit teilweise auf zu bestehen, indem sie in Dampf übergeht. Solange der letzte Tropfen Wasser noch in Dampf übergeht, bleibt die Temperatur unveränderlich, das Volumen aber steigt. Die zusammenfallenden Werte von Siededruck p_s und Siede-

---

[1]) Vergl. Hütte 1919, S. 372—373.

temperatur T_s der Siedekurve (Abb. 20) EF sind in den sog. Dampftabellen für Wasser, Ammoniak, schweflige Säure und Kohlensäure angegeben (vgl. Hütte 1919, S. 416—419 und 435—438).

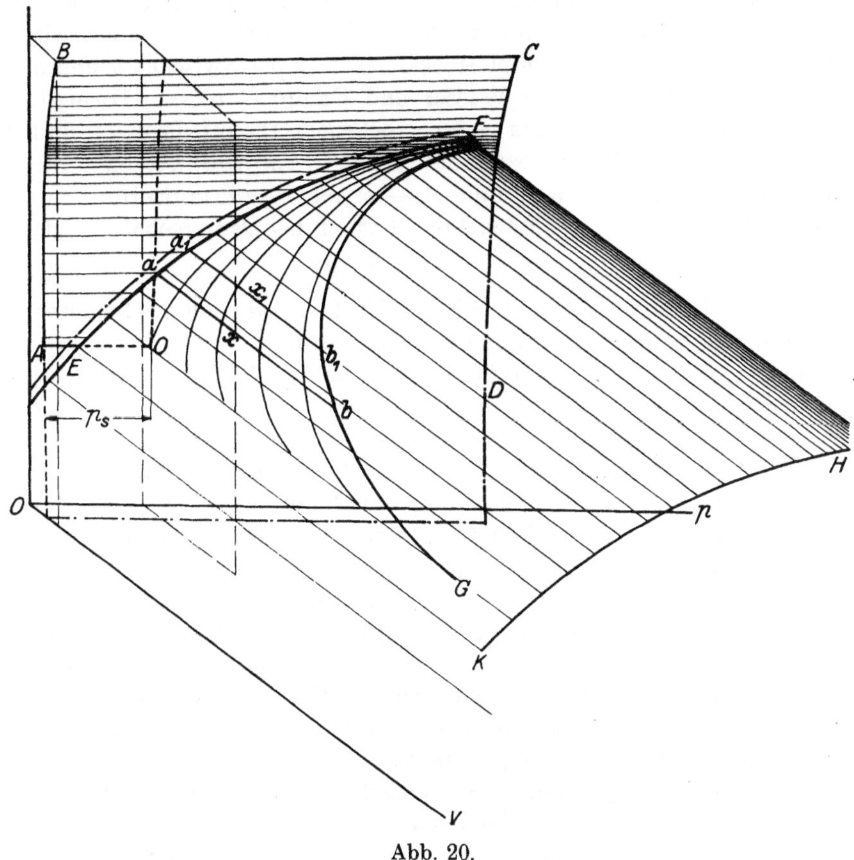

Abb. 20.

Der Zustand der Dampfbildung wird durch eine zylindrische Fläche $EFHK$ dargestellt, die durch die Siedekurve durchgeht und ihre Erzeugende parallel zu Ov hat. Jedem Punkte a auf der Siedekurve EF entspricht auf der Zylinderfläche $EFHK$ eine Gerade ab, welche die Volumenvergrößerung darstellt.

Nun ist aber bei einem gewissen Volumen, einem verschiedenen bei jedem besonderen Druck (und Temperatur), die Dampfbildung so weit gegangen, daß kein Wasser mehr übrigbleibt. Dieser Zustand wird als Zustand des gesättigten und trockenen Dampfes bezeichnet zum Unterschied von dem Zustand des nassen oder feuchten Dampfes, der dem Gemisch von Wasser und Dampf entspricht.

Sämtliche Punkte, die der Dampfsättigung entsprechen, bilden die Dampfsättigungskurve FG. In den Dampftabellen sind die Werte der Volumina für verschiedene Werte des Drucks (der Temperatur) des Sattdampfs angegeben (vgl. Hütte, S. 416, Taf. I, Reihe 3).

Die Verdampfung geschieht allmählich: in Punkt a haben wir Wasser, in Punkt b-Sattdampf (trockener Dampf), zwischen a und b findet sich ein Gemisch von Wasser und Dampf — nasser Dampf. Besteht 1 kg Naßdampf aus x kg trockenem Dampf $(x < 1)$ und $(1 - x)$ kg Flüssigkeit, so bezeichnet x den Dampfgehalt oder die spezifische Dampfmenge und $(1 - x)$ die Feuchtigkeit.

Das Volumen von 1 kg feuchtem Dampf bei Dampfgehalt x ist:

$$v_x = x \cdot v_s + (1 - x) \cdot v_{fl},$$

es bedeuten hier: v_x, v_s und v_{fl} die spezifischen Volumina des feuchten Dampfes, des Sattdampfes und der Flüssigkeit.

Legen wir auf der Dampfbildungsfläche die Werte v_x für verschiedene Werte p ab $(a\,x = v_x)$, so erhalten wir eine Kurve Fx der gleichen Feuchtigkeit.

Bei weiterer Zufuhr der Wärme wird der Dampf, nachdem er seine Sättigungsgrenze erreicht hat, überhitzt. Die stark überhitzten Dämpfe folgen dem Gasgesetze $pv = RT$; bei mittlerem Überhitzungsgrade ist für Wasser die Formel von Tumlirz am geeignetsten oder noch besser die van der Waalsche Zustandsgleichung, die auch für andere Dämpfe gültig ist. Die Dampfsättigungskurve liegt jedoch auf keiner von diesen Zustandsflächen; es muß also eine Übergangsfläche geben, die einerseits durch die Dampfsättigungskurve und andrerseits durch eine auf der Zustandsfläche der überhitzten Dämpfe liegende Kurve durchgeht. Diese Fläche kann durch die Münchner Versuche ermittelt werden, worauf wir an anderer Stelle zurückkommen werden.

Flüssigkeitswärme. Die spezifische Wärme einer Flüssigkeit c ist eine Funktion der Temperatur. Die Wärmemenge, die erforderlich ist, um 1 kg Flüssigkeit von 273^0 abs. $(0^0$ C.$)$ bis T^0 zu erwärmen, wird als Flüssigkeitswärme q bezeichnet:

$$q = \int_{+273^0}^{T} c \cdot dT.$$

Die Flüssigkeitswärme ist also gleichbedeutend mit dem Wärmeinhalt, wobei hier nicht von dem absoluten Nullpunkt, sondern von Null Celsius gerechnet wird. Es sollte dazu noch eigentlich die betreffende Zustandsänderung angegeben sein. Da aber der größte in der technischen Praxis vorkommende Arbeitsinhalt bei Flüssigkeitszustandsänderungen im Verhältnis zu der Flüssigkeitswärme zu klein ist, so kann man ihn außer acht lassen.

Zum Beweise dessen verfolgen wir eine Zustandsänderung von 1 $(p_1 v_1 T_1)$ bis 2 $(p_2 v_2 T_2)$. Die äußere Arbeit bei einer elementaren Zustandsänderung $A \cdot p \cdot dv$ ist jedenfalls kleiner als $A \cdot p_{max} \, dv$; und damit ist für die ganze Arbeit der Änderung von Zustand 1 bis Zustand 2:

$$A \cdot L < A \cdot p_{max} (v_2 - v_1).$$

Wir erhalten z. B. für Wasser bei $p_{max} = 25$ at, $T_2 = 473^0$ und $T_1 = 273^0$:

$$A \cdot L < \frac{25 \cdot 10333 \cdot (1,1590 - 1,0001)}{427 \cdot 1000} \sim 0,1 \text{ cal}$$

gegenüber

$$q \sim 1 \cdot (473 - 273) = 200 \text{ cal}.$$

Wir werden daher die Ausdehnungsarbeit der Flüssigkeit nicht in Betracht ziehen und den Flüssigkeitswärmeinhalt (die Flüssigkeitswärme) als von der Zustandsänderung unabhängig und nur von der Temperatur abhängig ansehen:

$$U = I = Q = q.$$

Im Wärmediagramm (Abb. 21) ist die Flüssigkeitswärmekurve durch $A\,B$ dargestellt.

Verdampfungswärme. Die Wärmemenge, die nötig ist, um 1 kg Flüssigkeit bei gegebenem Druck in Sattdampf überzuführen, heißt **Verdampfungswärme** r. Die Summe derselben mit der Flüssigkeitswärme q ist gleich dem Wärmeinhalt (bei konstantem Druck) des Sättigungszustandes:

$$Q_s = q + r.$$

Sollte auch die Flüssigkeitsvolumenänderung in Betracht gezogen werden, so wird eigentlich:

$$Q_s = q + A \cdot p_s (\sigma_s - \sigma_0) + r,$$

wo σ_s und σ_0 die spez. Volumina der Flüssigkeit bei Sättigungstemperatur und bei 273^0 abs. $= 0^0$ Celsius bedeuten.

Wärmediagramm. Die Werte der Verdampfungswärme r für verschiedene T_s werden auf Grund von Versuchen festgestellt und können der Dampftabelle entnommen und in die Wärmediagramme eingetragen werden.

Die spez. Wärme der überhitzten Dämpfe ist von Temperatur und Druck abhängig. Deshalb werden die c_p/T-Kurven, wie in Abb. 15, durch eine Kurvenschar dargestellt. Nach Planimetrieren der entsprechenden Fläche erhalten wir die I/T-Kurven, die in Abb. 21 eingetragen sind (vgl. 0,5 at; 16 at.).

Aus dem Wärmediagramm Abb. 21 können die entsprechenden inneren Energien, wie folgt, ermittelt werden. Die innere Energie U ist im allgemeinen gleich

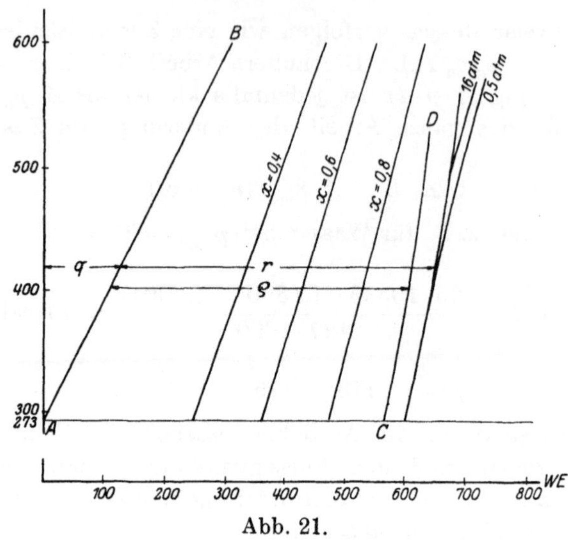

Abb. 21.

$$U = I - A \cdot pv.$$

Für eine Sättigungstemperatur T_s, die dem Druck p_s entspricht, ist

$$I_s = q + r \quad \text{und} \quad A \cdot L = A \cdot p_s (v_s - v_{fl}),$$

wo v_s das spezifische Volumen des Sattdampfes und v_{fl} dasjenige der Flüssigkeit bedeutet.

Wir erhalten damit

$$U_s = q + r - A \cdot p_s (v_s - v_{fl})$$

oder

$$U_s = q + \varrho,$$

wo

$$\varrho = r - A \cdot p_s (v_s - v_{fl}).$$

Der Wert ϱ wird als **innere Verdampfungswärme** bezeichnet.

Die innere Energie des gesättigten Wasserdampfes ist auf Abb. 21 als Kurve CD eingetragen.

Der Wärmeinhalt des feuchten Dampfes bei konstantem Druck besteht auf 1 kg aus:

$$(q + r) \cdot x \quad \text{WE des Dampfes}$$

und

$$q \cdot (1 - x) \quad \text{WE der Flüssigkeit,}$$

also zusammen

$$I_x = q + x \cdot r.$$

Die innere Energie des feuchten Dampfes ist, wie leicht zu finden, gleich:

$$U_x = q + x \cdot \varrho.$$

Teilen wir auf dem Wärmediagramm die Strecken zwischen AB und I_s (bzw. AB und U_s) in gleiche Teile, etwa in zehn Teile, dann ergeben sich entsprechende I_x- und U_x-Kurven für Zustandsänderungen mit gleicher Feuchtigkeit. Auf Abb. 21 sind die I_x-Kurven für $x = 0,4 - 0,6 - 0,8$ eingetragen.

Wir beschränken uns auf diese kurze Darlegung der Aggregatsänderungen und wenden unsere Aufmerksamkeit der Untersuchung einzelner Fälle der Zustandsänderungen zu.

Technisch wichtigste Zustandsänderungen. Jede wirkliche Zustandsänderung eines Körpers ist überaus kompliziert und setzt sich aus den verschiedenartigsten Erscheinungen zusammen. Zur Vereinfachung der Untersuchungen ist es angenommen, diese komplizierten Zustandsänderungen in eine Reihe der sog. technisch wichtigsten Zustandsänderungen zu zerlegen, die unten ausgeführt und näher erläutert sind.

1. **Isochorische Zustandsänderung.** Dieselbe wird dadurch gekennzeichnet, daß ihr spezifisches Volumen (v) stets konstant bleibt:

$$v = \text{Konst.}$$

Bei dieser Zustandsänderung wird keine äußere Arbeit geleistet:

$$L = 0.$$

Damit ist nach dem ersten Gesetz der Wärmelehre

$$Q = U,$$

d. h. die ganze verlustlos zugeführte Wärme wird nur auf die Erhöhung der inneren Energie verwandt.

2. **Isobarische Zustandsänderung.** Dieselbe wird dadurch gekennzeichnet, daß ihr Druck stets konstant bleibt:

$$p = \text{Konst.}$$

Bei dieser Zustandsänderung wird eine äußere absolute Arbeit

$$L = \int_0^v p \cdot dv = p \int_0^v dv = p\,v$$

geleistet.

Damit ist nach dem ersten Satz der Wärmelehre:

$$Q = U + A\,p\,v = I.$$

3. **Isothermische Zustandsänderung.** Dieselbe wird dadurch gekennzeichnet, daß ihre Temperatur stets konstant bleibt:

$$T = \text{Konst.}$$

Besitzt ein Körper die Eigenschaft, daß seine innere Energie nur von der Temperatur abhängig ist, so wie das z. B. bei idealen und halbidealen Gasen der Fall ist, so bleibt auch bei dieser Zustandsänderung die innere Energie konstant:

$$U = \text{Konst.}$$

Damit wird die verlustlos zugeführte Wärme ausschließlich auf die äußere Arbeit verwandt:

$$Q = A L.$$

4. Zustandsänderung bei konstanter spezifischer Arbeit. Diese Zustandsänderung wird durch folgende Gleichung gekennzeichnet:

$$g = \frac{A\, p\, dv}{dT} = \text{Konst.}$$

Die Gleichung dieser Zustandsänderung läßt sich von der obengenannten und der Zustandsgleichung ableiten.

So ist z. B. für die idealen und halbidealen Gase:

$$p\, v = R\, T$$

und damit

$$g = \frac{A\, R\, T \cdot dv}{v \cdot dT}.$$

Es sei n eine Zahl, die aus Gleichung:

$$\frac{A\, R}{g} = 1 - n$$

ermittelt ist, dann erhalten wir:

$$\frac{dT}{T} + (n - 1)\frac{dv}{v} = 0$$

oder

$$d\left[\ln T + (n - 1)\ln v\right] = 0;$$

somit

$$T\, v^{n-1} = \text{Konst.}$$

oder

$$p\, v^{n} = \text{Konst.},$$

also die uns schon bekannte Gleichung der Polytrope.

Es ist selbstverständlich, daß die Polytrope für einen anderen Körper, der nicht dem Gesetze der idealen Gase entspricht, nicht unbedingt eine Zustandsänderungskurve mit konstanter spezifischer Arbeit darstellt.

5. Isodiabatische Zustandsänderung, d. h. Zustandsänderung bei gleichbleibender spezifischer Wärme („gleichdurchlässig"). Diese Zustandsänderung wird dadurch gekennzeichnet, daß sie mit konstanter spezifischer Wärme verläuft:

$$c = \frac{dQ}{dT} = \text{Konst.} = \frac{dU + A \cdot p \cdot dv}{dT}.$$

Die Gleichung dieser Zustandsänderung läßt sich von dieser Gleichung und der Zustandsgleichung nur dann ableiten, wenn die Gleichung der inneren Energie U angegeben ist.

6. **Adiabatische Zustandsänderung** („undurchlässig"). Diese Zustandsänderung wird dadurch gekennzeichnet, daß ihr Wärmeinhalt Q konstant und ihre spezifische Wärme c gleich 0 sind:

$$c = 0 \qquad Q = \text{Konst.}$$

Es kann also bei dieser Zustandsänderung Wärme weder zu- noch abgeführt werden, damit ist

$$U_1 + A L_1 = U_2 + A L_2$$

oder

$$-(U_2 - U_1) = A L_2 - A L_1,$$

d. h. die Änderung der inneren Energie ist der nach außen abgegebenen bzw. der von außen erhaltenen Arbeit gleich.

Dieser Zustandsänderung kommt sowohl in der Wärmelehre als auch in ihrer Anwendung die wichtigste Bedeutung zu, da sie die Zustandsänderung mit Wärmezufuhr von derjenigen mit Wärmeabfuhr trennt.

7. **Andere Zustandsänderungen.** Wir können uns noch viele andere Zustandsänderungen vorstellen, so z. B. eine Zustandsänderung **bei konstanter innerer Energie** ($U = $ Konst.), **bei konstanter Entropie** (unter Entropie E versteht man eine Größe, deren Differential gleich $\dfrac{dQ}{T}$ ist, also $E = \displaystyle\int \dfrac{dQ}{T}$) usw.

Wir müssen hier besonders auf den Umstand hinweisen, daß keine der obengenannten Zustandsänderungen in Wirklichkeit vor sich gehen kann. Wie sich auch die wirklichen Zustandsänderungen den obengenannten annähern mögen, so bleiben dennoch bedeutende Unterschiede bestehen. Allein wenn wir bei der Untersuchung bestimmter Erscheinungen zur Vereinfachung der schwierigen theoretischen Berechnungen für die wirklichen Zustandsänderungen die sog. thermisch wichtigsten einsetzen, so rechtfertigt sich das nur in dem Fall, wenn sich die erhaltenen theoretischen Ergebnisse möglichst der Wirklichkeit annähern.

5. Einleitung in die Lehre der Wärmeturbinen.

(Auszug aus der Lehre der Strömung der Gase.)

Stationäre parallele Strömung. Den bisherigen Untersuchungen lag die Voraussetzung zugrunde, daß wir von der Geschwindigkeitsänderung der Gesamtmasse völlig absehen können. Wir beabsichtigen in dem vorliegenden Kapitel die Geschwindigkeitsänderungen in Betracht zu ziehen und einen Auszug der allgemeinen Lehre der stationären Strömung der Gase zu geben.

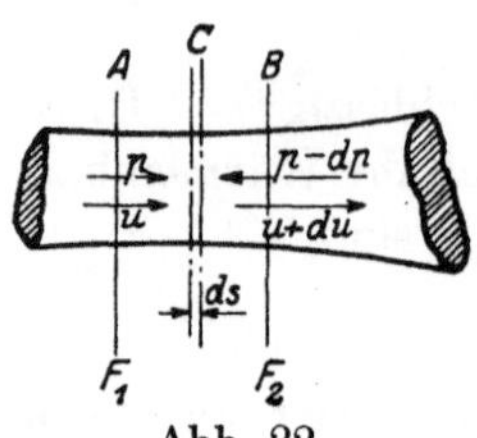

Abb. 22.

Wir betrachten zuerst eine stationäre parallele Strömung in bestimmter Richtung und verfolgen sie (Abb. 22) zwischen zwei Querschnitten F_1 und F_2, die in Abstand s voneinander liegen. Da die Strömung stationär ist, so bleiben in jedem Querschnitt die Geschwindigkeiten $u_1, u_2, u_3, \ldots$ sowie die Zustandsgröße $p/v/T$, $p_1/v_1/T_1 \ldots$ zeitlich unveränderlich; ferner bleibt die in einer Zeiteinheit (1 Sek.) durch einen beliebigen Querschnitt durchströmende Gewichtsmenge G dieselbe.

Kontinuitätsgleichung. Von hieraus folgt die sog. Kontinuitätsgleichung:

$$G = F_1 \cdot u_1 \cdot \gamma_1 = F_2 \cdot u_2 \cdot \gamma_2 = \ldots = F \cdot u \cdot \gamma \quad \ldots \ (29)$$

wo γ das spezifische Gewicht bedeutet, oder da:

$$v_1 \cdot \gamma_1 = v_2 \cdot \gamma_2 = \ldots = v \cdot \gamma = 1,$$

$$G = \frac{F_1 u_1}{v_1} = \frac{F_2 u_2}{v_2} = \ldots = \frac{F u}{v} \quad \ldots \ldots (29\,\mathrm{a})$$

Der Wert $G:F$, d. h. die Ausflußmenge pro Einheit des Durchflußquerschnittes wird als **spezifische Ausflußmenge** bezeichnet.

Nach Logarithmierung der Gleichung (29a) ergibt sich:

$$\ln F = \ln G + \ln v - \ln u$$

und nach Differenzierung, da G konstant ist:

$$\frac{dF}{F} = \frac{dv}{v} - \frac{du}{u} \ldots \ldots \ldots \ldots (29\,\mathrm{b})$$

Hauptgleichung der Strömung. In einem Querschnitt F besitzt die einströmende Gasmasse G:

1) eine innere Energie

$$GU,$$

2) einen Arbeitsinhalt pro 1 Sekunde gleich:

$$\frac{F \cdot p \cdot ds}{dt} \ \mathrm{kgm},$$

und da die Geschwindigkeit u nichts anderes als der Differentialquotient der durchlaufenen Strecke (s) und der Zeit (t) ist:

$$u = \frac{ds}{dt},$$

so erhalten wir:

$$\frac{F \cdot p \cdot ds}{dt} = F \cdot p \cdot u,$$

oder mit (29a)

$$G \cdot p \cdot v \text{ kgm} = A \cdot Gpv \text{ WE},$$

und

3) eine kinetische Energie auf G kg Gas in WE gerechnet gleich:

$$A \cdot G \cdot \frac{u^2}{2\,g}.$$

Es tritt somit mit 1 kg pro Sek. einströmenden Gases durch Querschnitt F_1 eine Energie:

$$U_1 + A\,p_1\,v_1 + A\,\frac{u_1{}^2}{2\,g}$$

ein und durch Querschnitt F_2 eine Energie

$$U_2 + A\,p_2\,v_2 + A\,\frac{u_2{}^2}{2\,g}$$

aus.

Wird dem durchströmenden Gas eine Wärmemenge Q WE auf 1 kg pro 1 Sek. durchströmenden Gases von außen verlustlos zugeführt, kommt ferner auf dem Wege von F_1 bis F_2 eine nutzlose Widerstandsarbeit (Reibung) $A\,W$ WE und schließlich eine äußere nützliche Arbeit[1] $A\,L_{ext}$, alles auf 1 kg Gas pro 1 Sek., zu, dann folgt aus dem Gesetze der Erhaltung der Energie:

$$Q = (U_2 + A\,p_2\,v_2) - (U_1 + A\,p_1\,v_1) + A\,\frac{u_2{}^2 - u_1{}^2}{2\,g} + A\,L_{ext} + A\,W$$

oder

$$Q = I_2 - I_1 + A \cdot \frac{u_2{}^2 - u_1{}^2}{2\,g} + A\,L_{ext} + A\,W \quad . \quad . \quad (30)$$

Da die Beziehung zwischen den Zustandsgrößen unabhängig von der jeweiligen Geschwindigkeit besteht, so ist auch:

$$Q = U_2 - U_1 + (A\,L_2 - A\,L_1)$$

und damit aus (30):

$$L_{ext} + \frac{(I_2 - U_2 - A\,L_2) - (I_1 - U_1 - A\,L_1)}{A} + \frac{u_2{}^2 - u_1{}^2}{2\,g} + W = 0 \quad (31)$$

Sind die Querschnitte F_1 und F_2 unendlich nahe zueinander, d. h. ist der Abstand zwischen F_1 und F_2 gleich ds, so erhalten wir aus (30) und (31):

---

[1] Diese Arbeit darf nicht mit der Ausdehnungsarbeit $A\,L$ verwechselt werden; $A\,L_{ext}$ ist z. B. diejenige Arbeit, die das durchströmende Gas einem Rad oder einer Turbine mitteilt, falls eine solche zwischen F_1 und F_2 eingeschaltet wird.

$$dQ = dI + A\frac{u \cdot du}{g} + A\,dL_{ext} + A\,dW \quad . \quad . \quad . \ (30\,\text{a})$$

$$dL_{ext} + \frac{dI - dU - A\,dL}{A} + \frac{u \cdot du}{g} + dW = 0 \ . \ . \ (31\,\text{a})$$

und mit:

$$dI - dU = (c_p - c_v)\,dT \quad \text{und} \quad A \cdot dL = A \cdot p \cdot dv = g_x \cdot dT$$

$$dL_{ext} + \frac{c_p - c_v - g_x}{A} \cdot dT + \frac{u\,du}{g} + dW = 0 \ \ . \ \ . \ (31\,\text{b})$$

Die Formeln (31) und (31a) stellen die Hauptgleichungen der stationären Strömung der Gase dar, die Formel (31b) ist nur für ideale und halbideale Gase gültig.

Arbeitslose Strömung. Widerstandsfreie Strömung. Verläuft die Strömung ohne Arbeitsleistung, wie es z. B. bei dem freien Ausströmen der Gase oder Überströmen von einem Gefäß in ein anderes stattfindet, oder untersuchen wir die Strömung vor Eintritt der Gasmenge in die Turbinenschaufel, so ist $L_{ext} = 0$ und

$$\frac{(I_2 - U_2 - AL_2) - (I_1 - U_1 - AL_1)}{A} + \frac{u_2{}^2 - u_1{}^2}{2g} + W = 0 \quad (32)$$

oder

$$\frac{c_p - c_v - g_x}{A}\,dT + \frac{u\,du}{g} + dW = 0 \ . \ . \ . \ . \ (32\,\text{a})$$

Ist auch die Widerstandsarbeit gleich 0; dann erhalten wir für eine **stationäre, arbeitslose** und **widerstandsfreie Strömung**:

$$\frac{(I_2 - U_2 - AL_2) - (I_1 - U_1 - AL_1)}{A} + \frac{u_2{}^2 - u^2{}_1}{2g} = 0 \quad (33)$$

oder
$$\frac{c_p - c_v - g_x}{A} \cdot dT + \frac{u \cdot du}{g} = 0 \ . \ . \ . \ . \ (33\,\text{a})$$

Wärmehöhe und Wärmegefälle. Den Wert

$$I - U - AL = J \ . \ . \ . \ . \ . \ . \ . \ (34)$$

werden wir als Wärmehöhe J in Zustand $p/v/T$ einer Zustandsänderung und die Differenz zweier Wärmehöhen

$$(I_2 - U_2 - AL_2) - (I_1 - U_1 - AL) = J_2 - J_1 \ . \ (35)$$

als **Wärmegefäll** bezeichnen.

Aus (33) ersehen wir, daß die Strömungsgeschwindigkeit u_2 mit Abnahme der Wärmehöhe J_2 zunimmt und umgekehrt mit Zunahme derselben abnimmt. Eine **beschleunigte Strömung** $u_2 > u_1$ entspricht damit einer Zustandsänderung mit **sinkender Wärmehöhe** $J_2 < J_1$ (negatives Wärmegefäll) und umgekehrt: eine verzögerte Strömung einer solchen mit steigender Wärmehöhe (positives Wärmegefäll).

Hat eine Strömung eine Anfangsgeschwindigkeit u_1 und verläuft sie mit steigender Wärmehöhe $(J_2 > J_1)$, dann wird die Strömungsgeschwindigkeit abnehmen, bis

$$u_2{}^2 = u_1{}^2 - \frac{2g}{A}(J_2 - J_1) = 0$$

ist; bei weiterem Steigen der Wärmehöhe J_2 ist $u_2{}^2$ negativ und u_2 imaginär, was darauf hinweist, daß die Strömung in der anfänglichen Richtung nicht mehr verlaufen kann.

Neuströmung und ihre graphische Ermittelung. Eine Strömung mit Anfangsgeschwindigkeit gleich 0 $(u_1 = 0)$ kann nur in der Richtung eines negativen Wärmegefälles verlaufen. Solch eine Strömung kann man als eine neugebildete Strömung oder kurz als Neuströmung bezeichnen.

Die Werte für die Wärmehöhe, sowie für das Wärmegefäll, können aus der thermodynamischen Tafel für die angegebene Zustandsänderung der Strömung entnommen werden. Ist (Abb. 23) OC die U/T-Kurve, OA die I/T-Kurve und OB die AL/T-Kurve für die gegebene Zustandsänderung, so ist:

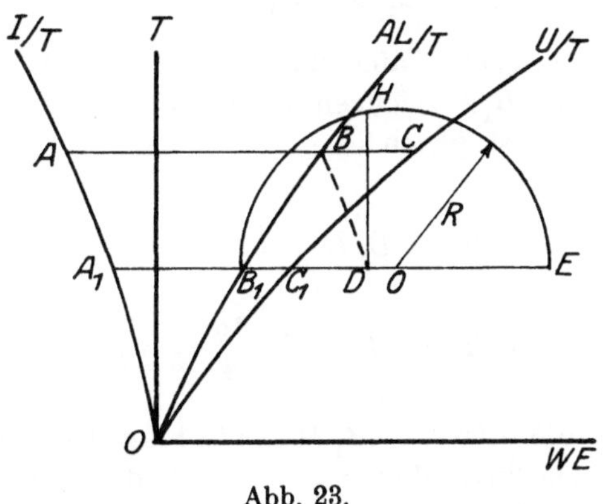

Abb. 23.

$$AB = J_1, \qquad A_1 B_1 = J_2$$

und

$$AB - A_1 B_1 = B_1 D = J_1 - J_2,$$

also

$$A \cdot \frac{u_2{}^2 - u_1{}^2}{2g} = B_1 D.$$

Gleichung (33) mit (35) ergibt:

$$J_1 - J_2 = A\,\frac{u_2^{\,2}}{2g} - A\,\frac{u_1^{\,2}}{2g} \quad \cdots \cdots (36)$$

d. h. das Wärmegefäll ist der Differenz der Strömungsenergie gleich.

Für eine Neuströmung ist:

$$J_1 - J_2 = A\,\frac{(u_2^{\,2})_0}{2g} \quad \cdots \cdots \cdots (37)$$

und mit (36)

$$u_2^{\,2} = u_1^{\,2} + (u_2^{\,2})_0 \quad \cdots \cdots \cdots (38)$$

d. h. die Endgeschwindigkeit einer Strömung, die mit einer Anfangsgeschwindigkeit u_1 anfängt, ist gleich der vektorischen (geometrischen) Summe der Endgeschwindigkeit $(u_2)_0$ einer Neuströmung, die demselben Wärmegefälle entspricht, und der Anfangsgeschwindigkeit u_1, angenommen, daß letztere beide wagerecht zueinander gerichtet sind.

Die Endgeschwindigkeit einer Neuströmung kann, wie folgt, graphisch ermittelt werden. Wir legen ab (Abb. 23):

$$D E = \frac{2g}{A} \sim 8400\ \text{WE} \quad \left(g = 9{,}81 \text{ und } \frac{1}{A} = 427\right)$$

und

$$B_1 D = J_1 - J_2$$

der thermodynamischen Tafel für 1 kg Gas entnommen; aus der Mitte O der Strecke $B_1 E$ zeichnen wir mit OE als Radius einen Kreis. Die Vertikale DH ist gleich $(u_2)_0$.

In der Tat:

$$DH^2 = B_1 D \cdot D E,$$

oder

$$DH^2 = (J_1 - J_2)\frac{2g}{A} = (u_2)_0^{\,2}\,.$$

Wenn wir die Strecke $B_1 D$ (auf 1 kg Gas gerechnet) (vgl. Abb. 23) in demselben Maßstab wie auf der thermodynamischen Tafel (1 mm $= c$ WE) und für $D E$ einen Wert von 84 WE in demselben Maßstabe ablegen, so ist DH im Maßstabe 1 mm $= 10\,c$ m/sek abzulesen.

Die Endgeschwindigkeiten lassen sich in das Wärmediagramm eintragen und man erhält dann die Kurve NS der Endgeschwindigkeiten einer Neuströmung. Kurve AS ist die Endgeschwindigkeitskurve für eine Strömung mit Anfangsgeschwindigkeit gleich u_1; ihre Konstruktion folgt aus Gleichung (38) (vgl. Abb. 24).

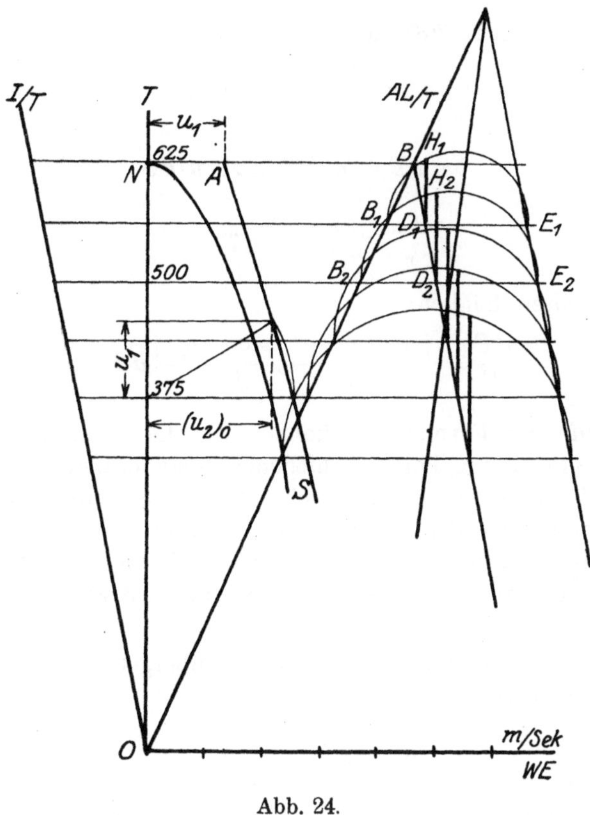

Abb. 24.

Querschnittsermittelung. Ist die Geschwindigkeitskurve gezeichnet, so können wir auch graphisch oder rechnerisch den Querschnitt F für diese Zustandsänderung aus Gleichung (29a) finden:

$$F = \frac{1}{G} \cdot \frac{v}{u}.$$

Da u und v bei angegebener Zustandsänderung veränderlich
sind, so ist auch der Querschnitt F veränderlich. Seine Abhängigkeit von u und v bei einem elementaren Übergang von Querschnitt F
zum Querschnitt $F + dF$ wird sich durch Logarithmieren und Differenzieren der Gleichung (29a) wie folgt darstellen:

$$\frac{dF}{F} = \frac{dv}{v} - \frac{du}{u}.$$

Nun ist aber u aus (36) gleich:

$$u = \sqrt{\frac{2g\,(J_1 - J_2)}{A} + u_1^2} \quad \ldots \ldots \quad (39)$$

Ferner aus (33a) mit (28) ist:

$$du = \frac{g \cdot (c - c_p)}{A \cdot u}\, dT.$$

und aus

$$c\, dT = c_v\, dT + A \cdot p \cdot dv$$

finden wir

$$\frac{dv}{v} = \frac{(c - c_v)}{A \cdot p \cdot v}\, dT.$$

Wir erhalten folglich:

$$\frac{dF}{F} = \left[\frac{(c - c_v)}{A\, p\, v} - \frac{g \cdot (c - c_p)}{A\, u^2} \right] dT \quad \ldots \ldots \; (40)$$

Mit Hilfe der Formel (40) können wir die Querschnittsverhältnisse für die Strömung bei verschiedenen Zustandsänderungen untersuchen; allein diese an und für sich seh rinteressante Untersuchung würde uns weit aus dem Rahmen der vorliegenden Arbeit führen. Wir kommen noch in der Folge auf diese Formel zurück, hier begnügen wir uns mit dem speziellen Fall einer adiabatischen Strömung.

Schallkurve. Bevor wir zu letzterer übergehen, berechnen wir graphisch den Wert:

$$u^2 = g \cdot \frac{c - c_p}{c - c_v}\, p\, v, \quad \ldots \ldots \; (41)$$

bei welchem der Klammerausdruck in Formel (40) gleich Null ist. Schreiben wir die eben erwähnte Formel wie folgt:

$$u^2 = \frac{g}{A} \cdot \frac{c - c_p}{c - c_v} \cdot A\, p\, v,$$

so sehen wir, daß u sich in ähnlicher Weise, wie auf Abb. 23, graphisch ermitteln läßt, indem wir nur statt $\frac{2g}{A}$ den Wert $\frac{g}{A}$ und statt $J_1 - J_2$ den Wert $\frac{c - c_p}{c - c_v} \cdot A\, p\, v$ ablegen.

Es sei (Abb. 25) gezeichnet: die I/T-Kurve, die c_p/T-, c_v/T- und c/T-Kurve, letztere für die gegebene Zustandsänderung.

Dann ist

$$\overline{AB} = I - U = A\, p \cdot v.$$

Machen wir $\overline{DE} = \overline{BC} = \overline{AB}$ und ziehen $GH /\!/ DE$, so ist

$$\overline{GH} = \overline{DE} \cdot \frac{\overline{GJ}}{\overline{DJ}} = \overline{AB} \cdot \frac{c - c_p}{c - c_v} = A \cdot p\, v \cdot \frac{c - c_p}{c - c_v}.$$

Legen wir ferner BK gleich $\dfrac{g}{A}$ ab, KL gleich GH und ziehen aus dem Mittelpunkt O von $\overline{BL}$ einen Kreis mit BL als Durchmesser, so ist wie früher:

$$\overline{FK} = \overline{BN} = u.$$

Setzen wir diese Konstruktion weiter, so erhalten wir eine Kurve NN', die wir die **Schallkurve** dieser Zustandsänderung nennen. Den entsprechenden Wert von u werden wir mit u_{sch} bezeichnen.

Adiabatische Strömung. Für eine adiabatische Strömung ist:

$$U + AL = Q = 0$$
$$c_v + g = c = 0$$

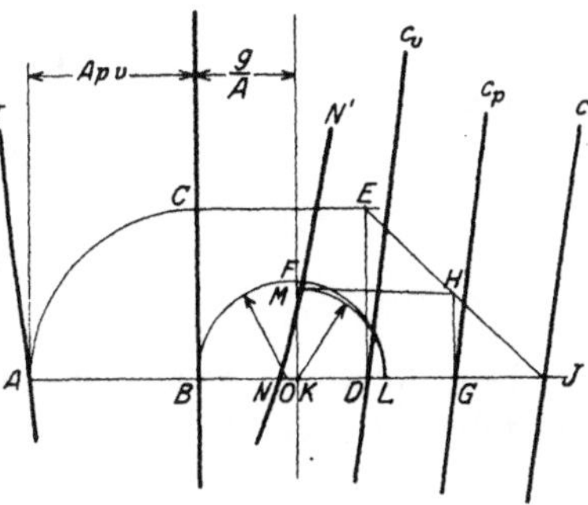

Abb. 25.

und damit

$$J = I \qquad \dots \dots \dots \quad (34\,\mathrm{a})$$

$$\frac{I_2 - I_1}{A} + \frac{u_2{}^2 - u_1{}^2}{2\,g} = 0 \quad \dots \dots \quad (33\,\mathrm{b})$$

$$\frac{c_p \cdot dT}{A} + \frac{u\,du}{g} = 0 \quad \dots \dots \quad (33\,\mathrm{c})$$

$$\frac{dF}{F} = \left(\frac{g \cdot c_p}{A\,u^2} - \frac{c_v}{A\,p\,v} \right) dT \quad \dots \dots \quad (40\,\mathrm{a})$$

$$u = \sqrt{\frac{2\,g \cdot (I_1 - I)}{A} + u_1{}^2} \quad \dots \dots \quad (39\,\mathrm{a})$$

Formel (34 a) zeigt, daß die Wärmehöhe bei adiabatischer Strömung gleich dem Wärmeinhalt bei konstantem Druck ist. Da aber der Wärmeinhalt bei technisch wichtigen Gasen und Dämpfen mit der Temperatur (bzw. auch mit dem Druck) steigt, und die Adiabate dieser Gase derartig verläuft, daß bei steigender Temperatur auch der Druck zunimmt, und umgekehrt, so entspricht eine beschleunigte adiabatische Strömung einer Temperatur- bzw. Drucksenkung, und eine verzögerte Strömung einer Temperatur- bzw. Drucksteigerung.

Bemerken wir noch, daß eine adiabatische Ausdehnung mit Temperatur- bzw. Drucksenkung vor sich geht, so ersehen wir, daß die obengenannte, beschleunigte Strömung auch als Ausdehnungsströmung betrachtet werden kann.

Auf Grund der Gleichung (40 a) untersuchen wir nun die Querschnittsverhältnisse.

Für eine Ausdehnungsströmung (beschleunigte Strömung) ist dT negativ. Ist jedoch der Klammerausdruck positiv, so wird dF

negativ, d. h. der Querschnitt muß fortlaufend enger werden und umgekehrt.

Der Klammerausdruck wird jedoch dann positiv, wenn:

$$\frac{g \cdot c_p}{A u^2} > \frac{c_v}{A p v}$$

oder wenn:

$$u < u_{sch},$$

wo

$$u_{sch} = \sqrt{g \cdot \frac{c_p}{c_v} p v} \quad \ldots \ldots \ldots (41\,\mathrm{a})$$

Der letztere Ausdruck ist nichts anderes als die Schallgeschwindigkeit bei dem augenblicklichen Zustand der adiabatischen Zustandsänderung.

Wir können deshalb die Querschnittsverhältnisse folgenderweise formulieren: für eine Ausdehnungsströmung muß sich der Querschnitt in Richtung der Strömung verengern, solange bis die Geschwindigkeit kleiner als die Schallgeschwindigkeit ist, und umgekehrt, er muß sich verbreitern, falls die Geschwindigkeit letztere übersteigt. Für eine Verdichtungsströmung gilt das Umgekehrte, nämlich, daß sich der Querschnitt verengern muß, falls die Stromgeschwindigkeit größer als die Schallgeschwindigkeit ist, ferner, daß er sich verbreitern muß, falls sie kleiner als letztere ist.

Ausströmung der Gase. Die Ausströmung der Gase aus einem geschlossenen Gefäß, in dem der innere Zustand unveränderlich ist, kann als besonderer Fall der stationären Strömung aufgefaßt werden. Der Querschnitt, durch den die Gase ausströmen, wird **Mündungsquerschnitt** genannt.

Die Ausflußgeschwindigkeit (u_m) in diesem Querschnitt sowie die ausströmende Gasmenge (G_m) wird durch dieselbe Formel wie früher ermittelt :

$$u_m = \sqrt{\frac{2\,g\,(J_1 - J_m)}{A} + u_1{}^2}$$

$$G_m = F_m \cdot \frac{u_m}{v_m}$$

oder falls die Ausströmung adiabatisch verläuft:

$$u_m = \sqrt{\frac{2\,g\,(I_1 - I_m)}{A} + u_1{}^2} \, . \quad \cdot$$

Die spezifische Ausflußmenge $\dfrac{G_m}{F_m}$ im Mündungsquerschnitt ist eine Funktion der Geschwindigkeit u_m und des spezifischen Volumens v_m in diesem Querschnitt. Da letztere bei gegebener Zustandsänderung Funktionen nur von der Temperatur T sind, so ist auch $\dfrac{G_m}{F_m}$ nur eine Funktion von T.

Nun macht sich die Frage geltend, bei welcher Temperatur im Mündungsquerschnitt die spez. Ausflußmenge ihr Maximum erreichen wird.

Der Wert von T, der $\left(\dfrac{G_m}{F_m}\right)_{max}$ entspricht, läßt sich aus:

$$\frac{d\left(\dfrac{G_m}{F_m}\right)}{dT_m} = 0$$

ermitteln; dazu muß noch $\dfrac{d^2\left(\dfrac{G_m}{F_m}\right)}{dT^2}$ bei diesem Wert von T_m negativ sein.

Logarithmieren und differenzieren wir alsdann die Gleichung

$$\frac{G_m}{F_m} = \frac{u_m}{v_m},$$

dann erhalten wir (vgl. mit 40 a)

$$\frac{d\left(\dfrac{G_m}{F_m}\right)}{dT} = \frac{G_m}{F_m}\cdot\frac{1}{A}\left(\frac{c_v}{p_m v_m} - \frac{g\,c_p}{u_m^2}\right) \quad \ldots \ldots (42)$$

Dieser Wert kann nur falls

$$u_m = \sqrt{g\cdot\frac{c_p}{c_v}\,p_m\cdot v_m} \quad \ldots \ldots \ldots (m)$$

gleich Null sein, d. h. bei einer Temperatur T_m, die der Schallgeschwindigkeit im Ausflußquerschnitt entspricht.

Ob bei diesem Wert ein Maximum für $\dfrac{G_m}{F_m}$ wirklich erreicht wird, hängt vom Wert $\dfrac{d^2\left(\dfrac{G}{F}\right)}{dT^2}$ ab; dieser aber ist wiederum von den Werten der spezifischen Wärme bei konstantem Druck c_p und bei konstantem Volumen c_v, von der Zustandsgleichung, sowie von der Gleichung der adiabatischen Zustandsänderung abhängig. Es läßt sich die gestellte Frage im allgemeinen nicht endgültig entscheiden.

Im einzelnen Fall jedoch können wir zu bestimmten Schlüssen kommen. So ist z. B. für ideale Gase, bei welchen, wie bekannt, c_p und c_v konstant sind und $pv = RT$:

$$\frac{d^2\left(\dfrac{G}{F}\right)}{dT} = \frac{d\left(\dfrac{G}{F}\right)}{dT}\cdot\frac{1}{A}\left(\frac{c_v}{p_m v_m} - \frac{g c_p}{u_m^2}\right) + \frac{G}{FA}\cdot\left(-\frac{c_r}{RT^2} + \frac{2 c_p g \dfrac{du}{dT}}{u_m^3}\right)$$

oder mit (33 c) und (m)

$$\frac{d^2\left(\dfrac{G}{F}\right)}{dT^2} = \frac{G c_r}{F A R T^3}\cdot\frac{c_p + c_v}{c_p - c_v} \qquad \ldots \ldots (43)$$

Dieser Ausdruck ist stets negativ, da $c_p > c_v$.

Es erreicht also die Ausflußmenge bei den idealen Gasen ihr Maximum, wenn die Ausflußgeschwindigkeit der Schallgeschwindigkeit gleich ·ist.

Ist die Anfangsgeschwindigkeit gleich Null, so erhalten wir aus (39a)

$$u_m = \sqrt{\frac{2 g c_p (T_1 - T_m)}{A}}$$

und im Vergleich mit (m)

$$\frac{2 g c_p (T_1 - T_m)}{A} = \frac{g c_p}{c_v} R T_m,$$

woraus man mit (24) und $\dfrac{c_p}{c_v} = k$

$$\frac{T_m}{T_1} = \frac{2}{k+1} \qquad \ldots \ldots \ldots \ldots (44)$$

die einfache Formel für die Berechnung des Zustandes (T_m) erhält, welcher der maximalen Ausflußmenge bei einer Neuströmung der idealen Gase entspricht.

Kritischer Ausflußzustand. Der Ausflußzustand $p_m/v_m/T_m$ im Mündungsquerschnitt, der bei gegebenem Zustand $p_1/v_1/T_1$ im Innern des Gefäßes der maximalen Ausflußmenge entspricht, heißt „kritischer Ausflußzustand".

Hat der Zustand außerhalb des Gefäßes bei konstantem Zustand im Innern des Gefäßes einen Druck, bzw. eine Temperatur niedriger als beim kritischen ($p_{ext} < p_m$, bzw. $T_{ext} < T_m$), so kann das ausfließende Gas am Ende der Mündung höchstens den kritischen Zustand haben. Damit geht das Wärmegefälle von Zustand $p_m/v_m/T_m$ bis Zustand $p_{ext}/v_{ext}/T_{ext}$ verloren.

Um dieses Wärmegefäll dennoch ausnutzen zu können, werden die sog. Expansionsdüsen angewandt; es sind sich allmählich erweiternde Ansatzröhren mit einem Kegelwinkel von 10—12⁰.

Der kritische Ausflußzustand läßt sich graphisch als Schnittpunkt der Schallkurve mit der Endgeschwindigkeitskurve bestimmen (vgl. Abb. 60, strichpunktiert).

Die Ausflußgeschwindigkeit der idealen Gase kann für eine Neuströmung auch mit (24) wie folgt geschrieben werden:

$$u = \sqrt{\frac{2\,g \cdot c_p\,R\,(T_1 - T)}{A\,R}} = \sqrt{\frac{2\,g \cdot c_p\,R\,(T_1 - T)}{c_p - c_v}}$$

oder

$$u^2 = 2\,g\,\frac{k}{k-1} \cdot R\,(T_1 - T) \quad \ldots \ldots \quad (45)$$

und die Schallgeschwindigkeit in ähnlicher Weise

$$u_{sch}^2 = g \cdot k \cdot R\,T \quad \ldots \ldots \ldots \quad (46)$$

Im Koordinatensystem T (Ordinate)/u (Abszisse) stellen die beiden Kurven Parabeln dar: die erste hat ihren Anfang auf der Ordinatenachse im Abstand $T = T_1$ vom Anfangspunkt und schneidet die Abszissenachse in den Punkten $u = \pm \sqrt{2\,g\,\dfrac{k}{k-1} \cdot R\,T_1}$, die zweite hat ihren Anfang im Koordinatenanfang (vgl. Abb. 60).

Auf die Frage der maximalen Ausflußmenge der halbidealen Gase werden wir in der Folge zurückkommen.

Eine weitere analytische Untersuchung des hochinteressanten Gebietes des Ausströmens der Gase tritt aus dem Rahmen der vorliegenden Einführung in die graphische Thermodynamik. An dieser Stelle ist die Feststellung derjenigen graphischen Methode wichtig, mit Hilfe deren für jede Zustandsänderung der Entwurf derjenigen Kurven möglich ist, welche eine wesentliche Bedeutung für die Lösung einzelner Aufgaben des Strömens und Ausströmens der Gase haben. Die angegebenen Kurven finden weiterhin in der Lehre der Gasturbinen ihre Anwendung.

Zweiter Teil.

Berechnung der Verbrennungsmaschinen und -turbinen.

1. Halbideale und ideale Gase.

Hauptgleichung. Die für Verbrennungsmaschinen in Betracht kommenden Gase, sowie auch die aus denselben entstehenden Gasgemische haben erfahrungsgemäß innerhalb der in Verbrennungsmaschinen auftretenden Druck- und Temperaturverhältnisse folgende Eigenschaften:

1. ihre Zustandsgleichung entspricht dem idealen Gasgesetze

$$p\,v = R\,T \qquad \ldots \ldots \ldots \ldots \quad (1)$$

es bedeuten hier:

$p =$ den absoluten Druck in kg/qm,
$v =$ das spezifische Volumen (cbm/kg),
$T =$ die absolute Temperatur,
$R =$ die entsprechende Gaskonstante;

2. ihre spezifische Wärme bei konstantem Volumen c_v hängt nur von der Temperatur ab und nimmt mit derselben linear zu:

$$c_v = \frac{a}{m} \cdot (1 + \zeta\,T) \qquad \ldots \ldots \ldots \quad (2)$$

wo

$a =$ die Konstante der spezifischen Wärme,
$m =$ das Molekulargewicht,
$\zeta =$ den Temperaturkoeffizient der spez. Wärme

bedeuten;

3. der Unterschied der spez. Wärme bei konstantem Druck c_p und bei konstantem Volumen c_v dieser Gase ist für ein und dasselbe Gas unveränderlich, wie sich auch c_p und c_v mit der Temperatur ändern mögen. Für jedes Gas ist:

$$c_p - c_v = \frac{b}{m} \qquad \ldots \ldots \ldots \ldots \quad (3)$$

wo

$b =$ eine Konstante bedeutet.

Das Zustandsgebiet, innerhalb dessen die Gase den Gleichungen (1), (2) und (3) folgen, bezeichnen wir als **halbideal** und dementsprechend die Gase in diesem Gebiete kurz als **halbideale Gase.** Ein **ideales Gas** unterscheidet sich von einem halbidealen nur dadurch, daß sein Temperaturkoeffizient ζ gleich 0 ist.

Gaskonstante. Um den Wert der Gaskonstante zu bestimmen, wenden wir die Gleichung (1) auf den sog. Normalzustand des Gases an, wobei wir annehmen, daß ihm ein Druck von 1 at ($p = 10333$ kg/qm) und eine Temperatur von 0^0 Celsius ($T = 273^0$) entsprechen. Wir erhalten dann:

$$R = \frac{10333 \cdot v_0}{273} = 37{,}85\, v_0,$$

wo v_0 das spezifische Volumen des Gases bei Normalzustand bedeutet. Setzen wir in die letzte Gleichung statt des spezifischen Volumens v_0 den umgekehrten Wert $\dfrac{1}{v_0} = \gamma_0$, wo γ_0 das spezifische Gewicht bei Normalzustand bedeutet, so ergibt sich:

$$R = \frac{37{,}85}{\gamma_0} \quad \ldots \ldots \ldots \ldots \quad (4)$$

Der numerische Wert der Gaskonstante steht also in umgekehrtem proportionalen Verhältnis zum spezifischen Gewicht bei Normalzustand und ist damit völlig bestimmt, falls letzteres bekannt ist.

In Tabelle II sind die spezifischen Gewichte γ_0 bei Normalzustand und die Gaskonstanten R für diejenigen Gase angegeben, mit denen wir es in der praktischen Technik am meisten zu tun haben.

Tabelle II.

		m	R	ζ_0	γ_0
Wasserstoff	H_2	2	420,90	1	0,090
Sauerstoff	O_2	32	26,52	1	1,427
Kohlenoxyd . . .	CO	28	30,30	1	1,249
Stickstoff	N_2	28	30,26	1	1,245
Kohlensäure . . .	CO_2	44	19,28	5	1,963
Wasserdampf . . .	H_2O	18	47,10	4	0,803
Methan	CH_4	16	52,90	10	0,716
Äthylen	C_2H_4	28	30,28	15	1,247
Luft	—	29	29,27	1	1,293

Kilogrammoleküle. In derselben Tabelle sind auch die Molekulargewichte m angegeben. Aus der Tabelle ist leicht zu ersehen, daß die spezifischen Gewichte den Molekulargewichten proportional sind, so daß:

$$m = 22{,}4\, \gamma_0 \quad \ldots \ldots \ldots \ldots \quad (5)$$

Diese Formel stellt eigentlich das Gesetz Avogadros dar, insofern als bei derselben Temperatur und demselben Druck die Molekulargewichte der Gase ihren spezifischen Gewichten proportional sind.

Es folgt aus (5), daß 22,4 cbm beliebiges Gas bei Normalzustand so viel Kilogramm wiegen, als ihr Molekulargewicht Einheiten besitzt: 22,4 cbm Wasserstoff wiegen 2 kg, 22,4 cbm Sauerstoff 32 kg usw.

Eine Gasmenge mit soviel Kilogramm als das Molekulargewicht an Einheiten besitzt, wird **Kilogramm-Molekül** bezeichnet, kurz 1 Mol. Ein Mol. Wasserstoff entspricht einer Menge von 32 kg, 1 Mol. H_2 — 2 kg usw. Ein Kilogramm-Molekül beliebiges Gas hat nach (5) bei Normalzustand ein Volumen von 22,4 cbm.

Aus Formel (4) und (5) ergibt sich:

$$R = \frac{848}{m} \qquad \ldots \ldots \ldots \qquad (6)$$

Wert b. Wenden wir die Formel (28) des ersten Teiles:

$$c = c_v + g$$

auf eine Zustandsänderung mit konstantem Druck an, so erhalten wir

$$c_p - c_v = g_p$$

und aus (1) mit $p = \text{konstant}$

$$p \cdot dv = R \cdot dT$$

und damit

$$g_p = \frac{A \cdot p \cdot dv}{dT} = AR$$

folglich:

$$c_p - c_v = AR \qquad \ldots \ldots \ldots \ldots \qquad (3a)$$

Vergleichen wir die letzte Gleichung mit (3), dann erhalten wir mit (6) und da $A = \dfrac{1}{427}$:

$$b = mAR = 848 \cdot \frac{1}{427} = 1,975 \qquad \ldots \ldots \qquad (7)$$

Zustandsgleichungen. Die Gleichung (1) entspricht ·der Zustandsgleichung für 1 kg Gas.

Für G kg Gas, indem wir das Volumen von G kg durch $V = Gv$ bezeichnen, ergibt sich:

$$pV = GRT \qquad \ldots \ldots \ldots \ldots \qquad (8)$$

Für 1 Mol. erhalten wir, indem wir $G = m$ setzen und Rm durch 848 aus (6) ersetzen:

$$p\mathfrak{V} = 848 \cdot T \qquad \ldots \ldots \ldots \ldots \qquad (9)$$

Es bedeutet hier $\mathfrak{V}$ das Molekularvolumen $(m\,v)$ und 848 die sog. allgemeine Gaskonstante.

Das Molekularvolumen bei einer Temperatur $+15\,^0\mathrm{C}=288\,^0$ abs. und bei einem Druck von 1 technischen Atmosphäre[1]) ist

$$\mathfrak{V}=\frac{848\cdot 288}{10\,000}=24{,}42 \text{ cbm.}$$

Schließlich leiten wir die Zustandsgleichung für eine unendlich kleine Änderung der Werte p, v und T ab. Sind $p+dp$, $v+dv$ und $T+dT$ die entsprechenden Werte von p, v und T nach der Änderung und sollen diese Werte auch die Zustandsgleichung befriedigen, dann ist:

$$(p+dp)(v+dv)=R\,(T+dT)$$

oder

$$pv+p\cdot dv+v\cdot dp+dp\cdot dv=RT+R\cdot dT.$$

Ziehen wir von der linken Seite pv und von der rechten den gleichen Wert RT ab, so erhalten wir:

$$p\cdot dv+v\cdot dp+dp\cdot dv=R\cdot dT$$

oder, da $dp\cdot dv$ im Verhältnisse mit den anderen Gliedern der Gleichung verschwindend klein ist, so können wir setzen:

$$p\cdot dv+v\cdot dp=R\cdot dT \quad \ldots \ldots \quad (10)$$

Die Zustandsgleichung für eine unendlich kleine Änderung des Zustandes kann auch anders geschrieben werden, indem wir die linke Seite durch pv und die rechte durch RT dividieren:

$$\frac{dv}{v}+\frac{dp}{p}=\frac{dT}{T} \quad \ldots \ldots \ldots \quad (11)$$

Bei dieser Gelegenheit bemerken wir, daß $\dfrac{dx}{x}$ im allgemeinen der unendlich kleine Zuwachs des natürlichen Logarithmus von x ist. Wird der natürliche Logarithmus durch „ln" bezeichnet, so ist:

$$\frac{dx}{x}=d\,(\ln x) \quad \ldots \ldots \ldots \quad (11\,\text{a})$$

Die Gleichung (11) kann daher auch in folgender Weise geschrieben werden:

$$d\,(\ln v)+d\,(\ln p)=d\,(\ln T) \quad \ldots \ldots \quad (11\,\text{b})$$

Zu derselben Gleichung kommen wir auch direkt aus Gleichung (1) durch Logarithmieren:

$$\ln v+\ln p=\ln T+\ln R$$

und durch Differenzieren

$$d\,(\ln v)+d\,(\ln p)=d\,(\ln T)$$

da $\ln R$ konstant und seine Änderung gleich 0 ist.

---

[1]) 1 techn. Atm. $=10\,000$ kg/qm.

Spezifische Wärme. Die spezifische Wärme bei konstantem Volumen c_v der halbidealen Gase ist nur von der Temperatur abhängig und wird, wie wir schon erwähnt haben, durch eine lineare Funktion von T dargestellt (vgl. Gleichung 2). Wir werden dieselbe auf eine Mol. umgerechnet, wie folgt, schreiben:

$$m\,c_v = a\,(1 + \zeta\,T) \quad\ldots\ldots\ldots (12)$$

Die spezifische Wärme bei konstantem Druck c_p ergibt sich aus (3a) und (12):

$$c_p = A\,R + \frac{a}{m}\,(1 + \zeta\,T)$$

oder mit

$$k = 1 + \frac{A\,R\,m}{a} \quad\ldots\ldots\ldots (13)$$

erhalten wir für 1 kg Gas:

$$c_p = \frac{a}{m}\,(k + \zeta\,T) \quad\ldots\ldots\ldots (14)$$

und für 1 Mol.:

$$m\,c_p = a\,(k + \zeta\,T) \quad\ldots\ldots\ldots (14\,\mathrm{a})$$

Die Werte der spezifischen Wärme bei konstantem Volumen und konstantem Druck sind für die halbidealen Gase von Maillard und Le Chatelier, Langen, Schreiber usw. auf Grund von Versuchen bestimmt worden. Es hat sich erwiesen, daß die zweiatomigen Gase, also Wasserstoff H_2, Sauerstoff O_2, Stickstoff N_2 und Kohlenoxyd CO denselben Wert der spez. Molekularwärme bei konstantem Volumen haben; verschieden jedoch sind die Werte von dieser spez. Molekularwärme bei Wasserdampf H_2O und Kohlensäure CO_2.

Aus den ersten Angaben von Maillard und Le Chatelier über die mittlere spezifische Wärme lassen sich die Werte der Molekularwärme $m\,c_v$, wie folgt, aufstellen:

$$
\begin{aligned}
N_2, O_2, H_2, CO \qquad & m\,c_v = 4{,}47 + 0{,}00122\,T \\
H_2O \qquad & m\,c_v = 5{,}00 + 0{,}00286\,T \\
CO_2 \qquad & m\,c_v = 5{,}45 + 0{,}00387\,T
\end{aligned}
$$

Nach Langen haben wir:

$$
\begin{aligned}
N_2, O_2, H_2, CO \qquad & m\,c_v = 4{,}48 + 0{,}0012\,T \\
H_2O \qquad & m\,c_v = 4{,}73 + 0{,}0043\,T \\
CO_2 \qquad & m\,c_v = 5{,}2 \ + 0{,}0052\,T
\end{aligned}
$$

und nach Hütte (1919):

$$
\begin{aligned}
N_2, H_2, O_2, CO \qquad & m\,c_v = 4{,}70 + 0{,}0008\,T \\
H_2O\,(700^0\!-\!1700^0\,\mathrm{abs.}) \qquad & m\,c_v = 4{,}70 + 0{,}0082\,T \\
CO_2 \qquad & m\,c_v = 7{,}30 + 0{,}0032\,T\,.
\end{aligned}
$$

Für andere in Verbrennungskraftmaschinen oft vorkommende wichtige Gase wie Methan (CH_4) und Äthylen (C_2H_4) ist nach Hütte:

$$CH_4 \qquad m\,c_v = 3,4 + 0,016\ T$$
$$C_2H_4 \qquad m\,c_v = 3,4 + 0,022\ T.$$

Le Chatelier hat später auch angenommen, daß die Konstante der spezifischen Wärme für alle Gase bei konstantem Druck denselben Wert 6,5 hat, also $6,5 - 1,975 = 4,525$ bei konstantem Volumen, was folgende Formel ergibt:

$$N_2, H_2, O_2, CO \qquad m\,c_v = 4,525 + 0,0012\ T$$
$$H_2O \qquad m\,c_v = 4,525 + 0,0058\ T\cdot$$
$$CO_2 \qquad m\,c_v = 4,525 + 0,0074\ T$$

Nernst schlägt vor:

$$N_2, H_2, O_2, CO \qquad m\,c_v = 4,5 + 0,0010\ T$$
$$CO_2 \qquad m\,c_v = 4,5 + 0,0084\ T$$
$$C_2H_4\ (\text{Äthylen}) \qquad m\,c_v = 4,5 + 0,0137\ T$$
$$C_6H_6\ (\text{Benzol}) \qquad m\,c_v = 4,5 + 0,1510\ T.$$

In ähnlicher Weise gibt Stodola:

$$N_2, H_2, O_2, CO \qquad m\,c_v = 4,67 + 0,00106\ T,$$
$$CO_2 \qquad m\,c_v = 4,67 + 0,00568\ T,$$
$$H_2O \qquad m\,c_v = 4,67 + 0,00421\ T,$$

Für die spezifische Wärme bei konstantem Volumen schlagen wir folgende abgerundeten Werte vor:

$$\left.\begin{aligned}
H_2, O_2, N_2, CO \quad m\,c_v &= 4,67 + 0,00106\ T = 4,67\,(1 + 1\cdot 225\cdot 10^{-6}\ T),\\
CO_2 \quad m\,c_v &= 4,67 + 0,00530\ T = 4,67\,(1 + 5\cdot 225\cdot 10^{-6}\ T),\\
H_2O \quad m\,c_v &= 4,67 + 0,00424\ T = 4,67\,(1 + 4\cdot 225\cdot 10^{-6}\ T),\\
CH_4 \quad m\,c_v &= 4,67 + 0,01060\ T = 4,67\,(1 + 10\cdot 225\cdot 10^{-6}\ T),\\
C_2H_4 \quad m\,c_v &= 4,67 + 0,01590\ T = 4,67\,(1 + 15\cdot 225\cdot 10^{-6}\ T).
\end{aligned}\right\} (15)$$

Wir werden damit in der Formel (2)

$$a = 4,67 \quad \ldots \ldots \ldots \ldots \quad (16)$$

für alle Gassorten annehmen.

Ferner ist

$$\zeta = \zeta_0 \cdot 225 \cdot 10^{-6} \quad \ldots \ldots \ldots \ldots \quad (17)$$

wo ζ_0 verschiedene ganze Zahlen bedeutet. Die Werte von ζ_0 für verschiedene Gase sind in der Tabelle I angegeben.

Aus (13) und (16) erhalten wir:

$$k = 1,42.$$

Gasgemische. In der praktischen Technik haben wir es in den meisten Fällen nicht mit einem einzelnen Gas, sondern mit einem homogenen Gemische verschiedener Gassorten zu tun.

Auch den Begriff der Kilogramm-Moleküle dehnen wir auf die Gasgemische aus, obgleich sie kein Molekulargewicht haben. Es soll hier das Gewicht von 22,4 cbm Gasgemisch bei Normalzustand als „scheinbares" Molekulargewicht bezeichnet werden.

Die Zustandsgleichung:

$$p\,v = R\,T$$

gilt für Mischungen beliebiger Gase gleicherweise wie für einfache Gase.

Es ist erfahrungsgemäß festgestellt worden, daß das einzelne Gas innerhalb einer Gasmischung seiner Zustandsgleichung in der Weise folgt, als ob die anderen Bestandteile nicht vorhanden wären.

Der Druck p der Mischung ist nach dem Daltonschen Gesetze gleich der Summe der Teildrücke (Partialdrücke) der Bestandteile. Der Teildruck ist derjenige Druck, den das einzelne Gas bei Temperatur T und Gesamtvolumen V der Gasmischung annimmt.

Sind also $G_1, G_2 \ldots$ die Gewichte der Bestandteile des Gemisches, G das Gesamtgewicht und $p_1, p_2 \ldots$ die Teildrücke, dann ist:

$$p_1\,V = G_1\,R_1\,T; \quad p_2\,V = G_2\,R_2\,T \ldots p\,V = G\,R\,T$$

und nach Summieren:

$$(p_1 + p_2 + \ldots)\,V = T\,(G_1\,R_1 + G_2\,R_2 + \ldots).$$

Da aber

$$p_1 + p_2 + p_3 + \ldots = p$$

so folgt

$$G\,R = G_1\,R_1 + G_2\,R_2 + \ldots$$

Bedeutet V_n das Volumen, welches ein Bestandteil bei dem Gesamtdruck p annimmt, dann ist:

$$p\,V_1 = G_1\,R_1\,T; \quad p\,V_2 = G_2\,R_2\,T \ldots$$

und durch Summieren:

$$p\,(V_1 + V_2 + \ldots) = (G_1\,R_1 + G_2\,R_2 + \ldots)\,T = G\,R\,T = p\,V$$

oder

$$V_1 + V_2 + \ldots = V.$$

Am häufigsten wird ein Gasgemisch in der Weise bestimmt, daß die Gewichte seiner Bestandteile $(g_1), (g_2), \ldots$ auf 1 kg Gemisch oder auch die Volumina $(v_1), (v_2), \ldots$ — die letzteren bei Normalzustand — auf 1 cbm Gemisch angegeben sind.

Es seien für die einzelnen Bestandteile eines Gasgemisches:

$$
\begin{aligned}
&G_1, G_2, \ldots, G_n \ldots \text{die Gewichte} \\
&V_1, V_2, \ldots, V_n \ldots \text{ „ Volumina bei Normalzustand} \\
&\gamma_1, \gamma_2, \ldots, \gamma_n \ldots \text{ „ spez. Gewichte bei Normalzustand} \\
&m_1, m_2, \ldots, m_n \ldots \text{ „ Molekulargewichte}
\end{aligned}
$$

c_1, c_2, ..., c_n ... die spezifische Wärme
a_1, a_2, ..., a_n ... „ Konstanten der spez. Wärme
ζ_1, ζ_2, ..., ζ_n ... „ Temperaturkoeffizienten
R_1, R_2, ..., R_n ... „ Gaskonstanten

und für das Gemisch bzw. dieselben Buchstaben ohne Zeichen: G, V, γ, m, c, a, ζ und R.

Wir haben

$$V_1 + V_2 + \cdots + V_n = V,$$
$$G_1 + G_2 + \cdots + G_n = G.$$

Ferner da:

$$G_1 = V_1 \gamma_1; \quad G_2 = V_2 \gamma_2 \ldots G = V \gamma,$$

so ist:

$$V_1 \gamma_1 + V_2 \gamma_2 + \cdots + V_n \gamma_n = V \gamma \quad \ldots \ldots \quad \text{(a)}$$

und

$$\frac{G_1}{\gamma_1} + \frac{G_2}{\gamma_2} + \cdots + \frac{G_n}{\gamma_n} = \frac{G}{\gamma} \quad \ldots \ldots \ldots \quad \text{(b)}$$

Aus (a) mit (5) und aus (b) mit (4) ergibt sich:

$$V m = V_1 m_1 + V_2 m_2 + \cdots + V_n m_n \quad \ldots \ldots \quad \text{(c)}$$
$$G R = G_1 R_1 + G_2 R_2 + \cdots + G_n R_n \quad \ldots \ldots \quad \text{(d)}$$

Die spezifische Wärme des Gemisches wird nach dem Satz der Mischungen ausgerechnet:

$$G \cdot c_v = G_1 c_v' + G_2 c_v'' + \cdots + G_n c_v^{(n)} \quad \ldots \ldots \quad \text{(e)}$$

Da

$$c_v = \frac{a}{m}(1 + \zeta T); \quad c_v' = \frac{a_1}{m_1}(1 + \zeta_1 T); \quad c_v'' = \frac{a_2}{m_2}(1 + \zeta_2 T) \ldots$$

so folgt aus (e):

$$\frac{G}{m} a (1 + \zeta T) = \frac{G_1}{m_1} a_1 (1 + \zeta_1 T) + \frac{G_2}{m_2} a_2 (1 + \zeta_2 T) +$$
$$\cdots + \frac{G_n}{m_n}(1 + \zeta_n T) \quad \ldots \ldots \quad \text{(f)}$$

Diese Gleichung ist für alle Werte von T gültig, also auch für $T = 0$, und damit ergibt sich:

$$\frac{G}{m} a = \frac{G_1}{m_1} a_1 + \frac{G_2}{m_2} a_2 + \cdots + \frac{G_n}{m_n} a_n \quad \ldots \ldots \quad \text{(h)}$$

Aus (f) mit (h) folgt auch:

$$\frac{G}{m} a \zeta = \frac{G_1}{m_1} a_1 \zeta_1 + \frac{G_2}{m_2} a_2 \zeta_2 + \cdots + \frac{G_n}{m_n} a_n G_n \quad \ldots \ldots \quad \text{(k)}$$

Setzen wir statt G_n den Wert $V_n \gamma_n$ und statt m_n den Wert $22{,}4 \, \gamma_n$, so erhalten wir statt (h) und (k):

$$V a = V_1 a_1 + V_2 a_2 + \ldots + V_n a_n \ \ldots \ \ldots \ (l)$$

$$V a \zeta = V_1 a_1 \zeta_1 + V_2 a_2 \zeta_2 + \ldots + V_n a_n \zeta_n \ \ldots \ (m)$$

Führen wir schließlich statt $V_1, V_2, \ldots, G_1, G_2, \ldots,$ die Werte

$$(g_1) = \frac{G_1}{G}, \quad (g_2) = \frac{G_2}{G}, \ldots, (v_1) = \frac{V_1}{V}, \ (v_2) = \frac{V_2}{V}, \ldots \ \text{ein, so erhalten}$$

wir aus (a), (c), (d), (l) und (m):

$$\gamma = (v_1)\,\gamma_1 + (v_2)\,\gamma_2 + \cdots \ \ldots \ \ldots \ (18)$$

$$m = (v_1)\,m_1 + (v_2)\,m_2 + \cdots \ \ldots \ \ldots \ (19)$$

$$a = (v_1)\,a_1 + (v_2)\,a_2 + \cdots \ \ldots \ \ldots \ (20)$$

$$a\,\zeta = (v_1)\,a_1\,\zeta_1 + (v_2)\,a_2\,\zeta_2 + \cdots \ \ldots \ \ldots \ (21)$$

$$R = (g_1)\,R_1 + (g_2)\,R_2 + \cdots \ \ldots \ \ldots \ (22)$$

Bei der Annahme, daß

$$a_1 = a_2 = \ldots = 4{,}67$$

folgt, daß auch

$$a = 4{,}67$$

und

$$\zeta = (v_1)\,\zeta_1 + (v_2)\,\zeta_2 + \cdots \ \ldots \ \ldots \ (21\,a)$$

Für Gasgemische aus halbidealen Gasen ist $a = 4{,}67$. Für Gasgemische aus zweiatomigen Gasen, da $\zeta_1 = \zeta_2 = \ldots = 1 \cdot 225 \cdot 10^{-6}$, ist auch $\zeta = 1 \cdot 225 \cdot 10^{-6}$.

Da die atmosphärische Luft eine Mischung von $21\,^0/_0$ Sauerstoff (O_2) und $79\,^0/_0$ Stickstoff (N_2) darstellt, so ist für die Luft, wie es leicht zu berechnen ist:

$$m = 28{,}94, \quad a = 4{,}67 \quad \text{und} \quad \zeta = 1 \cdot 225 \cdot 10^{-6}.$$

Beispiel. Es soll c_v, m und R für ein Gasgemisch bestimmt werden, das auf 1 cbm aus $(H_2) = 0{,}070$; $(CO) = 0{,}276$, $(N_2) = 0{,}586$, $(CO_2) = 0{,}048$ und $(CH_4) = 0{,}020$ besteht.

Mit Tafel II erhalten wir:

	(v)	m	$(v) \cdot m$	ζ_0	$(v)\,\zeta_0$
H_2 . . .	0,070	2	0,140	1	
CO . . .	0,276	28		1	0,932
N_2 . . .	0,586	28	24,136	1	
CO_2 . .	0,048	44	2,112	5	0,240
CH_4 . .	0,020	16	0,320	10	0,200
	1,000		$m = 26{,}708$		$\zeta_0 = 1{,}372$

$$m\,c_v = 4{,}67\,(1 + 1{,}372 \cdot 225 \cdot 10^{-6}\,T)$$

$$R = \frac{848}{26{,}7} = 31{,}6.$$

Für dasselbe Gas mit den Werten für $m\,c_v = a + b\,T$ finden wir nach **Hütte**:

	(v)	a	$(a)\cdot v$	$a\,\zeta = b$	$(v)\cdot b$
H_2 . . .	0,070	4,70 $\big\}$		0,0008 $\big\}$	
CO . . .	0,276	4,70	4,38	0,0008	0,0007456
N_2O . .	0,586	4,70 $\big\}$		0,0008 $\big\}$	
CO_2 . .	0,048	7,30	0,35	0,0032	0,0001536
CH_4 . .	0,020	1,4	0,03	0,0160	0,00032
			$a = 4{,}76$		$b = 0{,}00122$

$$m\,c_v = 4{,}76\,(1 + 1{,}14\cdot 225\cdot 10^{-6}\,T)$$

Für diesen Fall ist:

$$k = 1 + \frac{m\,AR}{a} = 1 + \frac{1{,}975}{4{,}76} = 1{,}41.$$

Wichtigste Zustandsänderungen. Nachdem wir die Zustandsgleichung und die spezifische Wärme für die halbidealen Gase festgestellt haben, gehen wir zur näheren Untersuchung der wichtigsten Zustandsänderungen über.

a) Isochore, Isobare, Isotherme, Polytrope. Im ersten Teile (Abschnitt 2) haben wir gezeigt, daß die drei ersteren Zustandsänderungen besondere Fälle der Polytrope sind, daher genügt die Untersuchung letzterer.

Die Gleichung der Polytrope in p/v- bzw. T/v-Kurven ist:

$$p\,v^n = p_1\,v_1^n \quad \text{bzw.} \quad T\,v^{n-1} = T_1\,v_1^{n-1} \quad \ldots \quad (23)$$

Die spezifische Arbeit bei einer polytropischen Zustandsänderung ist, wie wir in Abschnitt 4 (Formel 25) gezeigt haben:

$$g = \frac{AR}{1-n} \quad \ldots \ldots \ldots \ldots \quad (24)$$

Eine polytropische Zustandsänderung der halbidealen Gase ist diejenige mit konstanter spezifischer Arbeit.

Die absolute Arbeit bei einer polytropischen Zustandsänderung von $p_1\text{-}v_1\text{-}T_1$ bis $p\text{-}v\text{-}T$ ist gleich:

$$AL = \int_{T_1}^{T} A\,p\,dv = \int_{T_1}^{T} g\,dT = \frac{AR}{1-n}\,(T - T_1) \quad \ldots \quad (25)$$

oder

$$L = \frac{p\,v - p_1\,v_1}{1-n} \quad \ldots \ldots \ldots \ldots \quad (26)$$

Bei:	erhalten wir aus (23):	(aus 24):	aus (26):
$n = 0$	$p = p_1$ (die Isobare)	$g = AR$	$L = p\,v - p_1\,v_1$
$n = \sim$	$v = v_1$ (die Isochore)	$g = 0$	$L = 0$
$n = 1$	$T = T_1$ (die Isotherme)	$g = \sim$	$L = \int_{v_1}^{v} p\,dv = \int_{v_1}^{v} RT\cdot\dfrac{dv}{v} = RT\ln\dfrac{v}{v_1} \;.\;(27)$

Die Konstruktion der Polytrope ist bereits in Teil I, Abschnitt 2 Abb. 7, besprochen worden.

b) **Isodiabate, Adiabate.** Wenden wir die Gleichung

$$c = c_v + g$$

auf eine polytropische Zustandsänderung an, dann erhalten wir

$$c_{pol} = \frac{a}{m}(1 + \zeta T) + \frac{AR}{1 - n}$$

und ersehen hieraus, daß der polytropischen Zustandsänderung eine veränderliche spezifische Wärme zukommt.

Wir untersuchen nun die Zustandsänderung mit konstanter spezifischer Wärme ($c =$ konstant), welche wir als „isodiabatisch“, „gleichdurchläßlich“ bezeichnen.

Verläuft die Zustandsänderung derart, daß weder Wärmezufuhr noch -abfuhr stattfindet, so ist die spezifische Wärme $c = 0$; diese Zustandsänderung heißt „adiabatisch“, d. h. „undurchläßlich“.

Um die Gestalt der Isodiabaten zu bestimmen, schreiben wir die Gleichung $c = c_v + g$ in folgender Form:

$$\frac{a}{m} \cdot (1 + \zeta T) + \frac{A \cdot p \cdot dv}{dT} = c.$$

Nun ist aber wegen $p = RT : v$ auch

$$\frac{a}{m} \cdot (1 + \zeta T) + \frac{ART \cdot dv}{v \cdot dT} = c$$

und

$$\left(1 - c \cdot \frac{m}{a}\right) \cdot \frac{dT}{T} + \zeta \cdot dT + \frac{mAR}{a} \cdot \frac{dv}{v} = 0.$$

Es sei

$$1 - c \cdot \frac{m}{a} = \frac{k - 1}{n - 1} \quad \ldots \ldots \ldots \quad (28)$$

also

$$c = \frac{a}{m} \cdot \frac{n - k}{n - 1} \quad \ldots \ldots \ldots \quad (28\,\mathrm{a})$$

und

$$n = \frac{k - \dfrac{cm}{a}}{1 - \dfrac{cm}{a}} \quad \ldots \ldots \ldots \quad (28\,\mathrm{b})$$

dann erhalten wir mit (13):

$$\frac{dT}{T} + \frac{n - 1}{k - 1} \cdot \zeta \cdot dT + (n - 1) \cdot \frac{dv}{v} = 0 \quad \ldots \quad (29)$$

Integrieren wir diese Gleichung von einem Anfangszustand (T_1) aus, so erhalten wir:

$$\ln T + \frac{n-1}{k-1}\,\zeta \cdot T + (n-1)\ln v = \ln T_1 + \frac{n-1}{k-1}\,\zeta \cdot T_1 + (n-1)\ln v_1$$

oder, indem wir die Basis des natürlichen Logarithmus durch e bezeichnen,

$$T \cdot v^{n-1} \cdot e^{\zeta \frac{n-1}{k-1} T} = T_1 \cdot v_1^{n-1} \cdot e^{\zeta \frac{n-1}{k-1} T_1} \qquad \ldots \quad (30)$$

als **Gleichung der Isodiabate in Temperatur-Volumen-Diagramm.**

Für die adiabatische Zustandsänderung soll $c = 0$ sein; da aus (28) $k = n$, so erhalten wir aus (30):

$$T \cdot v^{k-1} \cdot e^{\zeta T} = T_1 \cdot v_1^{k-1} \cdot e^{\zeta T_1}, \qquad \ldots \ldots (31)$$

d. h. die **Gleichung der Adiabate in Temperatur-Volumen-Diagramm.**

Aus (30) mit (1) ergibt sich:

$$T^n p^{1-n} e^{\frac{n-1}{k-1}\zeta T} = T_1^n p_1^{1-n} e^{\frac{n-1}{k-1}\zeta T_1} \qquad \ldots \ldots (31\,\mathrm{a})$$

als **Gleichung der Isodiabate im Temperatur-Druck-Diagramm.**

Um die einer isodiabatischen Zustandsänderung entsprechende Arbeit zu bestimmen, multiplizieren wir $g + c_v = c$ mit dT und integrieren von T_1/v_1 bis T/v; wir erhalten dann:

$$AL + \int_{T_1}^{T} \frac{a}{m}\,(1 + \zeta \cdot T)\,dT = \int_{T_1}^{T} c \cdot dT$$

und mit (28 a)

$$AL = -\frac{a}{m}\,(T - T_1)\left\{\frac{k-1}{n-1} + \frac{\zeta}{2}(T + T_1)\right\}$$

oder

$$L = \frac{R\,(T - T_1)}{1 - k}\left\{\frac{k-1}{n-1} + \frac{\zeta}{2}(T + T_1)\right\} \quad \ldots \quad (32)$$

$$L = \frac{p\,v - p_1 v_1}{1 - k}\left\{\frac{k-1}{n-1} + \frac{\zeta}{2}(T + T_1)\right\} \quad \ldots (32\,\mathrm{a})$$

Mit $n = k$ ergibt sich für eine adiabatische Zustandsänderung

$$L = \frac{p\,v - p_1 v_1}{1 - k}\left\{1 + \frac{\zeta}{2}(T + T_1)\right\} \quad \ldots \ldots (33)$$

Mit $\zeta = 0$ finden wir aus (30), (31), (32) und (33) die bekannten Gleichungen für ideale Gase:

$$T v^{n-1} = T_1 v_1^{n-1} \qquad \ldots \ldots \ldots (30\,\mathrm{a})$$

$$T v^{k-1} = T_1 v_1^{k-1} \qquad \ldots \ldots \ldots (31\,\mathrm{b})$$

$$L = \frac{pv - p_1 v_1}{1 - n} \qquad \ldots \ldots \ldots \ldots (32\,\text{b})$$

$$L = \frac{pv - p_1 v_1}{1 - k} \qquad \ldots \ldots \ldots \ldots (33\,\text{a})$$

Aus Gleichung (30a) ersehen wir, daß nicht nur die Isochoren, Isobaren und Isothermen, sondern auch die Adiabaten der idealen Gase durch eine Polytrope dargestellt werden. Von der Mannigfaltigkeit dieser Kurve stammt ihr Name „Polytrope“, „Mannigfaltige“.

Betrachten wir nun die Gleichung der Isodiabate und Adiabate der halbidealen Gase, so sehen wir, daß die Polytrope für diese Gase ihre Mannigfaltigkeit verliert. Wir lassen den Namen „Polytrope“ für eine Kurve, die der Gleichung $T v^{n-1} = \text{Konst.}$ (bzw. $p v^{n} = \text{Konst.}$) entspricht, fort und bemerken, daß die mannigfaltige Kurve für halbideale Gase durch folgende Gleichung dargestellt werden kann:

$$T v^{n-1} e^{\vartheta T} = \text{Konst.} \qquad \ldots \ldots \ldots (34)$$

Diese Kurve geht

bei $\vartheta = \dfrac{n-1}{k-1}\,\zeta$ . . . in die Isodiabate über,

„	$\vartheta = \zeta$ und $n = k$	„	„	Adiabate „
„	$\vartheta = 0$	„	„	Polytrope „
„	$\vartheta = 0$ und $n = 1$	„	„	Isotherme „
„	$\vartheta = 0$ „ $n = \sim$	„	„	Isochore „
„	$\vartheta = 0$ „ $n = 0$	„	„	Isobare „

Wir wollen die Isodiabaten des halbidealen Gases kurz untersuchen.

Alle diejenigen Kurven, die denselben Wert n und ζ haben, gehören zu einer Kurvenschar n/ζ, angenommen, daß k eine Konstante bedeutet, die für halbideale Gase gleich 1,42 ist.

Untersuchung der Isodiabaten. Die Isodiabaten und die Adiabaten der halbidealen Gase sowie auch die Polytropen haben folgende Eigenschaften:

1. Durch einen Punkt ist nur eine Isodiabate aus der Kurvenschar n/ζ zu ziehen.

Beweis.

Es seien AB und AC (Abb. 26) zwei Adiabaten aus der Kurvenschar n/ζ. Wir schreiben für T_2/v_2 und T_2/v_3, wo $v_2 \gtrless v_3$:

$$T_1 v_1^{n-1} e^{\vartheta T_1} = T_2 v_2^{n-1} e^{\vartheta T_2},$$
$$T_1 v_1^{n-1} e^{\vartheta T_1} = T_2 v_3^{n-1} e^{\vartheta T_2},$$

und erhalten durch Division:

$$v_2 = v_3,$$

was unserer Annahme $v_2 \gtrless v_3$ widerspricht. AB und AC fallen also zusammen.

Dasselbe gilt auch für das p/v-Diagramm. Falls durch denselben Punkt zwei Adiabaten durchgehen sollten, so müßten nach der ersten Transformation auch zwei Adiabaten im T/v-Diagramm durch einen und denselben Punkt gehen; was unmöglich ist.

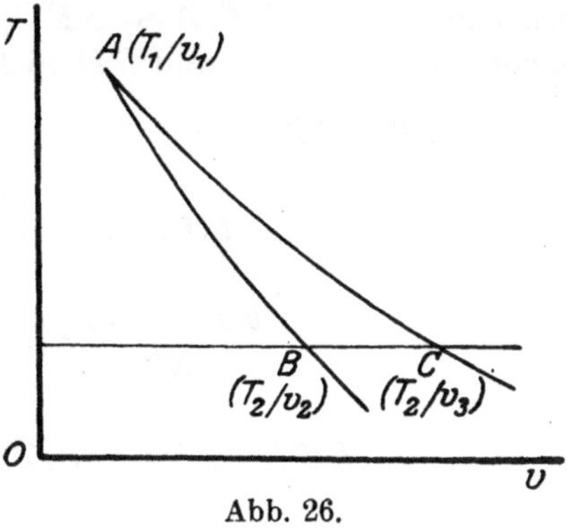

Abb. 26.

2. Zwei Isodiabaten n/ζ haben keinen Schnittpunkt.

Beweis.

Sollten sich zwei Isodiabaten aus derselben Kurvenschar schneiden, so wäre es möglich, durch diesen Schnittpunkt zwei Isodiabaten zu ziehen, was mit dem Satze 1 in Widerspruch stehen würde.

3. Sind die Isodiabaten einer Kurvenschar n/ζ durch zwei Parallelen zur v-Achse geschnitten und für jede Isodiabate entsprechende Sehnen gezogen, dann schneiden sich alle Sehnen in einem auf der T-Achse liegenden Punkt.

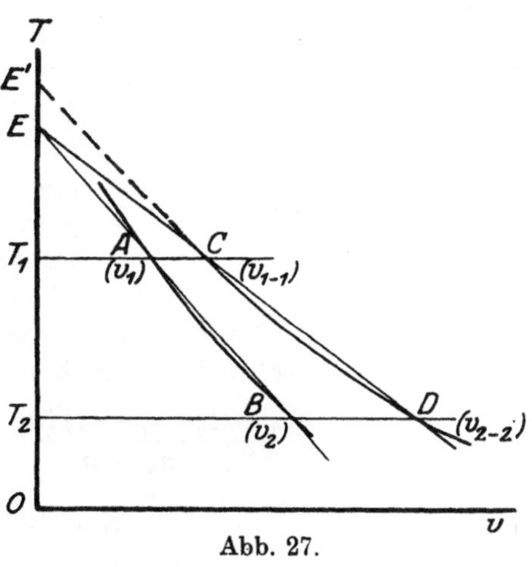

Abb. 27.

Beweis.

Aus Gleichung der Isodiabaten AB und CD (Abb. 27) folgt:

$$T_1 v_1^{n-1} e^{\vartheta T_1} = T_2 v_2^{n-1} e^{\vartheta T_2},$$

$$T_1 v_{1-1}^{n-1} e^{\vartheta T_1} = T_2 v_{2-2} e^{\vartheta T_2},$$

und durch Division:

$$v_1^{n-1} : v_{1-1}^{n-1} = v_2^{n-1} : v_{2-2}^{n-1}$$

oder

$$v_1 : v_{1-1} = v_2 : v_{2-2}.$$

Ferner folgt aus $\triangle ET_1A \sim \triangle ET_2B$ und aus $\triangle E'T_1C \sim \triangle E'T_2D$, angenommen, daß AB und CD nicht auf der T-Achse sich schneiden,

$$\overline{ET_2} : \overline{ET_1} = v_2 : v_1, \qquad E'T_2 : E'T_1 = v_{2-2} : v_{1-1},$$

also

$$ET_2 : \overline{ET_1} = \overline{E'T_2} : E'T_1$$

und auch

$$\frac{\overline{ET_2} - \overline{ET_1}}{\overline{ET_1}} = \frac{\overline{E'T_2} - E'T_1}{E'T},$$

da aber

$$ET_2 - ET_1 = T_2T_1 = E'T_2 - E'T',$$

so folgt, daß

$$ET_1 = E'T_1$$

oder daß E und E' zusammenfallen, was zu beweisen ist.

Es folgt aus 3. eine einfache Regel für die Konstruktion einer Isodiabate, die durch Punkt C durchgeht, falls eine andere Isodiabate, z. B. AB bereits gezeichnet ist.

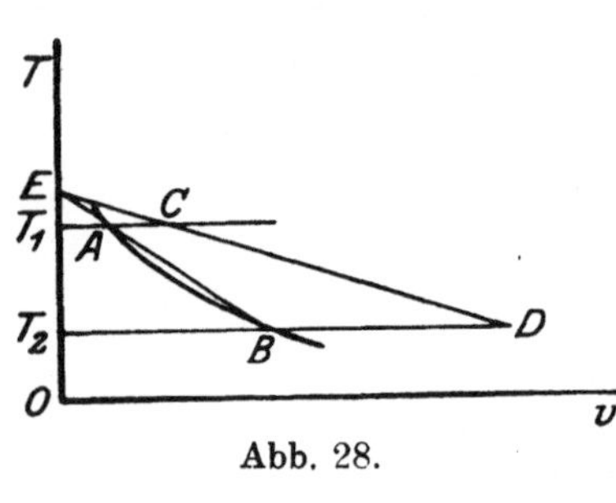

Abb. 28.

Man ziehe (Abb. 28) durch C die Gerade CT_1 parallel zur v-Achse, die die Isodiabate AB bei A schneidet, wähle auf AB einen beliebigen Punkt B und ziehe BAE und ferner aus E die Gerade EC bis zum Schnittpunkt mit der Geraden BT_2, die aus B parallel zur v-Achse gezogen ist; Punkt D gehört der Isodiabate, die durch C durchgeht.

4. Zwei Isodiabaten aus verschiedenen Kurvenscharen (n_1/ζ_1 und n_2/ζ_2) schneiden sich nur in einem Punkte, falls

$$\frac{(\zeta_1 - \zeta_2)(n_1 - 1)(n_2 - 1)}{n_2 - n_1} \gtreqless 0.$$

Beweis.

Angenommen, die beiden Isodiabaten haben zwei Schnittpunkte T_1/v_1 und T_2/v_2, so ist

$$T_1 v_1^{n_1-1} e^{\vartheta_1 T_1} = T_2 v_2^{n_1-1} e^{\vartheta_1 T_2},$$

$$T_1 v_1^{n_2-1} e^{\vartheta_2 T_1} = T_2 v_2^{n_2-1} e^{\vartheta_2 T_2},$$

oder durch Logarithmieren:

$$\ln T_1 + (n_1 - 1)\ln v_1 + \vartheta_1 T_1 = \ln T_2 + (n_1 - 1)\ln v_2 + \vartheta_1 T_2,$$
$$\ln T_1 + (n_2 - 1)\ln v_1 + \vartheta_2 T_1 = \ln T_2 + (n_2 - 1)\ln v_2 + \vartheta_2 T_2,$$

und nach Eliminierung von v_1 und v_2:

$$(n_2 - n_1) \ln T_1 + [\vartheta_1 (n_2 - 1) - \vartheta_2 (n_1 - 1)] T_1 =$$
$$= (n_2 - n_1) \ln T_2 + [\vartheta_1 (n_2 - 1) - \vartheta_2 (n_1 - 1)] T_2.$$

Bezeichnen wir

$$\frac{\vartheta_1 (n_2 - 1) - \vartheta_2 (n_1 - 1)}{n_2 - n_1} = \frac{(\zeta_1 - \zeta_2)(n_1 - 1)(n_2 - 1)}{(k - 1)(n_2 - n_1)} = a,$$

so wird

$$\ln T_1 + a T_1 = \ln T_2 + a T_2.$$

Bei $a \geqq 0$ ist diese Gleichung nur möglich, wenn $T_1 = T_2$; ist aber $T_1 = T_2$, so ist auch $v_1 = v_2$, und damit haben bei $a \geqq 0$ die beiden Isodiabaten nur einen Schnittpunkt.

Folgerung.

Bei einem und demselben Gasgemisch ($\zeta = \text{Konst.}$) schneiden sich Isodiabaten mit Adiabaten oder Polytropen oder aber letztere untereinander nur in einem Punkte.

5. Bei Isodiabaten mit $n > 1$ sinkt Druck und Temperatur mit zunehmendem Volumen.

Beweis.

Aus der Gleichung der Isodiabaten ist zu ersehen, daß, falls v und damit v^{n-1} steigt, $T e^{\vartheta T}$ und damit auch T sinken muß. Ferner folgt aus $p = \dfrac{RT}{v}$, falls T sinkt und v steigt, daß p sinken muß.

6. Sind aus einem Punkte Isodiabaten n/ζ_1 und n/ζ_2 gezogen, wo $n > 1$ und $\zeta_1 < \zeta_2$, dann verläuft die erste Isodiabate in der Ausdehnungsrichtung unter der zweiten.

Beweis.

AB und AE (Abb. 29) sind die Isodiabaten, die durch die Punkte $A (T_1 v_1)$ und $B (T_2 v_2)$ bzw. $E (T_3 v_2)$ gezogen sind. Da $v_2 > v_1$, so ist nach 5. auch $T_2 < T_1$ und $T_3 < T_1$; da $\zeta_1 < \zeta_2$, so ist auch $\vartheta_2 > \vartheta_1$. Aus den Gleichungen der Isodiabaten AB und AE:

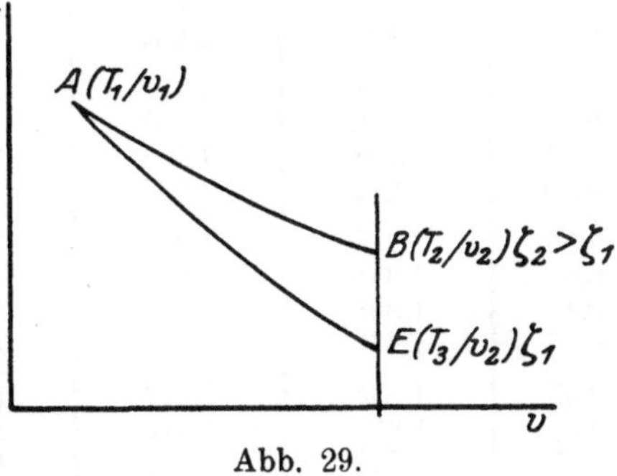

Abb. 29.

$$T_2 v_2^{n-1} e^{\vartheta_2 T_2} = T_1 v_1^{n-1} e^{\vartheta_2 T_1},$$
$$T_3 v_2^{n-1} e^{\vartheta_1 T_3} = T_1 v_1^{n-1} e^{\vartheta_1 T_1}$$

erhalten wir:

$$\frac{T_1}{T_2} \cdot e^{\vartheta_2 (T_1 - T_2)} = \frac{T_1}{T_3} e^{\vartheta_1 (T_1 - T_3)} ,$$

was für $T_2 < T_1, T_3 < T_1$ und $\vartheta_2 > \vartheta_1$ nur bei $T_2 > T_3$ möglich ist.

Folgerung 1.

Die Polytrope $n > 1$ verläuft in der Ausdehnungsrichtung unter allen aus demselben Punkt ausgehenden Isodiabaten n/ζ, da $\zeta > 0$.

Folgerung 2.

Bei Verdichtung aus demselben Punkt ist die Endtemperatur bei demselben Verdichtungsgrad auf der Polytrope $n > 1$ stets größer, als auf der Isodiabate n/ζ.

Die Konstruktion der Isodiabaten (bzw. Adiabaten) kann entweder durch Einrechnung der Punkte oder durch graphisches Verfahren ausgeführt werden. Das erste Verfahren ist jedenfalls am genauesten.

Es sei z. B. durch den Punkt T_1/v_1 eine Isodiabate n/ζ zu ziehen. Die Gleichung der Isodiabate ist:

$$T v^{n-1} e^{\vartheta T} = T_1 v_1^{n-1} e^{\vartheta T_1} .$$

Wir berechnen den Wert $T_1 e^{\vartheta T_1} = (T)_1$ und ziehen durch Punkt $(T)_1/v_1$ eine Polytrope mit dem Exponent n:

Tabelle III.

$\dfrac{v_1}{v}$	$\dfrac{T_1}{T} = \left(\dfrac{v}{v_1}\right)^{n-1}$				
	$n = 1{,}42$	$n = 1{,}4$	$n = 1{,}3$	$n = 1{,}2$	$n = 1{,}1$
0,95		1,020	1,016	1,010	1,005
0,90	1,045	1,043	1,032	1,020	1,010
0,85	1,071	1,067	1,051	1,033	1,016
0,80	1,098	1,094	1,070	1,046	1,022
0,75	1,128	1,122	1,090	1,059	1,029
0,70	1,162	1,153	1,113	1,074	1,036
0,65	1,198	1,189	1,138	1,090	1,044
0,60	1,239	1,227	1,166	1,108	1,052
0,55	1,289	1,271	1,197	1,127	1,062
0,50	1.338	1,320	1,231	1,149	1,072
0,45	1,398	1,377	1,271	1,173	1,083
0,40	1,469	1,446	1,320	1,203	1,097
0,35	1,554	1,522	1,370	1,234	1,111
0,30	1,658	1,619	1,435	1,272	1,128
0,25	1,758	1,741	1,516	1,320	1,149
0,20	1,966	1,906	1,622	1,380	1,177
0,15	2,218	2,136	1,767	1,462	1,209
0,125	2,395	2,292	1,864	1,516	1,231
0,10	2,630	2,512	1,996	1,585	1,260

$$(T)\, v^{n-1} = (T)_1\, v_1^{n-1}\,.$$

Für einen beliebigen Punkt $(T)_2/v_2$ dieser Polytrope läßt sich der Wert T_2 finden, der der Gleichung $T_2\, e^{\vartheta T_2} = (T)_2$ entspricht, somit liegt der Punkt T_2/v_2 auf der betreffenden Isodiabate.

Zur Erleichterung der Bestimmung der Werte $(T_2):(T_1)$ bei gegebenem $v_2:v_1$ und bei verschiedenen Polytropen dient Tabelle III.

Tabelle IV.

T	$T \cdot e^{\zeta T}\ (\zeta = \zeta_0 \cdot 225 \cdot 10^{-6})$				
	$\zeta_0 = 1{,}023$	$\zeta_0 = 1{,}279$	$\zeta_0 = 1{,}535$	$\zeta_0 = 1{,}790$	$\zeta_0 = 2{,}046$
288	308	313	318	323	329
300	321	327	333	339	345
325	350	357	364	370	377
350	379	387	395	403	411
375	409	418	427	436	446
400	439	449	459	470	481
450	499	512	526	539	554
500	561	577	594	612	630
550	624	644	665	686	708
600	689	713	738	764	791
650	755	784	814	845	877
700	822	856	891	923	966
750	891	931	972	1015	1060
800	962	1007	1055	1105	1156
850	1035	1085	1140	1197	1257
900	1107	1166	1228	1294	1362
950	1182	1248	1319	1392	1471
1000	1259	1334	1413	1496	1585
1050	1337	1420	1510	1603	1703
1100	1417	1510	1608	1713	1825
1150	1490	1601	1711	1828	1953
1200	1582	1695	1816	1946	2086
1250	1667	1791	1925	2068	2223
1300	1753	1890	2036	2195	2365
1350	1842	1990	2152	2326	2513
1400	1932	2095	2270	2461	2667
1450	2025	2201	2393	2601	2827
1500	2119	2310	2518	2745	2993
1550	2214	2421	2647	2894	3164
1600	2312	2536	2780	3048	3343
1650	2413	2653	2918	3208	3528
1700	2514	2773	3058	3372	3720
1750	2618	2895	3203	3542	3917
1800	2725	3023	3352	3718	4124
1850	2833	3151	3507	3897	4337
1900	2943	3283	3663	4086	4558
1950	3055	3417	3824	4278	4786
2000	3170	3556	3990	4477	5023

Zur Erleichterung der Bestimmung der Werte $T\,e^{\zeta T}$ für einen gegebenen Wert T und ζ und umgekehrt sind in der Tabelle IV die Werte $T\,e^{\zeta T}$ für $T = 288^0$ bis $T = 2000^0$ abs. und für $\zeta = 0$ bis $\zeta = 2\cdot 225\cdot 10^{-6}$ berechnet worden. Diese Grenzen für T und ζ werden in der Praxis der Verbrennungsmotoren kaum überschritten, so daß Tabelle IV für die praktische Technik völlig ausreicht.

Die Werte $T\,e^{\zeta T}$ für die Zwischenwerte von T und ζ, die in der Tabelle nicht angegeben sind, werden aus derselben durch Interpolierung festgestellt, nämlich nach dem Gesetze der Proportionalität, wie bei den Logarithmentafeln.

Formeln für die wichtigsten Zustandsänderungen. Wir fassen die wichtigsten Zustandsänderungen der halbidealen Gase kurz zusammen. Für jede Zustandsänderung sollen festgestellt werden:

1. die Zustandsänderungsgleichung,
2. die äußere Arbeit bei Änderung des Zustands von $1\,(p_1/v_1/T_1)$ bis $2\,(p_2/v_2/T_2)$,
3. der Wärmeverbrauch bei derselben Änderung.

I. Isochorische Zustandsänderung,

d. h. bei konstantem Volumen.

1. $$v = v_0, \quad \frac{p}{T} = \frac{R}{v_0},$$

2. $$L = 0,$$

3. $$Q = U_2 - U_1 = \frac{a}{m}\,(T_2 - T_1)\left[1 + \frac{\zeta}{2}\,(T_2 + T_1)\right].$$

In Tabelle V sind die Werte der inneren Energie für mkg (1 Kilogramm-Molekul) beliebiges Gas angegeben:

$$m\cdot U = a\cdot T\left(1 + \frac{\zeta}{2}\,T\right)$$

und zwar für Werte von $T = 288^0$ bis $T = 2000^0$. Der Wärmeverbrauch bei Temperaturänderung von T_1 bis T_2 für 1 Mol. Gas ist durch Substraktion der entsprechenden Werte mU_2 und mU_1 zu bestimmen.

II. Isobarische Zustandsänderung,

d. h. bei konstantem Druck.

1. $$p = p_0, \quad \frac{v}{T} = \frac{R}{p_0},$$

2. $$L = p_0\,(v_2 - v_1),$$

3. $$Q = I_2 - I_1 = \frac{a}{m}\,(T_2 - T_1)\left[k + \frac{\zeta}{2}\,(T_2 + T_1)\right].$$

Die Größe I:

$$I = \frac{a}{m}\left(k + \frac{\zeta}{2}\,T\right)$$

wird als Wärmeinhalt bei konstantem Druck bezeichnet. In Tabelle V sind ebenfalls die Werte des Wärmeinhalts für mkg (1 Mol.) Gas angegeben.

Tabelle V.

T	aT	kaT	$\dfrac{a\zeta T^2}{2}\ \left(\zeta = \zeta_0 \cdot 225 \cdot 10^{-6}\right)$				
			$\zeta = 1{,}023$	$\zeta = 1{,}279$	$\zeta_0 = 1{,}535$	$\zeta_0 = 1{,}790$	$\zeta_0 = 2{,}046$
288	1345	1910	45	56	67	78	90
300	1401	1990	48	60	72	84	96
325	1518	2155	57	71	85	100	114
350	1635	2321	66	82	99	116	132
375	1751	2487	76	95	114	133	152
400	1868	2653	86	107	129	150	172
450	2101	2984	109	136	163	190	218
500	2335	3316	134	167	201	234	268
550	2568	3647	163	204	245	286	326
600	2802	3978	194	242	290	339	388
650	3036	4310	227	284	341	398	454
700	3270	4642	263	329	395	461	526
750	3502	4974	302	377	452	527	604
800	3730	5306	344	430	516	602	688
850	3969	5637	388	485	582	679	776
900	4202	5968	435	544	653	762	870
950	4436	6300	485	606	727	848	970
1000	4670	6632	538	672	807	941	1076
1050	4903	6963	593	741	889	1037	1186
1100	5163	7294	650	812	975	1137	1300
1150	5370	7625	710	888	1065	1243	1420
1200	5604	7956	774	967	1168	1354	1548
1250	5838	8288	840	1050	1260	1470	1680
1300	6072	8620	908	1135	1362	1589	1816
1350	6306	8952	980	1225	1470	1715	1960
1400	6540	9284	1053	1316	1579	1842	2106
1450	6772	9916	1130	1412	1695	1977	2260
1500	7004	9948	1210	1512	1815	2117	2420
1550	7238	10280	1291	1614	1937	2260	2582
1600	7472	10612	1374	1717	2061	2404	2748
1650	7705	10943	1464	1830	2196	2562	2928
1700	7938	11274	1555	1944	2333	2722	3110
1750	8171	11605	1646	2057	2469	2880	3292
1800	8404	11936	1746	2183	2620	3050	3492
1850	8638	12268	1840	2300	2760	3220	3680
1900	8872	12600	1940	2425	2910	3395	3880
1950	9106	12932	2043	2554	3065	3576	4086
2000	9340	13264	2150	2687	3225	3762	4300

$$m\,U = aT + \frac{a\zeta}{2}\,T^2 \qquad\qquad m\,I = kaT + \frac{a\zeta}{2}\,T^2.$$

III. Isothermische Zustandsänderung,

d. h. bei konstanter Temperatur.

1.
$$T = T_0, \quad p\,v = R\,T_0,$$

2.
$$L = p_1\,v_1 \cdot \ln\frac{v_2}{v_1}$$

3.
$$Q = A\,L.$$

IV. Polytropische Zustandsänderung,

d. h. mit konstanter spez. Arbeit.

1.
$$p\,v^n = p_1\,v_1^n, \qquad T\,v^{n-1} = T_1\,v_1^{n-1},$$

2.
$$L = \frac{p_2\,v_2 - p_1\,v_1}{1 - n},$$

3.
$$Q = \frac{a}{m}(T_2 - T_1)\left[\frac{n-k}{n-1} + \frac{\zeta}{2}(T_2 + T_1)\right].$$

V. Isodiabatische Zustandsänderung,

d. h. mit konstanter spez. Wärme.

1.
$$T \cdot v^{n-1} \cdot e^{\zeta\frac{n-1}{k-1}T} = T_1 \cdot v_1^{n-1} \cdot e^{\zeta\frac{n-1}{k-1}T_1}$$
$$p \cdot v^n \cdot e^{\zeta \cdot \frac{n-1}{k-1} \cdot \frac{pv}{R}} = p_1 \cdot v_1^n \cdot e^{\zeta \cdot \frac{n-1}{k-1} \cdot \frac{p_1 v_1}{R}},$$

2.
$$L = \frac{p_2\,v_2 - p_1\,v_1}{1 - k} \cdot \left[\frac{k-1}{n-1} + \frac{\zeta}{2}(T_2 + T_1)\right],$$

3.
$$Q = \frac{a}{m} \cdot \frac{n-k}{n-1} \cdot (T_2 - T_1).$$

VI. Adiabatische Zustandsänderung,

d. h. ohne Wärmezufuhr bzw. -abfuhr.

1.
$$T \cdot v^{k-1} \cdot e^{\zeta T} = T_1 \cdot v_1^{k-1} e^{\zeta T_1}; \quad p\,v^k e^{\zeta\frac{pv}{R}} = p_1 v_1^k e^{\zeta\frac{p_1 v_1}{R}},$$

2.
$$L = \frac{p_2\,v_2 - p_1\,v_1}{1 - k} \cdot \left[1 + \frac{\zeta}{2}(T_2 + T_1)\right],$$

3.
$$Q = 0.$$

Wärmediagramm. Wie wir in Teil I erwähnt haben, lassen sich die Arbeit und der Wärmeverbrauch viel anschaulicher durch das Wärmediagramm graphisch darstellen.

Das Aufzeichnen der Kurven der spezifischen Wärme und Arbeit, des Wärme- und Arbeitsinhaltes bietet keine Schwierigkeiten.

a) **Kurve der spezifischen Wärme und Arbeit.** Die Kurve der spezifischen Wärme bei konstantem Volumen (kurz c_v/T-Kurve) ist durch eine Gerade $A\,A'$ (Abb. 30):
$$m \cdot c_v = a\,(1 + \zeta T),$$

die die Abszissenachse im Punkte A $(OA = a)$ unter Winkel $\operatorname{tg} \alpha = \dfrac{1}{a\,\zeta}$ schneidet, dargestellt.

Da die spezifische Wärme bei anderen Zustandsänderungen gleich der Summe der spezifischen Wärme bei konstantem Volumen

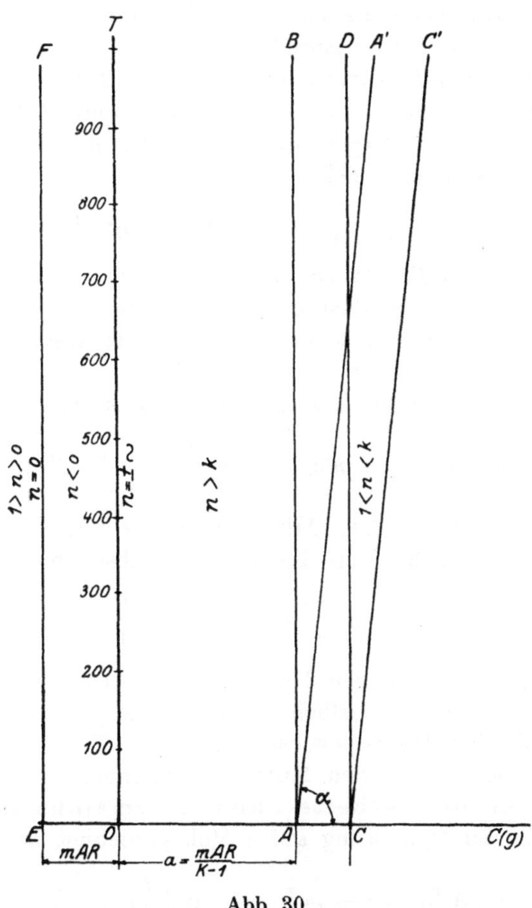

Abb. 30.

und der spezifischen Arbeit ist, so genügt es für die graphische Berechnung der spezifischen Wärme, die c_v/T-Kurve und die der Zustandsänderung entsprechende g/T-Kurve zu haben.

Für die polytropische Zustandsänderung ist die spezifische Arbeit auf 1 Mol.:

$$m\,g = \frac{m\,A\,R}{1 - n}$$

von T unabhängig; daher werden die g/T-Kurven durch Parallelen zu OT dargestellt (CD, Abb. 30). Sie schneiden die Abszissenachse im Punkt C, wo

$$OC = -\frac{m\,AR}{n-1}.$$

Für besondere Fälle dieser Zustandsänderung ergibt sich:

bei $n = 0$ (Isobare, $p =$ konst.) $m\,g = m\,AR$, die g/T-Kurve, die der Vertikale EF entspricht,

„ $1 > n > 0$ die g/T-Kurven, die links von EF liegen,

„ $n < 0$ die g/T-Kurven, die zwischen EF und OT liegen,

„ $n = +\sim$ (Isochore, $v =$ konst.) $g = 0$, die g/T-Kurve, die der Ordinatenachse OT entspricht,

„ $n = k \qquad m\,g = -\frac{m\,AR}{k-1} = -a$ (Richtung AB)

„ $k > n > 1$ die g/T-Kurven, die rechts von AB liegen.

Für die adiabatische Zuständsänderung, da $g = -c_v$, fällt die Kurve der spezifischen Arbeit mit der Kurve der spezifischen Wärme bei konstantem Volumen zusammen ($A\,A'$).

Für die isodiabatische Zustandsänderung ist mit (28 a)

$$m\,g = m\,c - m\,c_v = -a\left(\frac{k-1}{n-1} + \zeta T\right).$$

Die Kurven der spezifischen Arbeit sind der c_v/T-Kurve parallel (CC_1, Abb. 30); sie schneiden die Abszissenachse im Punkte C, wo

$$OC = a\cdot\frac{1-k}{n-1} = -\frac{m\,AR}{n-1}.$$

Es folgt also, daß die Kurven der spezifischen Arbeit für Isodiabaten und Polytropen mit demselben Exponent n sich in demselben Punkte (C) auf der Abszissenachse schneiden. Für $\zeta = 0$, d. h. für ideale Gase, fallen die beiden Kurven zusammen.

b) **Kurven des Arbeits- und Wärmeinhalts.** Für die adiabatische Zustandsänderung auf 1 Mol. gerechnet ist:

$$m\,(AL)_{ad} = -m\,U = -a\,T\left(1 + \frac{\zeta}{2}T\right).$$

Die Arbeitsinhaltskurve fällt somit mit der Energiekurve zusammen.

Ziehen wir (Abb. 31) die Parabel $y_1 = a\frac{\zeta}{2}T^2$ und die Gerade $y_2 = aT$ rechts von OT, dann wird die Kurve OA mit $y_1 + y_2$ als Abszissen der Energieinhaltskurve entsprechen.

Für die isodiabatische Zustandsänderung ist:

$$m\,(AL)_{is} = -aT\left(\frac{k-1}{n-1} + \frac{\zeta}{2}T\right)$$

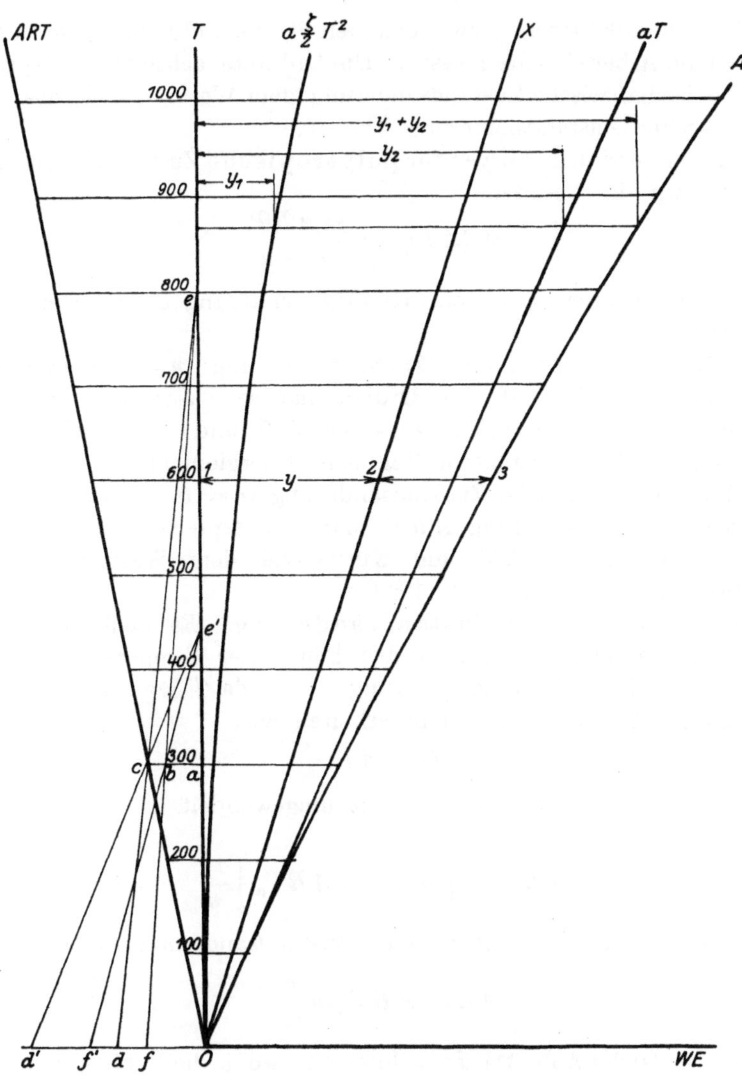

Abb. 31.

oder

$$m\,(A\,L)_{is} = \frac{n-k}{n-1}\cdot aT - aT\left(1 + \frac{\zeta}{2}T\right),$$

daraus folgt, daß, falls wir die Gerade OX

$$y = \frac{n-k}{n-1}\cdot aT = \frac{n-k}{(n-1)\,(k-1)}\,mAR\cdot T$$

rechts von OT für positive Werte ziehen, die Strecken zwischen den Strahlen OX und der Ordinatenachse OT (1—2, Abb. 31) die Wärmeinhalte und die Strecken zwischen den Strahlen OX und Kurve OA $(2-3)$ die Arbeitsinhalte messen. Die Ordinatenachse OT entspricht für die isodiabatische Zustandsänderung dem Werte $n = k$, also der adiabatischen Zustandsänderung $(Q = 0)$.

Als Arbeitsinhaltskurven für polytropische Zustandsänderungen erhalten wir die Geraden:

$$m \, (AL)_{pol} = \frac{m \, ART}{1-n},$$

die durch Strahlen aus dem Koordinatenanfang O ausgehen (vgl. Abb. 19).

Für die isochorische Zustandsänderung $(n = \sim)$ fällt der Arbeitsinhaltsstrahl mit der Ordinatenachse zusammen. Es entsprechen also die Strecken zwischen OT und Kurve OA dem Wärmeinhalt bei konstantem Volumen (Energieinhalt).

Für die isobarische Zustandsänderung $(n = 0)$ ist der Arbeitsinhaltsstrahl die Richtung ART, damit entsprechen die Strecken zwischen Richtung ART und Kurve OA dem Wärmeinhalt bei konstantem Druck: $I = U + ART$.

c) **Isothermische Zustandsänderung.** Es bleibt noch die Aufgabe, die Zustandsänderung bei konstanter Temperatur zu verfolgen. Bei dieser Zustandsänderung ist — da T konstant — auch die Energie U konstant. Somit erhalten wir:

$$Q = AL,$$

d. h. die ganze Wärme ist in Arbeit umgewandelt.

Aus

$$AL = A \int p \cdot dv = ART_0 \int \frac{dv}{v}$$

erhalten wir für eine isothermische Zustandsänderung von v_1 bis v:

$$AL = ART_0 \ln \frac{v}{v_1}.$$

Es sei (siehe Abb. 31) $do = \ln e = 1$, wo e die Basis der natürlichen Logarithmen bedeutet. Legt man $\overline{of} = \ln \frac{v}{v_1}$ ab und zieht erstens $d\overline{c}$ (Punkt c ist auf Richtung ART entsprechend der Temperatur T gesetzt) bis e auf der OT-Achse und ferner ef, so wird:

$$ab = AL = ART \ln \frac{v}{v_1}.$$

Um die Strahlen de nicht zu hoch zu ziehen, können wir auch statt $\overline{do}$ eine Strecke gleich $2\overline{do}$, $3\overline{do}$ usw. und dementsprechend statt $\overline{Of} - 2\overline{Of}$, $3\overline{Of}$ usw. ablegen.

Allgemeine thermodynamische Tafel. Auf Tafel I ist eine allgemeine thermodynamische Tafel für sämtliche halbideale Gase gültig und auf 1 Kilogramm-Molekül Gas berechnet entworfen.

Die g/T-Kurven werden für polytropische Zustandsänderungen aller halbidealen Gase dieselben sein, dagegen werden diejenigen für die isodiabatischen und adiabatischen bloß verschiedene Neigungen für verschiedene Temperaturkoeffiziente ζ haben. Dementsprechend werden auf dem Wärmediagramm verschiedene U/T-Kurven für verschiedene ζ eingetragen (vgl. Abb. 19).

Aus diesen spez. Arbeits- bzw. spez. Wärmekurven und Arbeits- bzw. Wärmeinhaltskurven zusammen mit dem stufenartigen Temperatur-Volumendiagramm besteht die vorgeschlagene normale thermodynamische Tafel.

In dem Wärmediagramm sind g/T- und c_v/T-Kurven, sowie AL/T- und U/T-Kurven für verschiedene Polytropen n und für Adiabaten von $\zeta = 0$ bis $\zeta = 2$ eingetragen.

In dem stufenartigen T/v-Diagramm sind die Kurven aus einem angegebenen Anfangspunkt $T = 300$ und $v = 1$ gezogen. Außer den Adiabaten für die verschiedensten Werte von ζ sind auch einige Polytropen n eingetragen.

Unter der Abszissenachse findet sich noch eine Kurve, die der Gleichung:

$$y = \ln \frac{v}{v_1}$$

entspricht. Diese Kurve ist für die isothermische Zustandsänderung notwendig. Die Differenz zwischen zwei Ordinaten y_1 und y_2 ist $\ln \dfrac{v}{v_1}$ gleich.

Mit Hilfe der thermodynamischen Tafel können wir nicht nur die technisch wichtigsten Zustandsänderungen verfolgen, sondern auch beliebige andere, die in p/v-Kurven angegeben sind, indem wir für jede spezielle Zustandsänderung nach der ersten graphischen Transformation die T/v-Kurve und nach der zweiten — die g/T-Kurve für diese Zustandsänderung eintragen.

Logarithmisches Koordinatensystem. Am Schluß von Abschnitt 2 (Teil I) haben wir darauf hingewiesen, daß das Zustandsdiagramm auch in anderen Koordinatensystemen dargestellt werden kann.

Da wir es bei der Untersuchung der halbidealen Gase am häufigsten mit der polytropischen Zustandsänderung zu tun haben, so wird sich das logarithmische System in vielen Fällen als das geeignetste erweisen.

Logarithmieren wir die Gleichung der Polytrope im T/v-Diagramm ($T v^{n-1} = C$), dann erhalten wir:

Normale thermo-

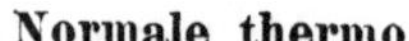

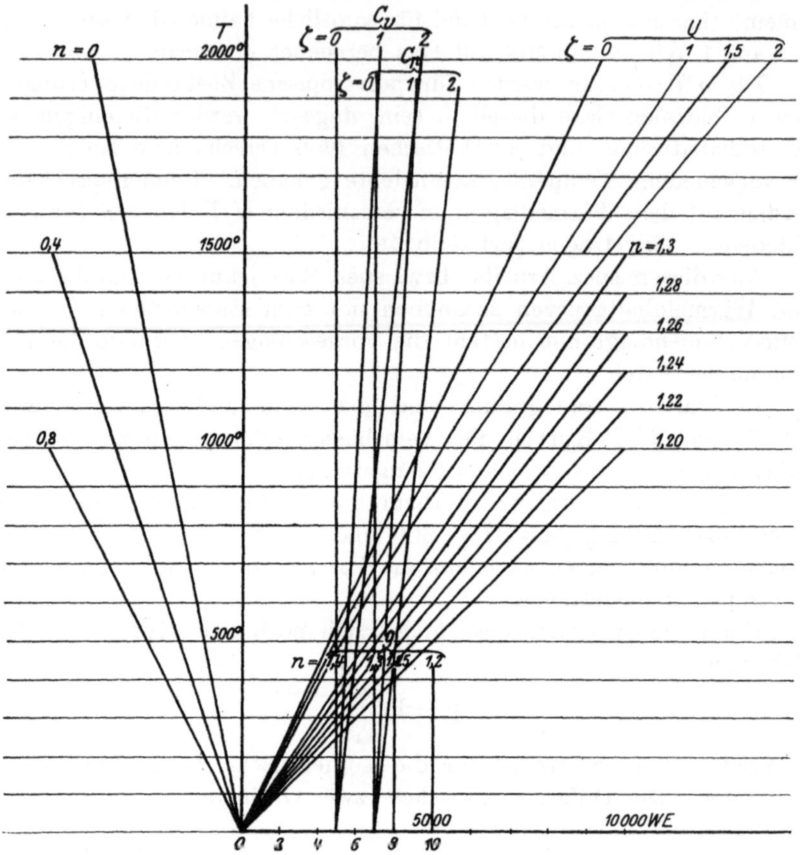

Wärmediagramm für 1 Mol. Gas (für ideale und halbideale Gase).

$$\lg T + (n - 1) \lg v = \lg C$$

oder

$$\frac{\lg T}{(n - 1) \lg C} + \frac{\lg v}{\lg C} = 1,$$

wo „lg“ das Briggische System (einfach oder dezimal) bedeutet. Wir ersehen daraus, daß in einem Koordinatensystem (Abb. 32) mit $\lg T$ als Ordinate und $\lg v$ als Abszisse die Polytrope durch eine Gerade dargestellt wird, welche die Abszissenachse im Punkt b, wo $Ob = \lg C$ und die Ordinatenachse in Punkt a, wo $Oa = (n - 1) \lg C$ schneidet.

In diesem Koordinatensystem entspricht der Anfangspunkt O den Werten $T = 1$ und $v = 1$.

dynamische Tafel I.

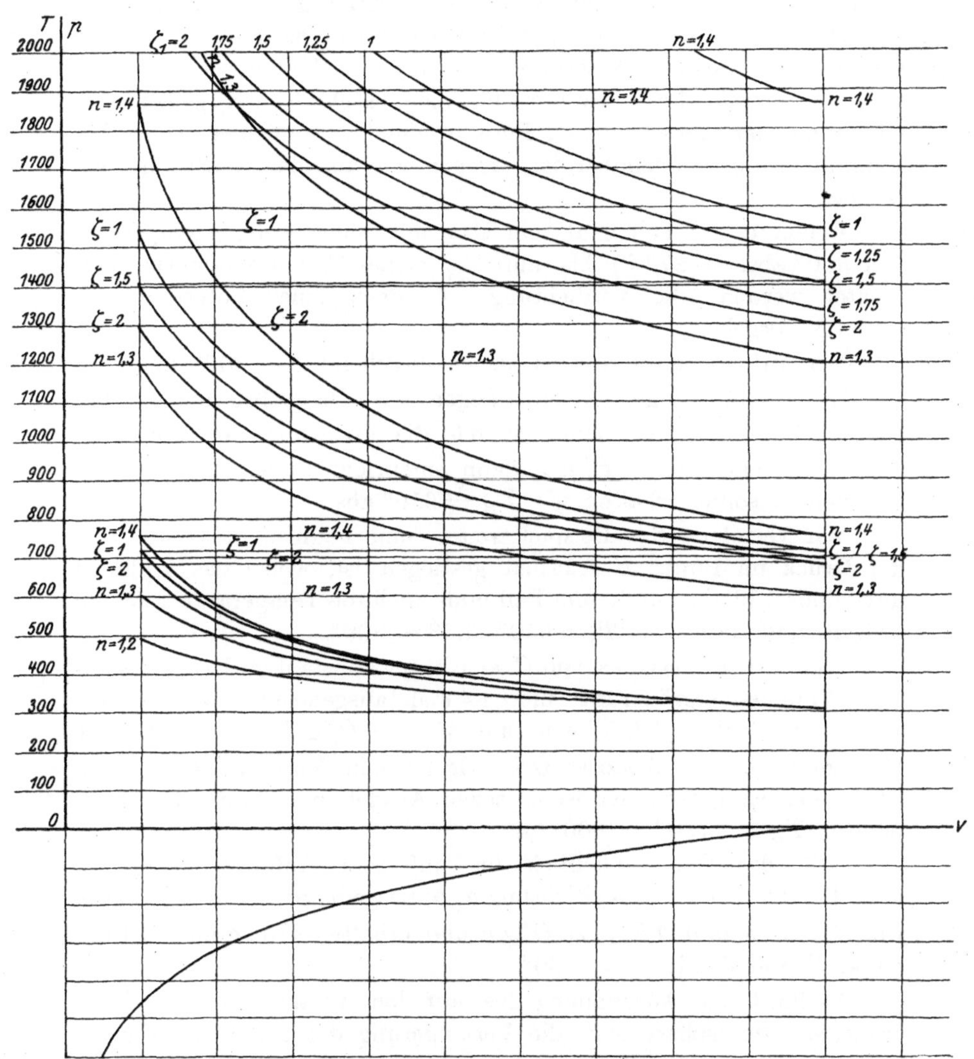

Stufenartiges Zustandsänderungsdiagramm.

Legen wir auf der Abszissenachse eine Strecke $Ob = 1$ (in beliebigem Maßstabe) und auf der Ordinatenachse $Oa = n - 1$ (in demselben Maßstabe) ab, dann wird $\overline{ab}$ die Richtung der Polytrope mit dem Exponent n angeben.

In dem logarithmischen Koordinatensystem sind die Isochoren $(n = \infty)$ durch Parallelen zur $\lg T$-Achse, die Isothermen $(n = 1)$

durch Parallelen zur $\lg v$-Achse und die Isobaren $(n = 0)$ durch Strahlen unter 45^0 zu den Koordinatenachsen geneigt, dargestellt.

Der Vorzug dieses Systems liegt vor allem darin, daß fast alle praktisch wichtigsten Zustandsänderungen durch Gerade wiedergegeben sind. Wie weit dieses System für eine raschere und genaue Bestimmung der verschiedenen Punkte einer zusammengesetzten Zustandsänderung verwendbar ist, ersehen wir aus dem nachstehenden Beispiel.

Beispiel: Es soll z. B. ein Gas mit einer Anfangstemperatur von 300^0 abs. $(+ 27^0$ C$)$ bis auf $^1/_{13}$ seines Anfangsvolumens verdichtet werden; die Verdichtung soll nach einer Polytrope mit $n = 1,3$ vorgehen.

Der Anfangspunkt A wird als entsprechend $T = 300^0$ abs. und $v = 13$ (Abb. 32) angenommen. Legen wir $\overline{Ob} = 100$ mm (1) und $Oa = 30$ mm (0,3) ab, dann ist ab die Richtung der Polytrope $Tv^{0,3}$. Zeichnen wir $AB \| ab$, dann entspricht Punkt B dem Endvolumen 1, somit erhalten wir $T_B = 650^0$ abs.

Wir verfolgen das Beispiel weiter und nehmen dabei an, daß der Druck im Punkt B 1,23 mal gestiegen ist, wobei das Volumen unverändert bleibt; in diesem Fall muß auch die Temperatur 1,23 mal steigen, und damit ist $T_c = 650^0 \cdot 1,23 \sim 800^0$.

Weiter wird das Gas von C aus unter konstantem Druck bis auf eine Volumenvergrößerung um 1,4 mal ausgedehnt. Ziehen wir aus C die Isobare, d. h. eine um 45^0 zu $O/\lg T$ geneigte Gerade CD, und von der Abszisse $OK = \lg 1,4$ eine Vertikale KD, dann ist D der Endpunkt der isobarischen Ausdehnung und seine Temperatur $T_D = 1120^0 = (800 \cdot 1,4)$.

Soll das Gas schließlich bis auf sein Anfangsvolumen 13 nach Polytrope $n = 1,25$ (Richtung $a_1 b$) ausgedehnt werden, so ziehen wir $\overline{DE} \| \overline{a_1 b}$ und $AE \perp$ zu $O/\lg v$ und erhalten den gesuchten Endpunkt E und damit $T_E = 630^0$.

Verläuft die Ausdehnung bis auf den Anfangsdruck in A, so schneidet die Isobare AF die Verlängerung der Polytrope DE im gesuchten Punkt F $(T_F = 540^0)$.

Um den **Druck** in Punkt B im Verhältnis zum Druck in Punkt A $(p = 1)$ zu finden, ziehen wir die Gerade AF, unter 45^0 zur Koordinatenachse geneigt bis zum Schnitt mit der Horizontalen aus B in dem Punkt B', dann ist $BB' = \lg p$ $(p = 28,5)$.

In der Tat: dividieren wir $p_B v_B = RT_B$ durch $p_A v_A = RT_A$, dann erhalten wir:

$$\frac{p_B}{p_A} \cdot \frac{v_B}{v_A} = \frac{T_B}{T_A}$$

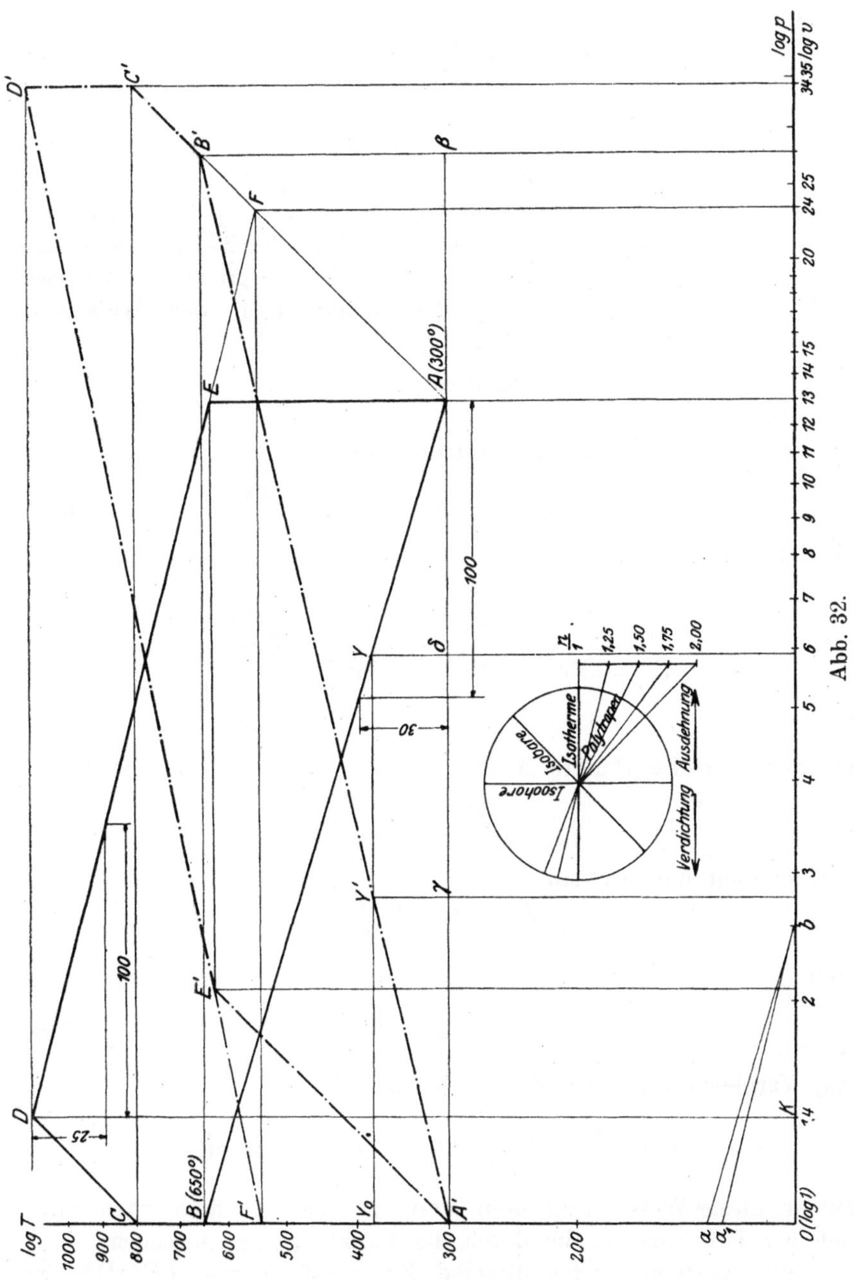

oder

$$\lg \frac{p_B}{p_A} = \lg \frac{v_A}{v_B} + \lg \frac{T_B}{T_A}.$$

Da aber

$$\lg \frac{v_A}{v_B} = \overline{A'A}; \quad \lg \frac{T_B}{T_A} = \overline{BA'} = B'\beta = A\beta,$$

so ist

$$\lg \frac{p_B}{p_A} = \overline{A'\beta} = \overline{BB'}.$$

Legen wir auf der Abszissenachse die Werte $\lg p$ statt $\lg v$ ab, dann stellt $A'B'$ die Polytrope n im $\log p/\log T$-Diagramm dar.

Für jede Temperatur T $(OY_0 = \log T)$ entspricht die Abszisse $Y_0 Y$ dem Wert von $\lg v$ und die Abszisse $Y_0 Y'$ dem Wert von $\lg p$ desselben Punktes der Polytrope:

$$p\,v^n = p_0 v_0^n.$$

Beweis:

Aus Konstruktion der Polytrope AB folgt:

$$Y\delta = (n-1)\,\delta A = (n-1)\lg \frac{v_A}{v_Y} \quad . \quad . \quad . \quad . \quad \text{(a)}$$

Ferner aus

$$\triangle Y_1 A'\gamma \sim \triangle A'B'\beta,$$

$$Y_1\gamma = Y\delta = \gamma A' \cdot \frac{B'\beta}{A'\beta} = \lg \frac{p_Y}{p_A} \cdot \frac{\lg \dfrac{T_B}{T_A}}{\lg \dfrac{p_B}{p_A}}$$

Da aber für die Punkte A und B der Polytrope die Gleichung:

$$T_B \cdot p_B^{\frac{1-n}{n}} = T_A \cdot p_A^{\frac{1-n}{n}}$$

gilt, so folgt hieraus, daß

$$\lg \frac{T_B}{T_A} = \frac{n-1}{n} \cdot \lg \frac{p_B}{p_A}$$

oder

$$Y\delta = \frac{n-1}{n} \cdot \lg \frac{p_Y}{p_A} \quad . \quad . \quad . \quad . \quad . \quad . \quad . \quad \text{(b)}$$

Aus Vergleich von (a) und (b) erhalten wir:

$$n \cdot \lg \frac{v_A}{v_Y} = \lg \frac{p_Y}{p_A} \quad \text{und} \quad p_A \cdot v_A^n = p_Y v_Y^n.$$

Die in dieser Weise ermittelten Werte p_Y und v_Y entsprechen wirklich der Polytrope n, die durch die Punkte p_0, v_0 durchgeht.

Wir verfolgen jetzt dieselbe Zustandsänderung $ABCDE$ im $\lg T/\lg p$-Diagramm. $A'B'$ entspricht der Polytrope AB. Die Isochore BC wird im $\lg T/\lg p$-Diagramm durch eine aus B zur Koordinatenachse um 45^0 geneigte Gerade $B'C'$ dargestellt (bei

$v = \text{Konst.}$ ist $\dfrac{p}{T} = \text{Konst.}$ und $\lg \dfrac{p}{p_1} = \lg \dfrac{T}{T_1}$); Punkt C' entspricht der Ordinate OC. Die Isobare CD wird durch die Vertikale $C'D'$ gekennzeichnet. Schließlich wird die Polytrope DE durch $D'E'$ dargestellt, indem wir den Punkt D' mit dem Punkt F' (Ordinate des Punktes F) verbinden.

Da das Volumen im Punkt E dasselbe wie im Punkte A ist, so stellt $A'E'$ im $\lg p / \lg T$-Diagramm eine Isobare dar, die zu der Abszissenachse unter 45^0 geneigt ist.

Wir können auch die Werte $\lg p$ auf der Ordinatenachse und $\lg v$ auf der Abszissenachse ablegen, dann erhalten wir ein logarithmisches p/v-Diagramm. In diesem Diagramm werden die Isochoren durch Parallelen zur Ordinatenachse, die Isobaren durch Parallelen zur Abszissenachse, die Isothermen durch Geraden mit 45^0 Neigung und die Polytropen durch geneigte Geraden dargestellt. (Bei Exponent n lege man auf der Abszissenachse 1 und auf der Ordinatenachse n ab, dann erhält man die Richtung der Polytrope.)

Isodiabaten in logarithmischem Diagramm. Die Gleichung der Isodiabate zeigt, daß auch diese Kurve in logarithmischen Koordinaten sehr leicht gezeichnet werden kann. In der Tat, aus:

$$\left(T\, e^{\frac{n-1}{k-1}\zeta T}\right) \cdot v^{n-1} = \left(T_1\, e^{\frac{n-1}{k-1}\zeta T_1}\right) v_1^{n-1}$$

oder aus

$$T \cdot e^{\vartheta T} \cdot v^{n-1} = T_1 \cdot e^{\vartheta T_1} v_1^{n-1}$$

sehen wir, daß $\lg\left(T e^{\vartheta T}\right)$ und $\lg v$ in logarithmischem Diagramm auf einer Geraden liegen, die der Polytrope n entspricht.

Nun ist

$$\lg\left(T e^{\vartheta T}\right) = \lg T + \vartheta T \lg e.$$

Betrachten wir hier ϑ als veränderliche Größe und legen die Werte ϑ (Abb. 33) auf der Abszissenachse und die Werte $\vartheta T \lg e$ auf der Ordinatenachse OT ab, dann entspricht:

$$y = \lg T + \vartheta \cdot T \lg e$$

für jeden bestimmten Wert von T einer Geraden, die von Punkt T zur Ordinatenachse unter einem Winkel von $\alpha = \text{arc tg}\,(T \lg e)$ geneigt ist. Ziehen wir aus den Punkten A', B, C ... (Abb. 33) entsprechend $\lg T_1$, $\lg T_2$ ... die Geraden $\vartheta T_1 \lg e$, $\vartheta T_2 \lg e$ ..., dann können wir für beliebige Werte von ϑ und T die Werte $\vartheta T \lg e$ finden. Ist z. B. $a\alpha = \vartheta T \lg e$ (für $\vartheta = OP'$ und $T = \text{num}\,\lg \overline{OA''}$), so ist:

$$P'a = PP'a + \alpha a = \lg T + \vartheta T \lg e = \lg\left(T e^{\vartheta T}\right).$$

d
T
(D)
2000
1800
δ 1600 D D₁
1400
e 1200 (E)
C 1000
b β
c 900 E₁ E
B 800
700 B₁
600
C₁
500
a 400
α 300 A' (A) A
D P 200
ζ₀ = 2-1,6 - 1
2 3 4 5 6 7 8 10 15 20 25 30 35 40

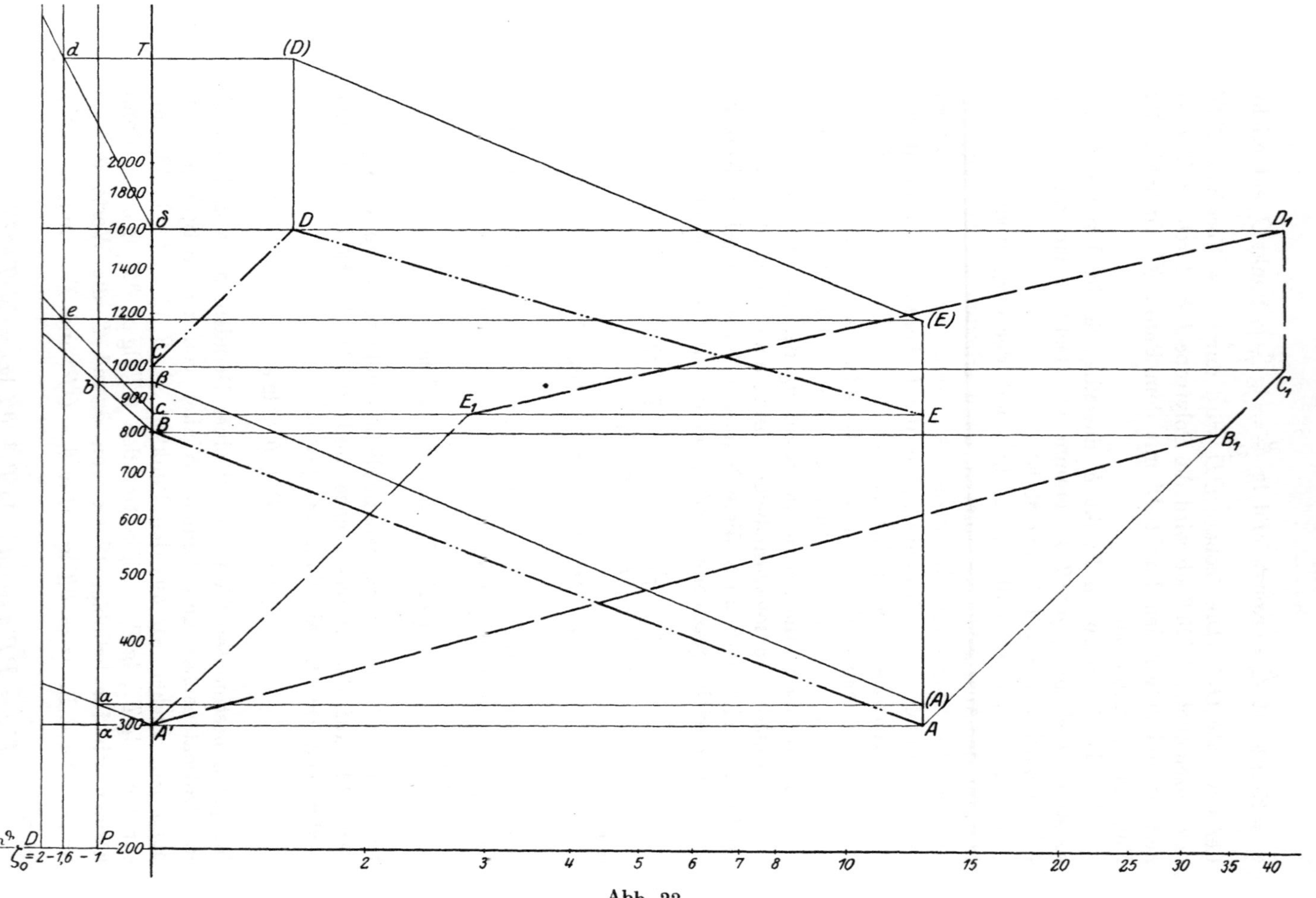

Abb. 33.

Das Aufzeichnen der Punkte einer Isodiabate ist damit klar. Soll z. B. A dem Punkte T/v der Isodiabate ϑ/n entsprechen, so ziehen wir $A\,A'\,a\,(A)$ und finden den Punkt (A) mit den Koordinaten $\lg(T\,e^{\vartheta T})$ und $\lg v$. Ziehen wir von (A) die Polytrope n, so finden wir aus $(A)\,\beta\,b\,B$ den Punkt B der Isodiabate.

In Abb. 33 ist der Verlauf einer zusammengesetzten Zustandsänderung dargestellt: 1) von Punkt A wird das Gas nach einer Isodiabate ϑ/n bis auf $\frac{1}{13}$ seines Anfangsvolumens bis B verdichtet, 2) aus B bei konstantem Volumen bis C erwärmt, 3) aus C bei konstantem Druck bis D ausgedehnt und schließlich 4) von D bis auf sein Anfangsvolumen E nach einer Isodiabate ϑ_1/n_1 ausgedehnt. $A'B'C'D'E'$ sind die entsprechenden Punkte des $\lg p/\lg T$-Diagramms.

Logarithmische thermodynamische Tafel. Auf der logarithmischen thermodynamischen Tafel II sind eingetragen: links die ϑ-Geraden für $\vartheta = 0$ bis $2 \cdot 225 \cdot 10^{-6}$ und verschiedene T, in der Mitte das Wärmediagramm für 1 Mol. Gas, indem die Werte WE auf der Abszissenachse und der Wert $\lg T$ auf der Ordinatenachse abgelegt sind, und rechts das $\lg v/\lg T$-Zustandsänderungsdiagramm. In diesem letzteren sind bloß Adiabaten für $\zeta = 0$ (Polytrope $n = 1{,}42$) für $\zeta = 1 \cdot 225 \cdot 10^{-6}$ und für $\zeta = 2 \cdot 225 \cdot 10^{-6}$ eingetragen; Adiabaten für beliebige andere ζ werden nach dem Gesetz der Proportionalität gefunden.

In der Tat, für drei Adiabaten ζ_1, ζ_2 und ζ_3 ist:

$$T_1 v_1^{n-1} e^{\zeta_1 T_1} = T_2 v_2'^{(n-1)} e^{\zeta_1 T_2},$$

$$T_1 v_1^{n-1} e^{\zeta_2 T_1} = T_2 v_2''^{(n-1)} e^{\zeta_2 T_2},$$

$$T_1 v_1^{n-1} e^{\zeta_3 T_1} = T_2 v_2'''^{(n-1)} e^{\zeta_3 T_2},$$

woraus:

$$\lg v_2'' - \lg v_2' = (\zeta_2 - \zeta_1)(T_1 - T_2)\lg e \cdot \frac{1}{n-1},$$

$$\lg v_2'' - \lg v_2' = (\zeta_3 - \zeta_1)(T_1 - T_2)\lg e \cdot \frac{1}{n-1}.$$

Sind also für $\zeta_2 = 2$ und $\zeta_1 = 0$ entsprechende Werte für $\lg v$ gleich $\lg v_2''$ und bzw. $\lg v_2'$, so ist z. B. für $\zeta_3 = 1{,}2$:

$$\lg v_2''' - \lg v_2' = 1{,}2\,(T_1 - T_2)\lg e \cdot \frac{1}{n-1},$$

$$\lg v_2'' - \lg v_2' = 2{,}0\,(T_1 - T_2)\lg e \cdot \frac{1}{n-1},$$

$$\lg v_2''' - \lg v_2' = 0{,}6\,(\lg v_2'' - \lg v_2').$$

Da $\lg v_2''$ und $\lg v_2'$ aus dem Diagramm zu entnehmen sind, so finden wir leicht $\lg v_2'''$.

Wir können die Strecke zwischen Kurve $\zeta = 0$ und $\zeta = 2$ für jeden Wert T in 10 Teile teilen, dann erhalten wir die Kurven für

$$\zeta = 0{,}2 - 0{,}4 - \ldots - 1{,}8 - 2{,}0 \cdot 225 \cdot 10^{-6}.$$

Logarithmische

(für ideale

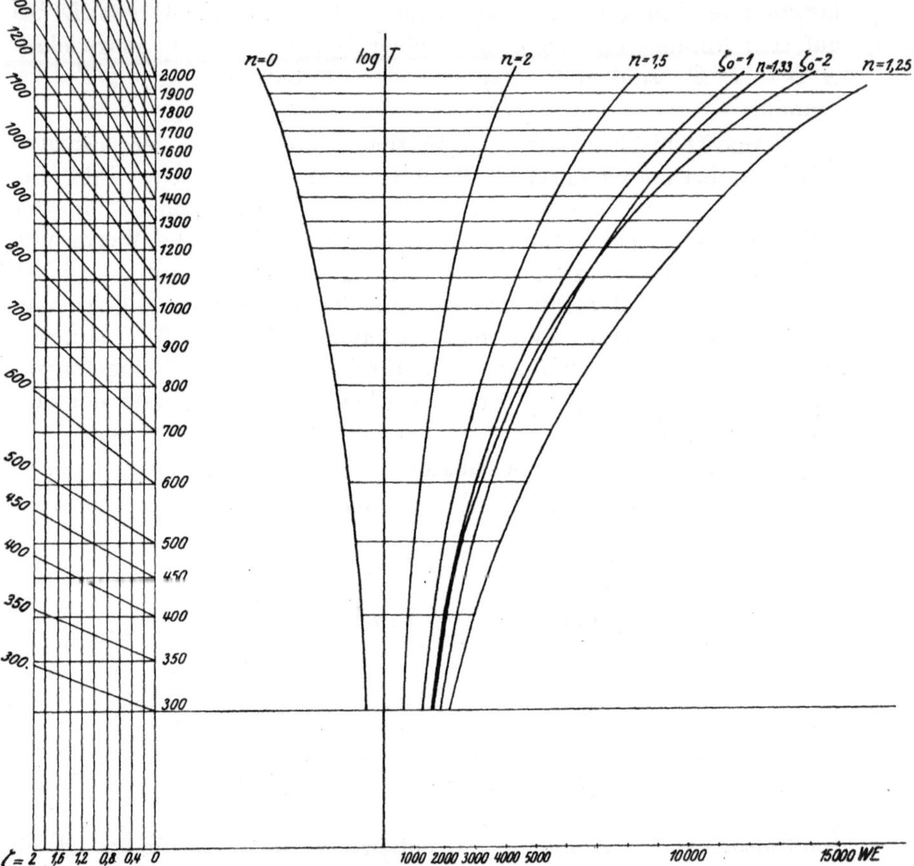

Wärmediagramm auf 1 Mol. Gas.

Graphische Berechnung der Kolbenkompressoren. Zur Veranschaulichung dessen, wieweit das logarithmische Koordinatensystem zur Erleichterung der Berechnungen dient, verfolgen wir graphisch die Berechnung der Kolbenkompressoren, und zwar mit Hilfe des logarithmischen Koordinatensystems.

Die Arbeit eines Kompressors besteht im Ansaugen des Gases während des Hinganges des Kolbens und Verdichtung des Gases nebst Ausstoßens während des Rückganges.

Zur Vereinfachung der Aufgabe nehmen wir an, daß:

1) das Gas binnen des ganzen Prozesses seine physikalischen Eigenschaften nicht ändert,

thermodynamische Tafel II.

und halbideale Gase.)

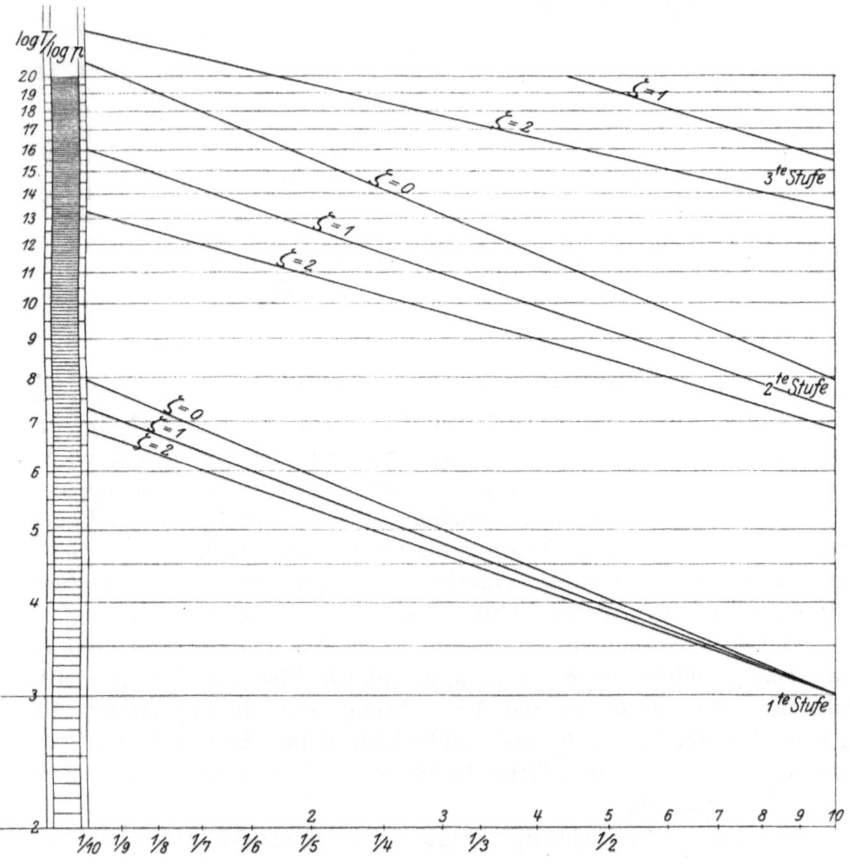

Stufenartiges Zustandsänderungsdiagramm.

2) die Ventilwiderstände, Kolbenreibungen usw. außer acht gelassen werden,

3) der Kompressor keinen schädlichen Raum hat,

4) während des Ansaugens bzw. des Ausstoßens der Druck unveränderlich, gleich dem Druck im Saugkessel bzw. im Druckkessel bleibt.

Im Druckvolumendiagramm (Abb. 34) bedeutet: 1—2 das Ansaugen, 2—3 die Verdichtung und 3—4 das Ausstoßen.

Wir weisen besonders darauf hin, daß nur die Kurve 2—3 einer Zustandsänderung entspricht, daß das Gas bei 1—2 und 3—4 dagegen keiner Zustandsänderung unterworfen ist. Es wäre

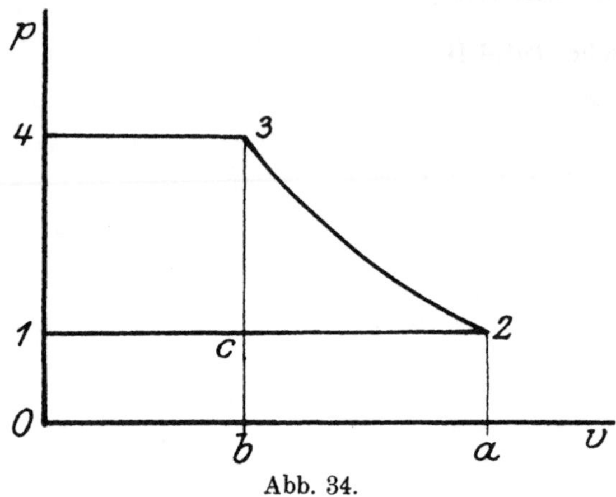

Abb. 34.

richtiger zu sagen, daß es keiner „merklichen" Zustandsänderung unterliegt, da sich das Einströmen des Gases bei dem Hingang des Kolbens dadurch erklärt, daß letzterer in jedem Augenblick einen geringen Unterdruck hervorruft, der sofort durch das eindringende Gas ausgeglichen wird (vgl. Annahme 4); es bleibt damit der Druck stets konstant. Auch die Temperatur bleibt praktisch konstant. Somit erfährt das Gas praktisch keinerlei Zustandsänderung. Das letztere gilt auch für den Ausschubhub 3—4.

Bei dem Ansaugen wird von dem in den Zylinder eintretenden Gas eine absolute Arbeit von $p_2 v_2$ (gleich Fläche $012a$) geleistet, während dem Gase bei der Verdichtung eine äußere Arbeit AL (gleich der Fläche $a23b$) und schließlich beim Ausschub eine Arbeit $p_3 v_3$ (gleich der Fläche $043b$) zugeführt wird — alles auf 1 kg. Gas gerechnet.

Die für die Verdichtung nötige Arbeit (negative Arbeit) ist damit gleich:

$$\square\,1234 = -AL - p_3 v_3 + p_2 v_2 .$$

Schreiben wir statt AL den gleichen Wert $AL_3 - AL_2$ und addieren und substrahieren wir dazu $U_2 + U_3$, so erhalten wir

$$\square\,1234 = AL_3 - AL_2 - p_3 v_3 - U_3 + p_2 v_2 + U_2 + U_3 - U_2$$
$$= -(I_3 - AL_3 - U_3) + (I_2 - AL_2 - U_2) = -(J_3 - J_2).$$

Die Kompressorarbeit ist damit der Differenz der Wärmehöhe bei Schluß und Anfang der Verdichtung, kurz dem
Wärmegefälle, gleich[1]).

Ist das Gesetz der Zustandsänderung bei der Verdichtung bekannt, so können wir nach den Angaben des letzten Abschnittes von
Teil I die Wärmegefälle dem Diagramm entnehmen. (Vgl. Abb. 23.)

Die Verdichtung geschieht in Wirklichkeit nach einer sehr
verwickelten und uns unbekannten Zustandsänderung; wir nehmen
aber an, daß sie meistens nach einer Polytrope vorgeht, die zwischen
der Isotherme und Adiabate liegt. Die Wärmehöhe für eine polytropische Zustandsänderung wird auf dem Wärmediagramm durch
die Strecke zwischen der Richtung der Isobare (Richtung ART)
und der Richtung der entsprechenden Arbeitskurve $\left(\text{Richtung } \dfrac{ART}{1-n}\right)$
dargestellt und ist gleich:

$$J = \frac{n}{n-1} ART$$

Auf Abb. 35 entsprechen die Strahlen AI, AII, $AIII$ usw.,
unter Winkel arctg $\alpha = n$ gezogen, der Isotherme $(n = 1)$ und den
Polytropen $n = 1,2$, $n = 1,42$ in logarithmischem p/v-Diagramm.
Ziehen wir in diesem Diagramm Parallelen zur Abszissenachse, dem
Werte $p = 4$, $p = 5$ usw. entsprechend, dann ergeben die Schnittpunkte der Strahlen AI, AII, $AIII$ usw. mit den Horizontalen
aus $p = 4$, $p = 5$ usw. die Werte (in logarithmischem Maß) des
Endvolumens bei Verdichtung bis auf einen 4-, 5-fachen usw. Anfangsdruck.

Soll z. B. ein Gas von 1 at bis 5 at verdichtet werden, so ist
sein Endvolumen bei der polytropischen Verdichtung mit Exponent
$n = 1,2$ gleich 0,26 seines Anfangsvolumens.

Ist die Anfangstemperatur gleich 27^0 C $= 300$ abs., so ziehen
wir die Horizontale $T = 300^0$ (die Temperaturen werden in 100-
fachem Werte abgelegt) und von Punkt $(v_1)_5$ die Vertikale bis $(T_1)_5$.
Punkt $(T_1)_5$ entspricht dem Endzustand bei isothermischer Verdichtung im Temperaturvolumendiagramm. Ziehen wir von $(T_1)_5$
eine geneigte Gerade unter 45^0 zur Abszissenachse, dann erhalten
wir in logarithmischem T/v-Diagramm die Richtung der Isobare,
entsprechend $p = 5$.

Bei derselben Verdichtung nach der Polytrope $n = 1,2$ ist das
Endvolumen gleich $(v_{1,2})_5 = 0,261$. Ziehen wir von hier aus eine Vertikale bis zum Schnitt mit der geneigten Isobare $p = 5$, dann erhalten wir $(T_{1,2})_5 = 395^0$. Für $n = 1,42$ erhalten wir dement-

---

[1]) Vgl. Formel (34) und (35), Teil I.

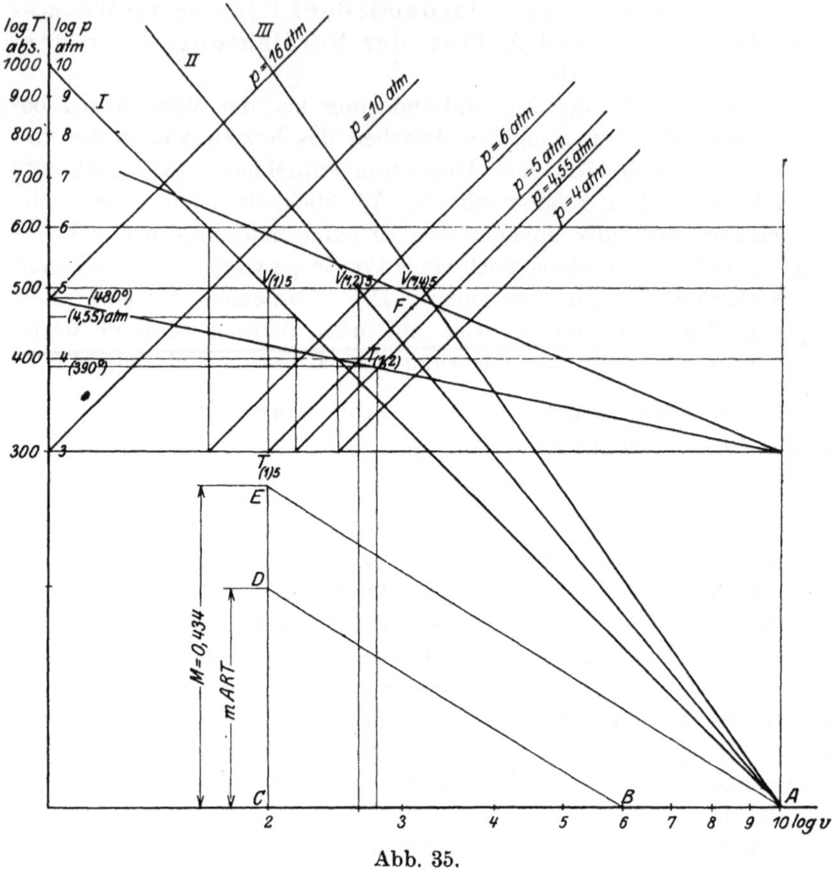

Abb. 35.

sprechend $(T_{1,42})_5 = 480^0$. Verläuft die Verdichtung nach der Adiabate, so ist es leicht mit Hilfe des früher erklärten Konstruktionsverfahrens auf der geneigten Isobare $p = 5$ den Punkt F der Endverdichtung nach der Adiabate zu finden $(T = 470^0$, $(v_{ad})_5 = 0,31)$.

Haben wir die Endtemperaturen gefunden, so ist es ohne weiteres leicht, die Verdichtungsarbeit auf dem Wärmediagramm zu ermitteln. Wir erhalten für 1 Mol. Gas (vgl. Tafel I)

$$\text{bei } n = 1,2 \qquad m A L = J_2 - J_1 = 1090 \, \text{WE,}$$
$$\text{„ } n = 1,42 \qquad m A L = J_2 - J_1 = 1200 \, \text{WE,}$$
$$\text{„ Adiabate} \qquad m A L = J_2 - J_1 \sim 1200 \, \text{WE.}$$

Bei isothermischer Verdichtung ist die Arbeit des Kompressors der isothermischen Verdichtungsarbeit von Zustand 2 bis Zustand 3 (Abb. 34) gleich. In der Tat:

$$p_2\,v_2 = p_3\,v_3,$$

also

$$\overline{012\,a} = \overline{0\,b\,34}$$

und

$$\overline{012\,a} + \overline{23\,c} - \overline{01\,c\,b} = \overline{0\,b\,34} + 23\,c - 01\,c\,b,$$

oder

$$a\,\overline{23}\,b = \overline{1234}.$$

Um die Arbeit bei isothermischer Zustandsänderung zu ermitteln, können wir entweder aus Abb. 35 den Wert v_2 für den Enddruck $p = 5$ bestimmen und die Tafel I, wie früher gezeigt worden ist, benutzen, oder aber wir berechnen diese Arbeit aus Abb. 35 in folgender Weise.

Die Strecke AC, dem Punkte $(T_1)_5$ entsprechend, ist gleich $\lg \dfrac{v_2}{v_1}$. Legen wir CE gleich

$$M = \lg e = \frac{1}{2{,}303} = 0{,}434$$

ab (angenommen $A\,0 = 1$) und $\overline{CD} = m\,ART$ in beliebigem Maßstab und ziehen $DB\,/\!/\,EA$, dann ist CB in demselben Maßstab wie CD die gesuchte Arbeit bei isothermischer Zustandsänderung:

$$\overline{CB} = \overline{CD} \cdot \frac{\overline{AC}}{\overline{CE}}$$

$$\overline{CB} = m\,ART \cdot \frac{1}{M} \cdot \lg \frac{v_2}{v_1} = m\,ART \cdot \ln \frac{v_2}{v_1}.$$

Für eine Anfangstemperatur von 300^0 abs. und einem Enddruck $p = 5$ at erhalten wir:

$$\text{bei } n = 1, \qquad m\,AL = 960.$$

Wir ersehen daraus, daß die isothermische Verdichtung die kleinste Arbeit erfordert, dabei muß jedoch eine entsprechende Wärmemenge abgeführt werden, die der geleisteten Arbeit gleich ist. Praktisch wird es damit erzielt, daß entweder der Kompressorzylinder mit Wasser gekühlt oder die Verdichtung so langsam ausgeführt wird, daß die Gase ihre Wärme an die den Zylinder umhüllende Luft abgeben.

Es ist leicht zu ersehen, daß bei der polytropischen Verdichtung mit einem Exponent $n < 1$, wie z. B. bei $n = 0{,}9$, die für dieselbe Verdichtung nötige Arbeit ca. 900 WE gleich ist, also kleiner ist als für die obengenannte isothermische Verdichtung. Letzteres trifft aber nur scheinbar zu. In der Tat: bei der Verdichtung nach Polytrope $n = 0{,}9$ fällt die Temperatur, was nur möglich ist, wenn wir über ein Kühlmittel verfügen, das niedriger als die Anfangstemperatur ist. Wäre das der Fall, dann könnte man das Gas vor der Verdichtung von 300 bis 252° abkühlen und dann isothermisch verdichten, was eine Arbeit von nur 800 WE erfordert. Es folgt also daraus, daß eine isothermische Verdichtung stets dem kleinsten Arbeitsaufwand entspricht.

Es ist auch leicht zu sehen, daß die Wärmeabnahme bei der polytropischen Verdichtung $n = 0,9$ ca. 1140 WE, dagegen bei Abkühlung von 300° bis 252° und bei der isothermischen Verdichtung 1180 WE erfordert, angenommen, daß $\zeta = 0$.

Zweistufige Verdichtung. Es soll z. B. ein Kompressor für Verdichtung von 1 at und 300° abs. bis 16 at nach Polytrope $n = 1,2$ berechnet werden; der Kompressor soll zweistufig und in der Weise berechnet sein, daß beide Stufen dieselbe Verdichtungsarbeit leisten.

Bei polytropischer Verdichtung $(n = 1,2)$ von 300° bis 480° (entspr. 16 at) ist das Wärmegefäll aus Tafel I gleich:

$$5800 - 3600 = 2200\ \text{WE}.$$

Für jede Stufe sollte also das Wärmegefäll gleich der Hälfte oder gleich 1100 WE sein. Diesem Wärmegefäll und einer Anfangstemperatur von 300° entspricht eine Wärmehöhe von

$$3600 + 1100 = 4700\ \text{WE},$$

die eine Endtemperatur von 390° ergibt. Ziehen wir die entsprechende Temperaturkurve auf Abb. 35, so erhalten wir im Schnitt mit der logarithmischen T/v-Polytrope $(n = 1,2)$ den Punkt $T_{1,2}$, der das Endvolumen (2,85) und den Enddruck $p = 4,55$ at der Verdichtung für die erste Stufe angibt. (Verdichtungsgrad der ersten Stufe $10:2,85 = 3,5$, der zweiten $2,85:1 = 2,85$.)

Wir überlassen es dem Leser, mit Hilfe des logarithmischen Diagramms (Tafel II) die Berechnung und die Untersuchung der Kompressoren weiter zu verfolgen.

2. Prozesse in den Verbrennungsmaschinen.

Allgemeine Annahmen. Im vorliegenden Abschnitt gehen wir zu der Untersuchung sämtlicher in den Verbrennungsmaschinen vorkommenden Zustandsänderungen über, die wir kurz als „Prozeß" bezeichnen.

Bei aller Verschiedenheit des Arbeitsverfahrens der Verbrennungsmaschinen lassen sich ihre Prozesse dennoch als Einzelfälle eines allgemeinen theoretischen Prozesses ansehen, der auf Abb. 36 durch den Linienzug 1-2-3-3'-4 im Temperaturdiagramm $(T/v$-Kurve) und durch I-II-III-III'-IV im Druckvolumendiagramm (p/v-Kurve) dargestellt ist.

Die Arbeit eines Verbrennungsmotors gestaltet sich in folgender Weise. Die am Schluß des Saughubes im Inneren des Zylinders be-

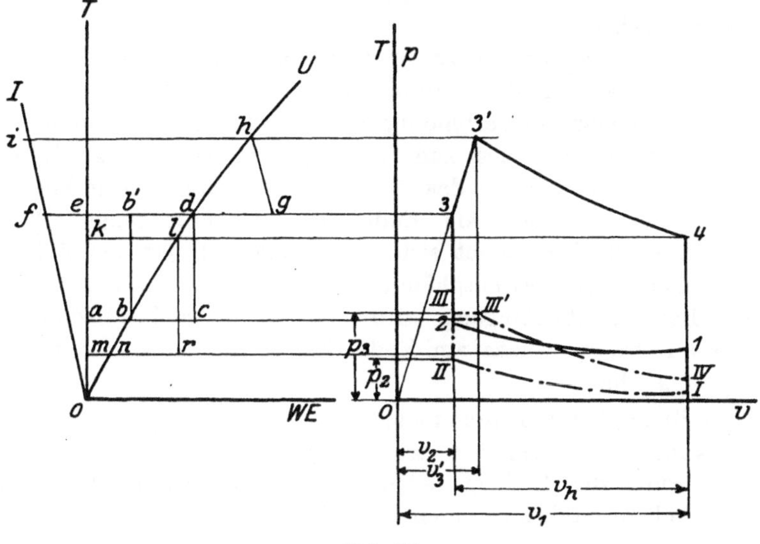

Abb. 36.

findliche Arbeitsladung, die aus einem Gemisch von Luft und Brenngasen besteht, wird bei Rückgang des Kolbens von Zustand $p_1\, v_1\, T_1$ bis zum Zustand $p_2\, v_2\, T_2$ verdichtet. Dann wird die Ladung verbrannt; die auf diese Weise entwickelte Wärme steigert Druck, Volumen und Temperatur der Verbrennungsgase bis p_3', v_3', T_3', was am Anfang des Kolbenhinganges geschieht. Nach der Verbrennung werden die Verbrennungsgase bei weiterem Kolbengang bis $p_4\, v_4\, T_4$ ausgedehnt.

Zur Erleichterung der Untersuchung nehmen wir vorläufig an, daß die Verdichtung und die Ausdehnung adiabatisch verlaufen, und daß während der Verbrennung kein Wärmeverlust nach außen stattfindet, so daß die ganze entwickelte Wärme verlustlos den Verbrennungsgasen zugeführt wird (sog. „adiabatische Verbrennung"). Der erwähnte Prozeß verläuft also im ganzen adiabatisch.

Wir nehmen ferner vorläufig an, daß die Ladung während der Verbrennung ihre physikalischen Eigenschaften nicht ändert, so daß das Molekulargewicht m und der Temperaturkoeffizient ζ dieselben bleiben.

Im Zustand p_4, v_4, T_4, Punkt 4, (Abb. 36) ist der Prozeß eigentlich beendigt. Es ist den Gasen bei der Verbrennung eine Wärmemenge zugeführt und dabei eine absolute Arbeit, die gleich der Fläche I-II-III-III'-IV ist, geleistet worden. Um eine dauernde Arbeit zu erzielen, ist es erforderlich, den Prozeß wiederholen zu lassen. Da aber der Zylinder mit Abgasen gefüllt ist, so ist es zunächst notwendig, diese zu entfernen und dem Zylinder wiederum frische Ladung zuzuführen.

Die Entfernung der Abgase beginnt am Ende des Ausdehnungshubes. Es öffnet sich das Auspuffventil, das den Zylinder mit der äußeren Atmosphäre in Verbindung setzt, wodurch die Verbrennungsprodukte ihren Druck bis zum Atmosphärendruck senken[1]) und dabei teilweise ausströmen; das weitere Ausstoßen geschieht bei dem Rückgang des Kolbens. Am Ende des Kolbenrückgangs schließt sich das Auspuff- und öffnet sich das Saugventil, das den Zylinder mit dem meist unter Atmosphärendruck stehenden Gasbehälter verbindet. Beim Kolbenhingang wird eine neue frische Ladung im Zylinder angesaugt, welche am Ende des Saughubes wieder den Zustand $p_1\,v_1\,T_1$ hat.

Einteilung der Verbrennungsmaschinen. a) Zwei- und Viertaktmaschinen. Nach der Art des Ausspülens der Abgase und der Einführung der Ladung teilen wir die Verbrennungsmaschinen in Vier- und Zweitaktmaschinen ein. Bei den ersteren sind, außer

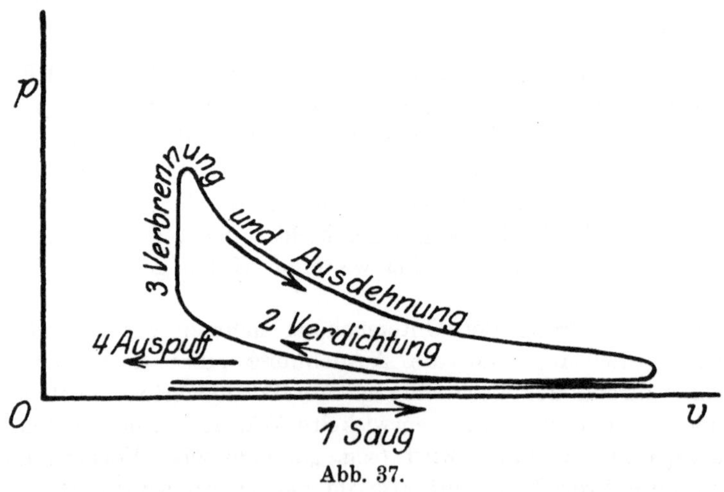

Abb. 37.

den zwei Huben des Prozesses, noch die zwei obengenannten (Auspuff- und Ansaugehub) vorhanden (Abb. 37). Bei den letzteren geschieht das Ausspülen der Abgase am Ende des Kolbenhinganges

---

[1]) Linie I—IV (1—4) stellt keine Isochore dar: sie entspricht nur dem plötzlichen Druckabfall.

(nach dem Ausdehnungshub) und die Einführung der frischen Ladung am Anfang des Kolbenrückganges (vor dem Verdichtungshub) (Abb. 38).

b) **Verpuffungs-, Gleichdruck- und andere Maschinen.** Nach der Art der Verbrennung unterscheiden wir Maschinen mit

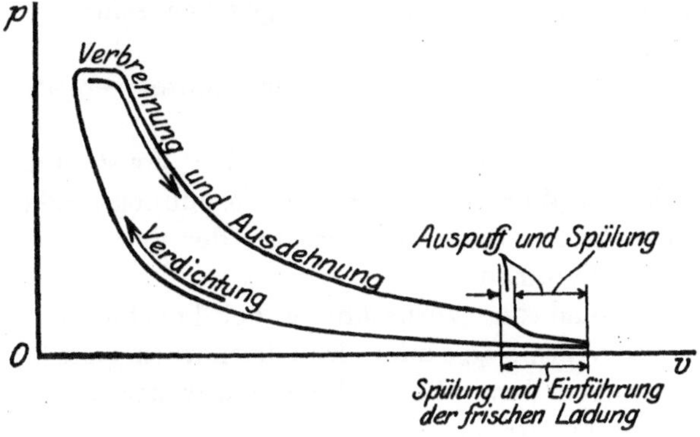

Abb. 38.

Verbrennung: bei konstantem Volumen (Abb. 37) (Verpuffungsmotoren), bei konstantem Druck (Abb. 38) (Gleichdruckmotoren) und bei anfangs konstantem Volumen und alsdann bei konstantem Druck (Abb. 36) (Gleichdruckmotoren mit Vorverpuffung) usw.

c) **Saug- und Einspritzmotoren.** Nach der Art der Brennstoffeinführung unterscheiden wir Motoren, bei denen der Brennstoff bei Saughub eingeführt ist, von denjenigen, bei welchen er bei Verdichtungs- bzw. auch am Anfang des Ausdehnungshubes eingespritzt ist.

Die in der Praxis am häufigsten vorkommenden Verbrennungsmaschinen sind die Verpuffungs- und Gleichdruckmotoren, die als besondere Fälle des Gleichdruckmotors mit Vorverpuffung angesehen werden können: wird keine Wärme bei Vorverpuffung eingeführt, so entsteht ein Gleichdruckmotor, hat die ganze Wärmeentwicklung dagegen bei der Vorverpuffung stattgefunden, so entsteht damit ein Verpuffungsmotor.

Führen wir folgende Bezeichnung ein:

$$\varepsilon = \frac{v_1}{v_2} \quad (\mathrm{Verdichtungsgrad}),$$

$$\varrho = \frac{v_3}{v_2} \quad (\mathrm{Gleichdruckgrad}),$$

$$\lambda = \frac{p_3}{p_2} \quad (\mathrm{Verpuffungsgrad}),$$

so ist für den Verpuffungsmotor $\varrho = 1$ und für den Gleichdruckmotor dagegen $\lambda = 1$.

Grundangaben und Wirkungsgrad. Im vorigen Abschnitt (Abb. 32 und 33) haben wir den Diagrammentwurf des Prozesses in logarithmischen T/v- bzw. p/v-Koordinaten gezeigt.

Ist das Diagramm eines adiabatischen Prozesses für einen Motor zu zeichnen, so muß stets folgendes angegeben sein:

1) der Anfangszustand p_1, v_1, T_1,
2) der Verdichtungsgrad, oder die Endtemperatur, oder der Enddruck der Verdichtung,
3) die während der Verbrennung bei konstantem Volumen entwickelte Wärme Q_1, oder der Verpuffungsgrad (λ), oder der Enddruck bzw. die Endtemperatur der Verbrennung bei konstantem Volumen,
4) die während der Verbrennung bei konstantem Druck entwickelte Wärme Q_2, oder der Gleichdrucksgrad (ϱ), oder das Endvolumen, bzw. die Endtemperatur der Verbrennung bei konstantem Druck.

Die in den Zylinder eingeführte Ladung besitzt in Punkt 1 (Abb. 36) eine innere Wärmeenergie gleich U_1. Bei weiteren Zustandsänderungen hat das Gas bis zum Punkt 4 die Wärme $Q_1 + Q_2$ aufgenommen. Im Endpunkt des Prozesses 4 hat das Gas eine innere Energie U_4, wobei auf dem Wege 1-2-3-3'-4 eine äußere Arbeit AL geleistet war. Es ist also nach dem Gesetze der Erhaltung der Energie:

$$U_1 + Q_1 + Q_2 = AL + U_4$$

oder

$$AL = (Q_1 + Q_2) - (U_4 - U_1)$$

oder mit Formel (4), Teil I:

$$\eta = \frac{AL}{Q_1 + Q_2} = 1 - \frac{U_4 - U_1}{Q_1 + Q_2} \quad \ldots \ldots \quad (35)$$

Aus dieser Formel ist leicht zu ersehen, daß es zur Berechnung des thermischen Wirkungsgrades des Prozesses der Verbrennungsmaschinen genügt, die innere Energie U_4 des Zustandes am Schluß des Prozesses zu ermitteln. Der Wert U_4 ist ohne Schwierigkeit aus dem Wärmediagramm zu finden, sobald die Temperatur T_4 bekannt ist. Letztere kann mit Hilfe der normalen thermodynamischen Tafel I oder der logarithmischen Zustandsänderungstafel II festgestellt werden.

Entwerfen des Temperaturdiagramms. Das Entwerfen des Temperaturdiagramms eines Motors ist auf Abb. 36 gezeigt.

Vom Punkt 1 ist eine Adiabate 1—2 bis zum Endvolumen v_2 (Punkt 2) entsprechend dem Verdichtungsgrad gezogen. Die Wärmeenergie in Punkt 2 ist gleich der Strecke $\overline{a\,b}$. Bei Wärmezufuhr bei konstantem Volumen vergrößert sich die Wärmeenergie auf $Q_1 = \overline{b\,c}$, so daß der Endzustand dem Punkt 3 $(c\,d\,/\!/\,a\,e)$ entspricht. Von Punkt 3 beginnt die Wärmezufuhr bei konstantem Druck. Der Wärmeinhalt bei konstantem Druck $(U + A\,R\,T)$ ist in Punkt 3 gleich der Strecke $\overline{f\,d}$, fügen wir dazu $Q_2 = \overline{d\,g}$ und ziehen von g eine Parallele zu $i\,\overline{f}$, so finden wir die Endtemperatur der Wärmezufuhr. Da die Linie des konstanten Druckes im Temperaturdiagramm durch einen Strahl aus dem Koordinatenanfang durch Punkt 3 durchgehend dargestellt wird, so liegt der Endpunkt $3'$ auf dem Schnittpunkt dieses Strahles mit einer Horizontalen aus h. Aus Punkt $3'$ ziehen wir eine Adiabate bis zum Anfangsvolumen v_1.

Auf diese Weise erhalten wir den Wert $U_4 - U_1$ aus dem Wärmediagramm:

$$U_4 - U_1 = k\,l - m\,n = n\,r$$

und

$$\eta = 1 - \frac{U_4 - U_1}{Q_2 + Q_1} = 1 - \frac{n\,r}{b'\,g}.$$

Mittlerer Diagrammdruck. Ist das Temperaturvolumendiagramm gezeichnet, so bietet es keine Schwierigkeit mehr, das Druckvolumendiagramm oder das Arbeitsdiagramm des Prozesses nach der ersten graphischen Transformation zu bestimmen. Das Arbeitsdiagramm hat eine große Bedeutung für die Konstruktion und Berechnung der Verbrennungsmaschinen, da es den Druck im Innern des Zylinders für jede Lage des Kolbens, d. h. die in dem Motor wirkenden Kräfte, angibt.

Die Fläche des Druckvolumendiagramms entspricht der Arbeit der Maschine bei einem Prozeß: 2 Umdrehungen bei Viertaktmotoren, 1 Umdrehung bei Zweitaktmotoren, usw. Ersetzen wir diese Fläche durch ein Rechteck, bei dem die eine Seite dem Hubvolumen des Zylinders V_h (Abb. 39) entspricht, so stellt die andere Seite den mittleren Arbeitsdruck dar, d. h. denjenigen scheinbaren konstanten Druck, der bei dem Hingang des Kolbens

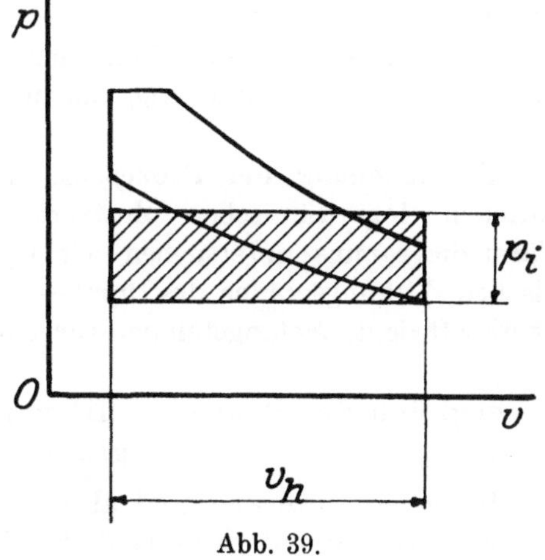

Abb. 39.

dieselbe Arbeit leisten würde, die bei einem Prozeß in Wirklichkeit geleistet wird.

Nach dieser Bestimmung ist der mittlere Arbeitsdruck:

$$p = \frac{L}{V_h} \qquad \text{oder} \qquad L = p \cdot V_h.$$

Da aber:

$$\eta = \frac{A L}{Q}. \qquad \text{oder} \qquad L = \frac{\eta Q}{A},$$

so ist:

$$p = \eta \frac{Q}{A \cdot V_h} \quad \ldots \ldots \ldots \ldots \quad (36)$$

Ist also die Wärmemenge $\frac{Q}{V_h}$ auf eine Einheit des Hubvolumens angegeben und der thermische Wirkungsgrad der Maschine ausgerechnet, so erhalten wir aus der letzten Formel den mittleren indizierten Druck.

Wollen wir bloß den mittleren Diagrammdruck oder den Wirkungsgrad eines Motors graphisch ermitteln, so ist es selbstverständlich unnötig, die Adiabaten zu ziehen, da es in diesem Falle genügt, die Endpunkte derselben zu bestimmen, wofür nur einige Gerade zu ziehen sind.

Hierbei ist zu bemerken, daß, falls wir ein für 1 kg Gas entworfenes Wärmediagramm benutzen, auch die Wärmemenge Q_1 und Q_2 als auf 1 kg Gas berechnet angenommen sein müssen. Wird dagegen ein Wärmediagramm angewandt, das für 1 Mol. Gas entworfen ist, so müssen dementsprechend Q_1 und Q_2 als auf 1 Mol. Gas berechnet angenommen werden.

Zur Vermeidung von Unklarheit werden wir die Wärmemengen auf 1 Mol. Gas stets mit mQ, die innere Energie mit mU usw. bezeichnen.

Untersuchung des Prozesses. Mit Hilfe des auf 1 Mol. entworfenen logarithmischen Zustandsänderungsdiagramms und des Wärmediagramms untersuchen wir nun die Abhängigkeit des thermischen Wirkungsgrades des Prozesses von Verdichtungsgrad, Temperaturkoeffizient, Anfangstemperatur usw.

1. Vergleich der Prozesse mit verschiedenen Verdichtungsgraden.

In diesen Prozessen sind also der Anfangspunkt $(p_1\, v_1\, T_1)$, der Temperaturkoeffizient der spezifischen Wärme (ζ), die Wärmemenge Q und der Verlauf des Prozesses dieselben.

Bei $T_1 = 300^0$ $(mU_1 = 1450\,\text{WE})$, $\varepsilon = 5$, $\varrho = 1$ und $\zeta = 1$ erhalten wir: für Punkt B_1 (Abb. 40) $T_2 = 560^0$, $mU_2 = 2780\,\text{WE}$ und mit

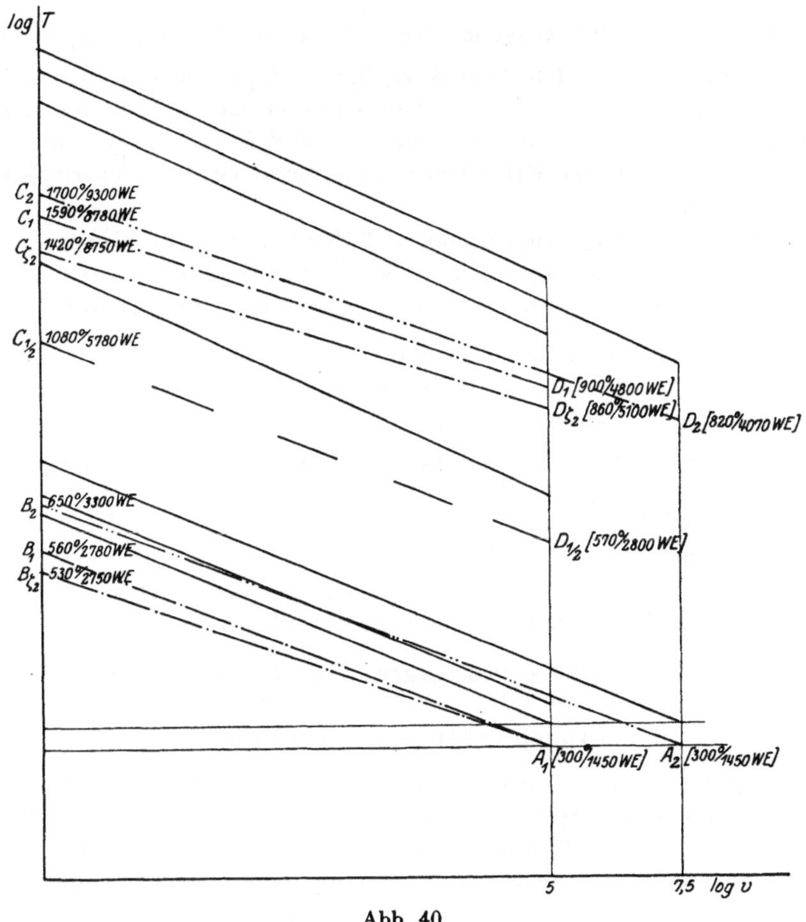

Abb. 40.

$mQ = 6000$ WE, für Punkt $C_1 - T_3 = 1590^0$ und $mU_3 = 8780$ WE; dementsprechend Punkt D_1 mit $T_4 = 900^0$, $mU_4 = 4800$ WE. Es ist also:

$$\eta = 1 - \frac{4800 - 1450}{6000} = 0,44 \,.$$

Ferner mit $\varepsilon = 7,5$ erhalten wir aus $A_2 B_2 C_2 D_2$ den Endpunkt D_2 mit Temperatur $T_4 = 820^0$ und $mU_4 = 4070$ WE. Damit ist:

$$\eta = 1 - \frac{4070 - 1450}{6000} = 0,56 \,.$$

Vergleichen wir beliebige andere Prozesse mit nur verschiedenen Verdichtungsgraden, so kommen wir zu dem Schluß, daß der thermische Wirkungsgrad eines Prozesses in den Verbrennungsmaschinen mit Zunahme des Verdichtungsgrades steigt.

2. Vergleich der Prozesse mit verschiedenen Wärmemengen Q.

Betrachten wir den Prozeß $A_1 B_1 C_{1/2} D_{1/2}$ (Abb. 40), der sich von dem Prozeß $A_1 B_1 C_1 D_1$ nur dadurch unterscheidet, daß im ersten 3000 WE pro Mol., im letzteren aber 6000 WE eingeführt sind, so erhalten wir im ersten Fall einen Wirkungsgrad von 0,55, im zweiten dagegen nur 0,44.

Wir kommen also zum Schluß, daß der thermische Wirkungsgrad eines Prozesses in den Verbrennungsmaschinen mit Abnahme der Wärmezufuhr oder der Belastung steigt.

3. Vergleich der Prozesse mit verschiedenen Temperatur-koeffizienten der spez. Wärme ζ.

Betrachten wir den Prozeß $A_1 B_1 C_1 D_1$ mit $\zeta = 1$ und $m\,Q = 6000$ WE, so erhalten wir $\eta = 0,44$. Für den Prozeß $A_1 B_{\zeta_2} C_{\zeta_2} D_{\zeta_2}$ mit $\zeta = 2$ und $m\,Q = 6000$ WE erhalten wir $\eta = 0,39$, d. h. der thermische Wirkungsgrad des Prozesses steigt mit Abnahme des Temperaturkoeffizienten ζ.

Wir überlassen es dem Leser, nachstehende Gesetze für Verbrennungsmaschinen in ähnlicher Weise graphisch zu ermitteln.

4. Der thermische Wirkungsgrad steigt unter sonst ähnlichen Bedingungen mit Abnahme der Temperatur im Anfangspunkte des Prozesses.

5. Der thermische Wirkungsgrad eines Gleichdruckprozesses mit Vorverpuffung ist um so größer, je größer das Verhältnis der bei konstantem Volumen entwickelten Wärme zu der Gesamtwärme ist, d. h. er steigt mit Zunahme von σ, wo

$$\sigma = \frac{Q_1}{Q_1 + Q_2}$$

und Q_1 die bei Verbrennung bei konstantem Volumen entwickelte Wärme bedeutet.

6. Bei angegebenem Maximaldruck des Prozesses steigt unter sonst ähnlichen Bedingungen der thermische Wirkungsgrad des Prozesses mit Abnahme von σ.

7. Bei angegebener Maximaltemperatur des Prozesses steigt der thermische Wirkungsgrad des Prozesses mit Abnahme von σ.

Rechnerische Bestimmung der Hauptpunkte des Prozesses. Die Temperaturen der verschiedenen Hauptpunkte des Prozesses und sein Wirkungsgrad können auch auf rechnerischem Wege bestimmt werden. Die Tabellen III, IV und V erleichtern die Berechnung erheblich.

Bestimmung von T_2. Ist T_1 die Temperatur des Anfangspunktes und $\varepsilon = \dfrac{v_1}{v_2}$ der Verdichtungsgrad, so ist die Gleichung der Adiabate, die durch den Punkt 1 (T_1) und 2 (T_2) geht:

$$T_2\, e^{\zeta T_2} = T_1\, e^{\zeta T_1}\, \varepsilon^{k-1}.$$

Für angegebene T_1 und ζ finden wir aus Tabelle IV den Wert $T_1\, e^{\zeta T_1}$ und aus Tabelle III den Wert ε^{k-1} und berechnen aus der letzten Gleichung $T_2\, e^{\zeta T_2}$ und nach Tabelle IV den Wert T_2.

Bestimmung von T_3. Sind bei konstantem Volumen Q_1 WE auf 1 kg oder $m Q_1$ auf 1 Mol. eingeführt, so ist

$$m Q_1 = a T_3 \left(1 + \frac{\zeta}{2} T_3\right) - a T_2 \left(1 + \frac{\zeta}{2} T_2\right).$$

Ist T_2 bekannt, so können wir aus Tabelle V die Werte $a T_2$ und $\dfrac{a\zeta}{2} T_2{}^2$ finden und erhalten dann aus der oben angeführten Gleichung den Wert $a T_3 \left(1 + \dfrac{\zeta}{2} T_3\right)$, aus welchem mit Hülfe von Tabelle V der Wert T_3 ermittelt wird.

Bestimmung von T_3'. Ist bei konstantem Druck Q_2 WE auf 1 kg oder $m Q_2$ auf 1 Mol. zugeführt, dann ist

$$m Q_2 = a T_3' \left(k + \frac{\zeta}{2} T_3'\right) - a T_3 \left(k + \frac{\zeta}{2} T_3\right).$$

Der Wert T_3' läßt sich ähnlich dem eben ausgeführten nur mit dem Unterschiede bestimmen, daß wir aus Tabelle V nicht die Werte der vertikalen Reihe aT entsprechend nehmen, sondern die der Reihe $k a T$.

Bestimmung von T_4. Aus der Gleichung der Adiabate, die durch 3' und 4 durchgeht, haben wir:

$$T_4\, v_4^{k-1}\, e^{\zeta T_4} = T_3'\, v_3^{k-1}\, e^{\zeta T_3'}.$$

Da aber:

$$\frac{v_3'}{v_4} = \frac{v_3'}{v_1} = \frac{v_3'}{v_3} \cdot \frac{v_3}{v_1},$$

wobei

$$\frac{v_3'}{v_3} = \varrho \quad \text{und} \quad \frac{v_3}{v_1} = \frac{1}{\varepsilon},$$

so ist

$$T_4\, e^{\zeta T_4} = \left(\frac{\varrho}{\varepsilon}\right)^{k-1} T_3'\, e^{\zeta T_3'}.$$

Den Wert $T_3' e^{\zeta T_3'}$ berechnen wir der Tabelle IV und aus der Tabelle III den Wert $\left(\dfrac{\varrho}{\varepsilon}\right)^{k-1}$ und schließlich aus Tabelle IV den Wert für T_4.

Bestimmung von η_t. Nachdem wir den Wert T_4 gefunden haben, können wir aus Tabelle V den Wert $m U_4 - m U_1$ bestimmen und ferner:

$$\eta_t = 1 - \frac{m U_4 - m U_1}{m Q_1 + m Q_2}.$$

Beispiele. I. Verpuffungsprozeß. Angenommen: Anfangstemperatur $T_1 = 300^0$, $\zeta = 1{,}023 \cdot 225 \cdot 10^{-6}$ und $mQ = 7000$ WE. Verdichtungsgrad ε verschieden.

ε	5,207	6,31		7,66	8,66
T_1			300		
$T_1' = T_1 e^{\zeta T_1}$			321		
$T_2' = T_1' \varepsilon^{k-1}$	642	700		760	800
T_2	564	610		660	685
$m U_2$	2808	3063		3320	3455
$m Q$			7000		
$m U_3 = m U_2 + m Q$	9808	10063		10320	10455
T_3	1750	1787		1805	1850
T_3'	2618	2698		2737	2830
$T_4' = T_3' : \varepsilon^{k-1}$	1309	1242		1160	1146
T_4	1032	989		935	925
$m U_4$	5392	5148		4840	4790
$m U_1$			1450		
$m U_4 - m U_1$	3940	3698		3390	3340
η_t	0,437	0,470		0,515	0,525

II. Verpuffungsprozeß. Angenommen: Anfangstemperatur $T = 300^0$, $\varepsilon = 5{,}307$ und $mQ = 7000$ WE. Temperaturkoeffizient ζ verschieden.

$\zeta : 225 \cdot 10^{-6}$	1,023	1,535	2,046
T_1		300	
T_1'	321,5	333	344,5
T_2'	642	666	689
T_2	564	551	538
$m U_2$	2808	2820	2823
$m Q$		7000	
$m U_3$	9808	9820	9823
T_3	1750	1640	1550
T_3'	2618	2890	3184
T_4'	1309	1445	1592
T_4	1032	1015	1000
$m U_4$	5392	5560	5746
$m U_1$	1450	1473	1500
$m U_4 - m U_1$	3942	4087	4246
η_t	0,437	0,43	0,40.

III. **Verpuffungsprozeß.** Angenommen: Anfangstemperatur $T_1 = 300^0$, $\varepsilon = 5{,}207$ und $\zeta = 1{,}023 \cdot 225 \cdot 10^{-6}$. Wärmezufuhr verschieden.

T_1		300		
T_2		564,5		
mU_2		2808		
mQ	7000	5000		2400	1000
mU_3	9808	7808		5208	3808
T_3	1750	1435		1000	750
T_3'	2618	1997		1259	891
T_4'	1309	998		630	446
T_4	1032	825		550	406
mU_4	5392	4220		2731	1974
mU_1			1450		
$mU_4 - mU_1$	3942	2770		1280	524
η_t	0,437	0,446		0,467	0,476.

IV. **Gleichdruckprozeß.** Angenommen: Anfangstemperatur $T_1 = 300^0$, $\zeta = 1{,}023 \cdot 225 \cdot 10^{-6}$ und $mQ = 7000$ WE. Verdichtungsgrad ε verschieden.

ε	8,66	11,08	13,67
T_1		300	
T_1'		321	
T_2'	800	882	963
T_2	685	743	800
mI_2	4791	5224	5650
mQ		7000	
$mI_3 = mI_2 + mQ$	11791	12224	12650
T_3	1570	1625	1680
$\varrho = \dfrac{T_3}{T_2}$	2,3	2,2	2,1
T_3'	2254	2362	2473
$T_4' = T_3'\left(\dfrac{\varrho}{\varepsilon}\right)^{k-1}$	1286	1200	1127
T_4	1018	965	913
mU_4	5310	5007	4710
mU_1		1450	
$mU_4 - mU_1$	3860	3557	3260
η_t	0,45	0,492	0,535

V. **Gleichdruckprozeß.** Angenommen: Anfangstemperatur $T_1 = 300^0$, $\varepsilon = 13{,}67$ und $mQ = 7000$ WE. Temperaturkoeffizient ζ verschieden.

$\zeta : 225 \cdot 10^{-6}$	1,023	1,535	2,046
T_1'	321	333	344,5
T_2'	963	999	1033,5
T_2	800	766	733
mI_2	5650	5554	5420
mQ		7000	
mI_3	12650	12554	12420
T_3	1680	1596	1505
ϱ	2,1	2,08	2,05
T_3'	2473	2770	3010
T_4'	1127	1248	1354
T_4	913	911	896
mU_4	4710	4923	5045
mU_1	1450	1473	1500
$mU_4 - mU_1$	3260	3450	3545
η_t	0,535	0,507	0,497

VI. Gleichdruckprozeß. Angenommen: Anfangstemperatur $T_1 = 300^0$, $\varepsilon = 13{,}67$ und $\zeta = 1{,}023 \cdot 225 \cdot 10^{-6}$. Wärmezufuhr verschieden.

T_1		300		
T_2		800		
$m\,I_2$		5650		
$m\,Q$	7000	5100	3478	1900
$m\,I_3$	12560	10750	9128	7550
T_3	1680	1450	1250	1050
ϱ	2,1	1,8	1,6	1,3
T_3'	2473	2025	1667	1337
T_4	913	867	670	499
$m\,U_4$	4710	3705	2922	2210
$m\,U_1$		1450		
$m\,U_4 - m\,U_1$	3260	2245	1472	760
η_t	0,535	0,56	0,58	0,6.

Formeln zur Berechnung des Wirkungsgrades. Die oben ausgeführte Abhängigkeit des thermischen Wirkungsgrades von Verdichtungsgrad, Belastung usw. kann rechnerisch viel anschaulicher bewiesen werden.

Wir verfolgen zunächst einen kombinierten Prozeß mit Verbrennung fortlaufend bei konstantem Volumen, konstantem Druck, wie früher, und dazu noch bei konstanter Temperatur.

Abb. 41 stellt den erwähnten Prozeß in T/v-, Abb. 41a einen ähnlichen Prozeß in p/v-Diagramm dar. Die bei dem ersten Takt

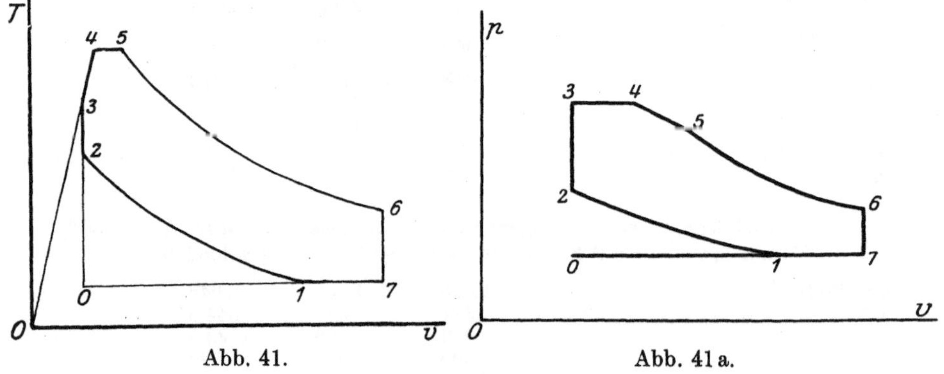

Abb. 41.　　　　　　　　　　　Abb. 41a.

0—7 angesaugte Ladung wird bei dem zweiten Takt teilweise herausgeschoben 7—1 und alsdann nach einer Adiabate 1—2 verdichtet. Von Punkt 2 beginnt die Verbrennung, nämlich: 2—3 bei konstantem Volumen, 3—4 bei konstantem Druck und 4—5 bei konstanter Temperatur. Dann werden die Verbrennungsgase adiabatisch ausgedehnt (5—6) und nach Öffnen des Auspuffventils während des vierten Taktes herausgeschoben. Der Saug- bzw. Ausschubhub geht bei konstantem Druck und konstanter Temperatur vor sich, also

ohne Zustandsänderung; deshalb sind die entsprechenden Linien
0—1—7 in p/v- sowie T/v-Diagramm parallel zur Ov-Achse gezogen.
Bezeichnen wir:

$$\frac{v_1}{v_2}=\varepsilon; \quad \frac{v_4}{v_2}=\varrho; \quad \frac{v_5}{v_4}=\iota; \quad \frac{v_7}{v_1}=\mu; \quad \frac{p_3}{p_2}=\lambda \quad . \quad (37)$$

vorausgesetzt, daß $\varepsilon, \varrho, \iota, \mu, \lambda \geqq 1$ und $\dfrac{p_6}{p_7} \geqq 1$, dann erhalten wir:

$$\left.\begin{aligned}
v_2 &= \frac{v_1}{\varepsilon} & &- \\
v_3 &= \frac{v_1}{\varepsilon} & T_3 &= \lambda\,T_2 \\
v_4 &= \varrho \cdot \frac{v_1}{\varepsilon} & T_4 &= \lambda\,\varrho\,T_2 \\
v_5 &= \iota\,\varrho \cdot \frac{v_1}{\varepsilon} & T_5 &= \lambda\,\varrho\,T_2 \\
v_6 &= \mu \cdot v_1 & &- \\
v_7 &= \mu \cdot v_1 & &-
\end{aligned}\right\} \quad \ldots\ldots \quad (38)$$

Die während der adiabatischen Verdichtung 1—2 verbrauchte
Wärme ist gleich:

$$Q_{1-2}=0$$

und die absolute geleistete Arbeit in WE

$$AL_{1-2}=-\frac{a}{m}(T_2-T_1)\left[1+\frac{\zeta}{2}(T_1+T_2)\right].$$

Die bei der Verbrennung bei konstantem Volumen 2—3 entwickelte Wärme ist gleich:

$$Q_{2-3}=U_3-U_2=\frac{a}{m}T_3\left(1+\frac{\zeta}{2}T_3\right)-\frac{a}{m}T_2\left(1+\frac{\zeta}{2}T_2\right)$$

und die geleistete Arbeit

$$AL_{2-3}=0.$$

Die bei der Verbrennung bei konstantem Druck 3—4 entwickelte
Wärme ist gleich:

$$Q_{3-4}=I_4-I_3=\frac{a}{m}T_4\left(k+\frac{\zeta}{2}T_4\right)-\frac{a}{m}T_3\left(k+\frac{\zeta}{2}T_3\right)$$

und die geleistete Arbeit:

$$AL_{3-4}=A\,p_4\,v_4-A\,p_3\,v_3=\frac{a}{m}(k-1)(T_4-T_3).$$

Die bei der Verbrennung bei konstanter Temperatur 4—5 entwickelte Wärme sowie die geleistete Arbeit ist gleich:

$$A L_{4-5} = Q_{4-5} = A R T_4 \ln i = \frac{a}{m}(k-1) T_4 \ln i.$$

Schließlich ist die verbrauchte Wärme der adiabatischen Ausdehnung 5—6 gleich:

$$Q_{5-6} = 0$$

und die absolute geleistete Arbeit in WE

$$A L_{5-6} = -\frac{a}{m}(T_6 - T_5)\left[1 + \frac{\zeta}{2}(T_6 + T_5)\right].$$

Dazu kommt noch die Arbeit des Ansaugens und des Ausschubes, die gleich ist:

$$A L_{7-1} = A p_1 v_1 - A p_7 v_7 = \frac{a}{m}(k-1)\cdot(1-\mu) T_1.$$

Der thermische Wirkungsgrad ist gleich:

$$\eta_t = \frac{\Sigma A L}{\Sigma Q}.$$

Setzen wir statt $A L$ und Q die Werte aus den oben ausgeführten Gleichungen, so erhalten wir mit (37) und (38) nach einigen Umgestaltungen:

$$\eta = 1 - \frac{(T_6 - T_1)\left[1 + \frac{\zeta}{2}(T_6 + T_1)\right] + (k-1)(\mu-1) T_1}{T_2\left[(\lambda-1) + k\lambda(\varrho-1) + (k-1)\lambda\varrho\ln\iota + \frac{\zeta}{2} T_2(\lambda^2 \varrho^2 - 1)\right]} \tag{39}$$

Die Werte von T_2 und T_6 werden aus den Gleichungen der Adiabaten 1—2 und 5—6 bestimmt:

$$T_1 v_1^{k-1} e^{\zeta T_1} = T_2 v_2^{k-1} e^{\zeta T_2} \quad \text{oder} \quad T_2 e^{\zeta T_2} = \varepsilon^{k-1} T_1 e^{\zeta T_1} \tag{40}$$

oder
$$\left.\begin{array}{c} T_6 v_6^{k-1} e^{\zeta T_6} = T_5 v_5^{k-1} e^{\zeta T_5} \\[2mm] T_6 e^{\zeta T_6} = \lambda \varrho^k \left(\frac{\iota}{\mu}\right)^{k-1} \cdot \frac{1}{\varepsilon^{k-1}} \cdot T_2 e^{\zeta \lambda \varrho T_2} \end{array}\right\} \;\cdot\;\cdot\;\cdot\; \tag{41}$$

Die Formel (39) zeigt, daß η eine Funktion von ζ ist; entwickeln wir η in eine Maclaurinsche Reihe nach ζ, so erhalten wir, indem wir η mit $\varphi(\zeta)$ bezeichnen:

$$\eta = \varphi(0) + \zeta\,\varphi'(0) + \frac{\zeta^2}{1\cdot 2}\,\varphi''(0) + \cdots$$

oder falls wir uns nur mit der ersten Potenz von ζ begnügen

$$\eta = \varphi(0) + \zeta\,\varphi'(0) \;\ldots\;\ldots\;\ldots \tag{42}$$

Nun ist aus (40) und (41) bei $\zeta = 0$:

$$(T_2)_{\zeta=0} = \varepsilon^{k-1} \cdot T_1 \quad \text{und} \quad (T_6)_{\zeta=0} = \lambda \varrho^k \left(\frac{\iota}{\mu}\right)^{k-1} \cdot T_1$$

und damit aus (39):

$$\eta_0 = \varphi(0) = 1 - \frac{1}{\varepsilon^{k-1}} \cdot \frac{\lambda \varrho^k \left(\frac{\iota}{\mu}\right)^{k-1} + (k-1)(\mu-1) - 1}{(\lambda - 1) + k\lambda(\varrho - 1) + (k-1)\lambda\varrho \cdot \ln\iota} \quad (43)$$

Durch Differenzierung der Gleichungen (40) und (41) nach ξ erhalten wir:

$$\frac{\partial T_2}{\partial \zeta} = \frac{(T_1 - T_2) T_2}{1 + \zeta T_2}$$

$$\frac{\partial T_6}{\partial \zeta} = \frac{\dfrac{(T_1 - T_2)(1 + T_2 \zeta \lambda \varrho)}{1 + \zeta T_2} + \lambda \varrho \cdot T_2 - T_6}{\dfrac{1}{T_6} + \zeta}$$

und für $\zeta = 0$:

$$\left(\frac{\partial T_2}{\partial \zeta}\right)_{\zeta=0} = T_1^2 \cdot \varepsilon^{k-1}(1 - \varepsilon^{k-1})$$

$$\left(\frac{\partial T_6}{\partial \zeta}\right)_{\zeta=0} = T_1^2 \cdot \lambda \varrho^k \left(\frac{\iota}{\mu}\right)^{k-1} \left[1 - \varepsilon^{k-1} + \lambda \varrho \varepsilon^{k-1} - \lambda \varrho^k \left(\frac{\iota}{\mu}\right)^{k-1}\right].$$

Differenzieren wir jetzt $\varphi(\zeta) = \eta$ (39) nach ζ, dann erhalten wir mit $\zeta = 0$:

$$\varphi'(0) = \frac{T_1}{2}\Bigg\{ -\left[\lambda \varrho^k \left(\frac{\iota}{\mu}\right)^{k-1} + (k-1)(\mu-1) + 1\right] +$$

$$+ \frac{\left[\lambda \varrho^k \left(\frac{\iota}{\mu}\right)^{k-1} + (k-1)(\mu-1) - 1\right]\left[\lambda \varrho^k \left(\frac{\iota}{\mu}\right)^{k-1} + (k-1)(\mu-1) + 1\right]}{\varepsilon^{k-1}\left[(\lambda - 1) + k\lambda(\varrho - 1) + (k-1)\lambda\varrho \cdot \ln\iota\right]} \Bigg\} +$$

$$+ \frac{T_1}{2}\Theta$$

und

$$\eta = \left\{1 - \frac{1}{\varepsilon^{k-1}} \cdot \frac{\lambda \varrho^k \left(\frac{\iota}{\mu}\right)^{k-1} + (k-1)(\mu-1) - 1}{(\lambda - 1) + k\lambda(\varrho - 1) + (k-1)\lambda\varrho \ln\iota}\right\} \cdot \left\{1 - \right.$$

$$\left. - \zeta \frac{T_1}{2}\left[\lambda \varrho^k \left(\frac{\iota}{\mu}\right)^{k-1} + (k-1)(\mu-1) + 1\right]\right\} + \zeta\frac{T_1}{2}\Theta \quad . \quad (44)$$

wo

$$\Theta = \left[\lambda\,\varrho^k\left(\frac{\iota}{\mu}\right)^{k-1} + (k-1)(\mu-1) + 1\right] -$$

$$- 2\cdot\frac{\left[\lambda^2\,\varrho^{k+1}\left(\frac{\iota}{\mu}\right)^{k-1} + (k-1)(\mu-1) - 1\right]}{(\lambda-1) + k\,\lambda\,(\varrho-1) + (k-1)\,\lambda\,\varrho\ln\iota} -$$

$$- \frac{(k-1)^2\,(\mu-1)^2}{\varepsilon^{k-1}\left[(\lambda-1) + k\,\lambda\,(\varrho-1) + (k-1)\,\lambda\,\varrho\ln\iota\right]} +$$

$$+ \frac{\left[\lambda\,\varrho^k\left(\frac{\iota}{\mu}\right)^{k-1} + (k-1)(\mu-1) - 1\right]\left[\lambda^2\,\varrho^2 - 1\right]}{(\lambda-1) + k\,\lambda\,(\varrho-1) + (k-1)\,\lambda\,\varrho\ln\cdot\iota]^2}\,.$$

Bei den Werten von $\lambda, \varrho, \sigma, \mu$, die für die praktische Technik gelten, ist das Restglied im Verhältnis mit η sehr klein. Deshalb können wir das Glied $\dfrac{\zeta T_1}{2}\,\Theta$ in Formel (44) weglassen. Dann erhalten wir mit (43):

$$\eta = \eta_0\cdot\left\{1 - \frac{\zeta T_1}{2}\left[\lambda\,\varrho^k\left(\frac{\iota}{\mu}\right)^{k-1} + (k-1)(\mu-1) + 1\right]\right\}. \quad (44\,\mathrm{a})$$

Aus Formel (44a) folgt, daß der thermische Wirkungsgrad η eines Verbrennungsmotors:

1) zunimmt bei Erhöhung des Verdichtungsgrades ε,
2) abnimmt bei Erhöhung der Anfangstemperatur T_1,
3) abnimmt bei Erhöhung der spezifischen Wärme ζ.

Wie aus Abb. 41 zu ersehen ist, nimmt mit steigendem μ der mittlere indizierte Druck ab. Da es aber für die praktische Technik wichtiger ist, einen größeren mittleren indizierten Druck und damit eine erhöhte spezifische Leistung der Maschine als die verhältnismäßig kleine Erhöhung des thermischen Wirkungsgrades zu erhalten, so wird in der Praxis jedenfalls für Vollbelastung $\mu = 1$ gewählt.

Es vereinfacht sich damit für die praktische Berechnung die Formel (44a):

$$\eta = \left[1 - \frac{1}{\varepsilon^{k-1}}\cdot\frac{\lambda\,\varrho^k\,\iota^{k-1} - 1}{(\lambda-1) + k\,\lambda\,(\varrho-1) + (k-1)\,\lambda\,\varrho\ln\iota}\right]\left[1 - \frac{\zeta T_1}{2}(\lambda\,\varrho^k\,\iota^{k-1} + 1)\right] \quad (45)$$

Zur Erleichterung der Berechnungen sind in Tabelle VI die Werte α^{k-1}, α^k, $\ln\alpha$ für verschiedene α angegeben.

Tabelle VI.

α	α^{k-1}	α^k	$\ln \alpha$	α	α^{k-1}
1,1	1,041	1,145	0,096	5,5	2,046
1,2	1,080	1,296	0,183	6,0	2,123
1,3	1,116	1,451	0,263	6,5	2,195
1,4	1,152	1,612	0,337	7,0	2,253
1,5	1,186	1,779	0,406	7,5	2,336
1,6	1,218	1,949	0,470	8,0	2,395
1,7	1,250	2,124	0,531	8,5	2,456
1,8	1,280	2,304	0,588	9,0	2,516
1,9	1,309	2,488	0,642	9,5	2,580
2,0	1,338	2,676	0,694	10,0	2,630
2,1	1,365	2,867	0,742	10,5	2,685
2,2	1,392	3,063	0,789	11,0	2,738
2,3	1,419	3,263	0,833	11,5	2,795
2,4	1,445	3,466	0,876	12,0	2,839
2,5	1,469	3,673	0,917	12,5	2,889
3	1,586	4,758	1,100	13,0	2,936
3,5	1,692	5,924	1,224	13,5	2,983
4	1,790			14,0	3,030
4,5	1,880			14,5	3,075
5,0	1,965			15,0	3,118

Besondere Fälle. Wir verfolgen nun einige für die Praxis wichtige besondere Fälle:

I. Verpuffungsmotor.

$$\iota = 1 \quad \text{und} \quad \varrho = 1.$$

Aus (45) erhalten wir für diesen Fall:

$$\eta = \left[1 - \frac{1}{\varepsilon^{k-1}}\right]\left[1 - \frac{\zeta T}{2}(\lambda + 1)\right] \ \ldots \ \ldots \ (46)$$

woraus zu ersehen ist, daß der Wirkungsgrad bei diesen Motoren mit zunehmender Belastung (λ) abnimmt. (Vgl. Beispiele III S. 107.)

Zahlenbeispiel.
Es sei:

$$\lambda = 2,86,$$
$$\varepsilon = 5,3,$$
$$\zeta = 1,7 \cdot 225 \cdot 10^{-6},$$
$$T_1 = 300^0.$$

Aus (46) erhalten wir für den adiabatischen Prozeß bei:

idealen Gasen ($\zeta = 0$) . . . $\eta_0 = 0,5,$

halbidealen Gasen . . . . . . $\eta = 0,39.$

II. Gleichdruckmotor.

$$\lambda = 1 \quad \text{und} \quad \iota = 1$$

Aus (45) erhalten wir:

$$\eta = \left[1 - \frac{1}{\varepsilon^{k-1}} \cdot \frac{\varrho^k - 1}{k(\varrho - 1)}\right]\left[1 - \frac{\zeta T}{2}(\varrho^k + 1)\right] \quad . \quad . \quad (47)$$

woraus ebenfalls folgt, daß der Wirkungsgrad mit zunehmender Belastung (ϱ) abnimmt. (Vgl. Beispiele VI S. 108.)

Zahlenbeispiel.

Es sei:

$$\varepsilon = 13,1,$$
$$\varrho = 2,1,$$
$$\zeta = 1,5 \cdot 225 \cdot 10^{-6},$$
$$T = 300^{\circ}.$$

Aus (47) folgt für den adiabatischen Prozeß bei:

idealen Gasen . . . . . . $\eta_0 = 0,6,$
halbidealen Gasen . . . . $\eta = 0,486.$

III. Gleichdruckmotor mit Vorverpuffung.

$$\iota = 1.$$

$$\eta = \left[1 - \frac{1}{\varepsilon^{k-1}} \cdot \frac{\lambda \varrho^k - 1}{(\lambda - 1) + k \lambda (\varrho - 1)}\right]\left[1 - \frac{\zeta T}{2}(\lambda \varrho^k + 1)\right] . \quad (48)$$

Für ideale Gase mit $\zeta = 0$:

$$\eta_0 = 1 - \frac{1}{\varepsilon^{k-1}} \cdot \frac{\lambda \varrho^k - 1}{(\lambda - 1) + k \lambda (\varrho - 1)} \quad . \quad . \quad . \quad (49[1]))$$

Zahlenbeispiele.

Es sei:

$\varepsilon =$	13,1	13,1	13,1
$\lambda =$	1,5	1,5	1,3
$\varrho =$	1,5	1,2	1,5
$T =$	300	300	300

Aus (48) und (49) mit $\zeta = 1,5$ erhalten wir:

$\eta_0 =$	0,65	0,67	0,64
$\eta =$	0,52	0,56	0,525

---

[1]) Vgl. Zeitschr. d. Vereins deutsch. Ing. 1911, S. 627.

Aus diesen Beispielen ersehen wir, daß bei demselben λ der Wirkungsgrad bei idealen Gasen mit Zunahme von ϱ abnimmt und bei demselben ϱ mit Zunahme von λ zunimmt.

Wenden wir uns zu Gleichung (48), so ersehen wir, daß der zweite Faktor der rechten Seite auch mit Zunahme von ϱ abnimmt; es folgt also, daß mit Zunahme von ϱ der Wirkungsgrad des kombinierten Prozesses abnimmt. Für die Zunahme von λ wird der zweite Faktor bei den in der Praxis vorkommenden Werten schneller abnehmen, als der erste zunimmt, so daß das Produkt (vgl. Beispiele) η dennoch ein wenig abnimmt, also mit Zunahme von λ der Wirkungsgrad des kombinierten Prozesses abnimmt.

Der Verpuffungs- sowie der Gleichdruckprozeß sind Grenzfälle des kombinierten Verpuffungs-Gleichdruckprozesses (V.-G.-Prozeß): bei $\lambda = 1$ und $\varrho > 1$ geht der letztere in einen Gleichdruckprozeß und bei $\varrho = 1$ und $\lambda > 1$ — in einen Verpuffungsprozeß über.

Vergleich des Gleichdruck- und des Verpuffungsprozesses. Zur Feststellung dessen, welcher dieser zwei Prozesse der bessere ist, vergleichen wir zuerst verschiedene V.-G.-Prozesse idealer Gase ($\zeta = 0$) bei demselben Verdichtungsgrad ε, derselben Wärmezufuhr Q und derselben Anfangstemperatur T_1.

Die zugeführte Wärme ist gleich:

$$\frac{a}{m} \cdot T_1 \cdot \varepsilon^{k-1} \cdot [(\lambda - 1) + k\lambda(\varrho - 1)] = Q,$$

und da ε und T_1 auch konstant sind, so ergibt sich mit:

$$\frac{mQ}{aT_1} \cdot \frac{1}{\varepsilon^{k-1}} = A$$

wo A eine Konstante ist:

$$\lambda = \frac{\dfrac{mQ}{aT_1\varepsilon^{k-1}} + 1}{1 + k(\varrho - 1)} = \frac{A + 1}{1 + k(\varrho - 1)}$$

und

$$\lambda\varrho^k - 1 = \frac{(A+1)\varrho^k}{1 + k(\varrho - 1)} - 1 = \varphi(\varrho).$$

Da $\varphi'(\varrho) = 0$ bei $\varrho = 1$ und $\varphi''(\varrho) > 0$, so hat $\varphi(\varrho)$ ein Minimum und η_0 (vgl. 49) ein Maximum bei $\varrho = 1$. Mit anderen Worten: bei denselben ε, Q und T hat der Verpuffungsprozeß bei idealen Gasen stets einen höheren Wirkungsgrad η_0 als der Gleichdruckprozeß.

Wir vergleichen in der Folge verschiedene kombinierte Prozesse idealer Gase bei derselben Wärmezufuhr Q, derselben Anfangstemperatur T_1 und demselben maximalen Druck p.

8*

Die Bedingung Q konstant entspricht:

$$\frac{a}{m}\cdot T_1\cdot \varepsilon^{k-1}\left[(\lambda-1)+k\,\lambda\,(\varrho-1)\right]=Q.$$

Die Bedingung, daß der größte Druck dem angegebenen n-fachen Wert des Anfangsdruckes p_1 gleich ist:

$$\lambda\,\varepsilon^k = n\,p_1.$$

Aus diesen zwei Bedingungen ergibt sich:

$$\varrho = \frac{\dfrac{m\,Q}{a\,T_1}\cdot\dfrac{1}{\varepsilon^{k-1}}+\lambda\,(k-1)+1}{k\,\lambda}$$

und

$$\varepsilon = \left(\frac{n\,p_1}{\lambda}\right)^{\frac{1}{k}}$$

folglich:

$$\lambda\,\varrho^k - 1 = \left\{\frac{\dfrac{m\,Q}{a\,T_1}}{k\cdot(n\,p_1)^{\frac{k-1}{k}}}+\frac{k-1}{k}\cdot\lambda^{\frac{1}{k}}+\frac{1}{k}\cdot\lambda^{\frac{1}{k}-1}\right\}^k - 1 = \psi\,(\lambda).$$

Da $\psi'(\lambda)=0$ bei $\lambda=1$ und $\psi''(\lambda)>0$, so hat $\psi(\lambda)$ ein Minimum und η_0 ein Maximum bei $\lambda=1$. Mit anderen Worten: bei denselben Q, T_1 und $p_{\max}$ hat der Gleichdruckprozeß bei idealen Gasen stets einen höheren Wirkungsgrad η_0 als der Verpuffungsprozeß.

Die beiden letzten Schlußfolgerungen sind auch für die Prozesse mit halbidealen Gasen gültig. Der Anschaulichkeit wegen sehen wir von einer analytischen Behandlung ab und wählen zur Beweisführung die graphische Methode.

Es seien (Abb. 42) 1—2—4—7 der Verpuffungsprozeß, 1—2 und 4—7 die Adiabaten, Q_1 die Wärmezufuhr von 2 bis 3 und Q_2' von 3 bis 4, U_7 und U_1 die Wärmeenergie bei 7 und 1. Wir haben:

$$Q_1 + Q_2' = A\cdot\square\,(1247) + U_7 - U_1, \quad \ldots \quad (a)$$

wo A das Wärmeäquivalent der Arbeit $(1:427)$ und $\square\,(1247)$ die geleistete Arbeit in kgm bedeuten.

Für den kombinierten (V.-G.-)Prozeß 1—2—3—5—7 erhalten wir desgleichen:

$$Q_1 + Q_2'' = A\cdot\square\,(12357) + U_7 - U_1,$$

wo Q_2'' die Wärmezufuhr von 3—5 bei konstantem Druck bedeutet. Da aber:

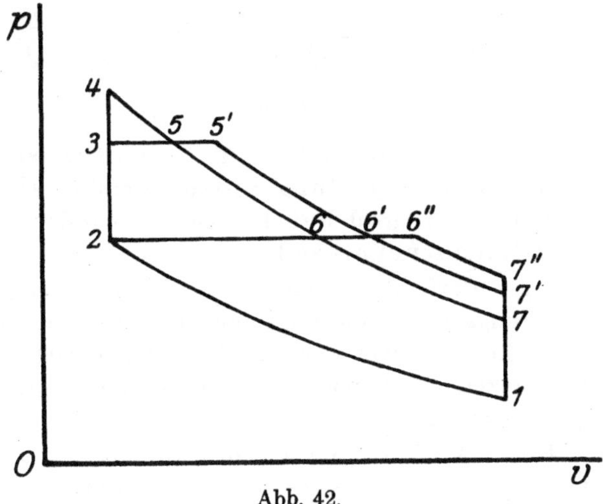

Abb. 42.

$$\Box\,(1\,2\,4\,7)>\Box\,(1\,2\,3\,5\,7),$$

so folgt, daß:

$$Q_1 + Q_2' > Q_1 + Q_2''.$$

Vergleichen wir diese zwei Prozesse bei derselben Anfangstemperatur T_1, demselben Verdichtungsgrad ε und derselben Wärmezufuhr $Q = Q_1 + Q_2'$, dann muß der Punkt 5' für den kombinierten Prozeß, da $Q_1 + Q_2' > Q_1 + Q_1''$, außerhalb der Adiabate 4—7 liegen, so daß die Endtemperatur in Punkt 7' größer als in Punkt 7 ist.

Für den kombinierten Prozeß 1 2 3 5' 7' ergibt sich also:

$$Q_1 + Q_2' = A \,\Box\, 1\,2\,3\,5'7' + U_7' - U_1 \quad \ldots \ldots \text{ (b)}$$

Für den Gleichdruckprozeß 1 2 6' 7' erhalten wir:

$$Q_2 = A \,\Box\, 1\,2\,6'7' + U_7' - U_1.$$

Da aber

$$\Box\, 1\,2\,3\,5'7' > \Box\, 1\,2\,6'7',$$

so ist

$$Q_1 + Q_2' > Q_2.$$

Führen wir wiederum dem Gleichdruckprozeß dieselbe Wärme $Q_1 + Q_2'$ wie dem kombinierten Prozeß zu, dann muß der Punkt 6" außerhalb der Adiabate 6'—7' liegen, so daß die Endtemperatur in Punkt 7" größer als in Punkt 7' ist.

Für den Gleichdruckprozeß 1 2 6" 7" gilt also:

$$Q_1 + Q_2' = A \,\Box\, 1\,2\,6''7'' + U_7'' - U_1, \quad \ldots \ldots \text{ (c)}$$

und damit:

$$1 - \frac{U_7{}'' - U_1}{Q_1 + Q_2{}'} < 1 - \frac{U_7{}' - U_1}{Q_1 + Q_2{}'} < 1 - \frac{U_7 - U_1}{Q_1 - Q_2{}'}.$$

$$\eta_{\text{Gleichdruck}} < \eta_{\text{Komb.}} < \eta_{\text{Verp.}},$$

mit anderen Worten: bei denselben T_1, ε und Q ist der Wirkungsgrad bei dem Verpuffungsprozeß größer als bei dem kombinierten Prozeß, und bei letzterem wiederum größer als bei dem Gleichdruckprozeß.

Von hier aus darf jedoch nicht der Schluß gezogen werden daß der Verpuffungsprozeß im allgemeinen besser als der Gleichdruckprozeß ist. In der Folge werden wir vielmehr zeigen, daß sich der Gleichdruckprozeß unter gewissen Voraussetzungen besser als der Verpuffungsprozeß erweist.

Ist (Abb. 43) 1—4—6—7 ein Gleichdruckprozeß, 1—3—5—6—7 ein kombinierter Prozeß und 1—2—6—7 ein Verpuffungsprozeß mit

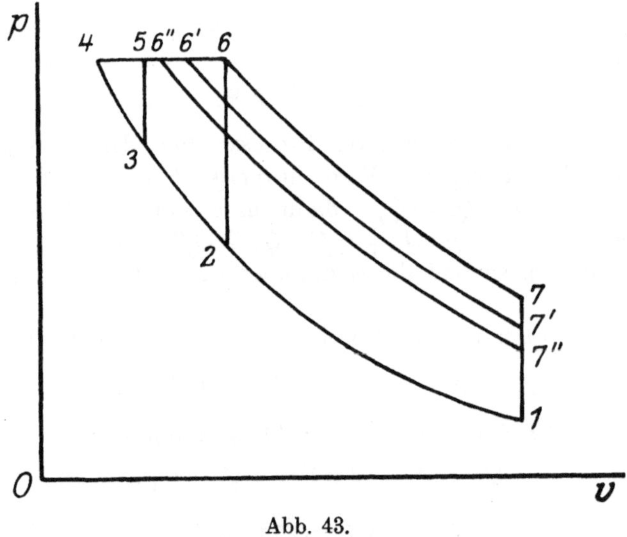

Abb. 43.

demselben höchsten Druck, aber mit verschiedenem Verdichtungsgrad, so ist:

$$Q_2 = A \cdot \square(1467) \; + U_7 - U_1,$$
$$Q_1{}' + Q_2{}' = A \cdot \square(13567) + U_7 - U_1,$$
$$Q_1 = A \cdot \square(1267) \; + U_7 - U_1.$$

Da

$$\square(1467) > \square(13567) > \square(1267),$$

so ist

$$Q_2 > Q_1{}' + Q_2{}' > Q_1.$$

Vergleichen wir diese drei Prozesse bei derselben Wärmezufuhr $Q = Q_1$, dann muß der Endpunkt $6'$ der Wärmezufuhr für den kombinierten Prozeß links von 6 und der Endpunkt $6''$ der Wärmezufuhr für den Gleichdruckprozeß links von $6'$ liegen und deshalb:

$$T_7'' < T_7' < T_7 \quad \text{und auch} \quad U_7'' < U_7' < U_7,$$

also

$$1 - \frac{U_7'' - U_1}{Q} > 1 - \frac{U_7' - U_1}{Q} > 1 - \frac{U_7 - U_1}{Q}$$

oder

$$\eta_{\text{Gleichdruck}} > \eta_{\text{Komb.}} > \eta_{\text{Verp.}},$$

mit anderen Worten: **bei denselben T, Q und $p_{\max}$ hat der Gleichdruckprozeß einen größeren Wirkungsgrad als der Verpuffungsprozeß.**

Wirtschaftlicher Wirkungsgrad. Am Anfang des ersten Teiles haben wir darauf hingewiesen, daß der wirtschaftliche Wirkungsgrad

$$\eta_w = \eta_m \, \eta_{it}$$

ist.

In der Annahme eines adiabatischen Prozesses ist

$$\eta_{it} = \eta_{t \cdot t}.$$

Der wirtschaftliche Wirkungsgrad einer Maschine ist also nicht nur von dem thermischen, sondern auch von dem mechanischen Wirkungsgrad abhängig.

Für den theoretischen thermischen Wirkungsgrad war festgestellt worden, daß er mit Zunahme des Verdichtungsgrades, mit Abnahme der Wärmezufuhr (d. h. der Belastung), sowie mit Abnahme des Temperaturkoeffizienten der spezifischen Wärme zunimmt.

Wir müssen jetzt weiterhin untersuchen, in welchem Verhältnis der mechanische Wirkungsgrad zu Verdichtungsgrad, Belastung usw. steht.

Der mechanische Wirkungsgrad ist gleich:

$$\eta_m = \frac{L_B}{L_i}.$$

Da aber die indizierte Arbeit gleich der Summe der Bremsarbeit L_B und der Reibungsarbeit L_r ist, so ist mit

$$L_i = L_B + L_r,$$

$$\eta_m = 1 - \frac{L_r}{L_B} \quad\ldots\ldots\ldots\ldots (50)$$

Bei einer bestimmten Verteilung der Wirkungskräfte, bei angegebener Größe der sich reibenden Teile im Motor, kann man mit ziemlich großer Genauigkeit die Reibungsarbeit, einschließlich auch die Arbeit der Hilfsorgane (Steuerung, Pumpen, Brennstoff- und Luftzufuhr usw.), berechnen. Praktisch wird die Reibungsarbeit als Differenz zwischen Indikator- und Bremsarbeit bestimmt.

Zahlreiche Untersuchungen haben festgestellt, daß die Reibungsarbeit in demselben Motor bei demselben Verdichtungsgrad von der Belastung fast unabhängig ist, so daß dieselbe für die Zwecke der praktischen Technik als konstant angesehen werden kann. Es folgt dann aus Formel (50), daß der mechanische **Wirkungsgrad mit der Belastung zunimmt.**

Auf Abb. 44 sind die Kurven des mechanischen Wirkungsgrades für Motoren, bei denen bei voller Belastung der mechanische Wirkungsgrad gleich 0,80, 0,85 und 0,90 ist, angegeben.

Was die Wirkung des Verdichtungsgrades auf den mechanischen Wirkungsgrad anbetrifft, so ist durch Versuche festgestellt worden, daß der mechanische Wirkungsgrad mit Abnahme des Verdichtungsgrades steigt. Der Zusammenhang zwischen dem mechanischen Wirkungs-

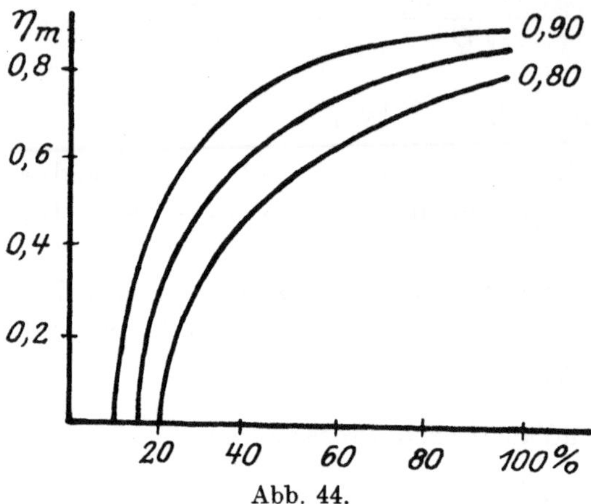
Abb. 44.

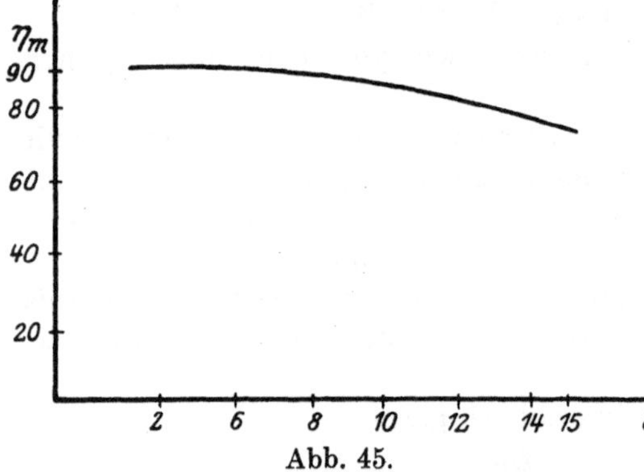
Abb. 45.

grad und dem Verdichtungsgrad ist auf Abb. 45 dargestellt.

Vergleichen wir die Wirkung der Belastung und des Verdichtungsgrades einerseits auf den theoretischen thermischen (indizierten) und andererseits auf den mechanischen Wirkungsgrad das Motors, so sehen wir, daß die beiden ersteren in entgegengesetzter Richtung wirken, nämlich: bei Steigerung des Verdichtungsgrades steigt der thermische und sinkt der mechanische Wirkungsgrad, dagegen sinkt bei Steigerung der Belastung der theoretische und steigt der mechanische Wirkungsgrad.

Um die Beziehung zwischen dem wirtschaftlichen Wirkungsgrad und dem Verdichtungsgrad sowie der Belastung festzustellen, muß man für verschiedene Belastungen und Verdichtungsgrade beide Wirkungsgrade ermitteln, und erst dann diese Beziehung bestimmen.

Wenden wir uns zu den früheren Beispielen und stellen die unter III, S. 107, ausgeführten zusammen, so erhalten wir:

Wärmeverbrauch mQ in WE . .	7000	5000	2400	1000
η_{tt}	0,437	0,446	0,467	0,476
AL in WE	3059	2230	1120	476
AL in $^0/_0$	100	73	36,6	15,66

Aus Abb. 44 erhalten wir die entsprechenden mechanischen Wirkungsgrade, angenommen, daß bei Vollbelastung $\eta_m = 0,90$,

η_m	0,90	0,86	0,73	0,311

und mit η_{tt} berechnen wir:

$\eta_w = \eta_m \cdot \eta_{tt}$	0,393	0,383	0,341	0,160

Aus Beispiel VI, in der Annahme, daß der mechanische Wirkungsgrad bei Vollbelastung $\eta_m = 0,80$, erhalten wir:

Wärmeverbrauch mQ in WE . .	7000	5100	3478	1900
η_{tt}	0,535	0,560	0,580	0,600
AL in WE	3740	2885	2060	1140
AL in $^0/_0$	100	76	54	30
η_m	0,80	0,74	0,63	0,33
η_w	0,428	0,414	0,365	0,200

Auf Grund dieser Beispiele gelangen wir zu dem relativen Schluß, daß der wirtschaftliche Wirkungsgrad von voller Belastung an bis ca. 0,80 fast unverändert bleibt; von etwa $^3/_4$ Belastung an und niedriger fällt er dagegen merklich.

Um die Wirkung des Verdichtungsgrades auf den wirtschaftlichen Wirkungsgrad zu bestimmen, wenden wir uns zu den Beispielen I und IV (S. 106 und 107).

Aus Beispiel I folgt:

ε	5,207	6,31	7,66	8,66
η_t . . .	0,437	0,472	0,525	0,54
η_m . . .	0,91	0,90	0,89	0,87
η_w . . .	0,40	0,425	0,465	0,47

Aus Beispiel IV folgt:

ε	8,66	11,08	13,67
η_t	0,45	0,492	0,535
η_m	0,87	0,85	0,80
η_w	0,39	0,42	0,43

Hieraus ersehen wir, daß der wirtschaftliche Wirkungsgrad mit Erhöhung des Verdichtungsgrades doch steigt.

In dem vorliegenden Kapitel war angenommen, daß das Gas seine physikalischen Eigenschaften während des Prozesses nicht ändert. Wir könnten aber den Prozeß ohne Schwierigkeit verfolgen, so wie er der Wirklichkeit — mit verschiedenen physikalischen Eigenschaften vor und nach Verbrennung — entspricht. Für diesen Zweck genügt es, die Änderung des Temperaturkoeffizienten und des Molekulargewichts bei Verbrennung zu wissen, was in dem nächsten Abschnitt genauer untersucht werden soll.

3. Verbrennung und Zustandsänderungen bei Verbrennung.

Verbrennung. Die Verbrennung ist eine chemische Reaktion, die in der Verbindung von Kohlenstoff C, Wasserstoff H_2 oder Schwefel S mit Sauerstoff O_2 besteht und von einer intensiven Wärmeentwickelung begleitet ist.

Nach vollkommener Verbrennung erhalten wir für Kohlenstoff und Sauerstoff — Kohlensäure CO_2, für Wasserstoff und Sauerstoff — Wasserdampf H_2O und für Schwefel und Sauerstoff — Schwefelsäure SO_2.

In der freien Natur finden sich Kohlenstoff und Wasserstoff meistens in Verbindung mit anderen Körpern; diejenigen Körper, welche eine oder mehrere dieser Elemente in sich enthalten und in eine Verbrennungsreaktion zu treten vermögen, bezeichnen wir als Brennstoffe. Zu diesen gehören z. B.: Kohlenoxyd (CO), Acetylen (C_2H_2), Methan (CH_4) und andere Wasserkohlenstoffe (C_nH_m) usw. (s. Tab. VII) in reinem Zustande oder aber in Beimischung neutraler Gase, d. h. solcher, die in eine Verbrennungsreaktion nicht treten.

Die Brennstoffe werden in den Motoren nicht mit reinem Sauerstoff, sondern mit Luft verbrannt, die eine Mischung von Sauerstoff und Stickstoff darstellt. 1 cbm Luft enthält 0,21 cbm Sauerstoff und 0,79 cbm Stickstoff oder 1 kg Luft — 0,232 kg Sauerstoff und 0,768 kg Stickstoff. Es folgt daraus, daß zur Gewinnung von 1 cbm Sauerstoff $1 : 0,21 = 4,76$ cbm Luft erforderlich ist.

Ladung. Verbrennungsgase. Die frische Ladung im Motor, der mit gasförmigen Brennstoffen arbeitet, besteht aus Luft und aus einem Gasgemisch, dessen mittlere Bestandteile in Tabelle IX angegeben sind.

Nach der Verbrennung erhalten wir statt der Ladung — Verbrennungsprodukte, die sich aus Kohlensäure, Wasserdampf, Stickstoff, der sich in der Luft befand, aus neutralen Gasen der Brennstoffe und dem Luftüberschuß zusammensetzen.

Nach dem Ausschubhub verbleiben in dem Verdichtungsraume noch Abgasreste, die sich späterhin mit der frischen Ladung vermischen und die Arbeitsladung oder, einfacher ausgedrückt, die Ladung des Motors bilden. Letztere besteht somit aus Abgasresten, Brennstoffen und Luft.

Tabelle VII.

$$2\,H_2 + O_2 = 2\,H_2O \quad\quad - \quad + 135\,000\ \text{WE}\ (113\,400\ \text{WE})$$
$$2\,CO + O_2 = \quad - \quad\quad 2\,CO_2 + 136\,000\ \text{„} \quad\quad -$$
$$CH_4 + 2\,O_2 = 2\,H_2O + CO_2 \quad + 213\,000\ \text{„} \quad (191\,400\ \text{WE})$$
$$C_2H_4 + 3\,O_2 = 2\,H_2O + 2\,CO_2 + 336\,000\ \text{„} \quad (314\,400\ \text{„})$$
$$2\,C_2H_2 + 5\,O_2 = 2\,H_2O + 4\,CO_2 + 625\,000\ \text{„} \quad (603\,400\ \text{„})$$
$$C + O_2 = \quad - \quad\quad CO_2 + 97\,000\ \text{„} \quad\quad -$$
$$[2\,C + O_2 = 2\,CO \quad\quad\quad + 58\,000].$$

Verbrennungsformeln. Heizwert. In der vorliegenden Tabelle VII finden sich die Verbrennungsformeln verschiedener Brennstoffe, aus denen die Wärmeentwicklung als auch die Gewichts- und Volumenverhältnisse der in die chemische Vereinigung eintretenden und neugebildeten Körper nicht schwer zu bestimmen sind.

So haben wir z.B. für Wasserstoff: $2\,H_2 + O_2 = 2\,H_2O + 135\,000\,\text{WE}$; d. h., daß 2 Mol. Wasserstoff in Verbindung mit 1 Mol. Sauerstoff 2 Mol. Wasserdampf ergeben, wobei 135 000 WE entwickelt werden. Da 2 Mol. Wasserstoff 4 kg, 1 Mol. Sauerstoff 32 kg und 2 Mol. Wasserdampf 36 kg wiegen, so folgt hieraus, daß für 1 kg Wasserstoff 8 kg Sauerstoff zur Verbrennung erforderlich sind und daß sich hierbei 9 kg Wasserdampf ergeben; die Wärmeentwickelung auf 1 kg Wasserstoff berechnet ist gleich 135 000 : 4 = 33 750 WE. Dieser Wert ist der sog. „obere Heizwert" von 1 kg Wasserstoff, er enthält auch diejenige Wärme, die sich bei der Kondensation der Wasserdämpfe in Wasser ausscheidet.

Bei den Verbrennungsmotoren kommt die Kondensationswärme nicht in Frage, da die Verbrennungsprodukte mit einer Temperatur, die höher als die Dampfsättigungstemperatur ist, aus dem Zylinder ausgeschoben werden; somit kommt das Wasser in die Verbrennungsgase nicht in flüssigem, sondern in überhitztem Zustande.

Der Heizwert vermindert sich in diesem Fall um 600 WE pro kg erhaltenen Wassers (600 WE entsprechen der mittleren Verdampfungswärme eines kg Wassers). Für 2 Mol. = 36 kg Wasser ergibt das 600 × 36 = 21 600 WE. Auf diese Weise können in den Verbrennungsmotoren nur 135 000 — 21 600 = 113 400 WE verwandt werden. Die so umgerechnete Wärmemenge ist in Tabelle VII in Klammern angegeben. Auf 1 kg Wasserstoff bezogen erhalten wir 113 400 : 4 = 28 350, den sog. „unteren Heizwert".

Ähnlich lassen sich aus Tabelle VII auch für andere Gase der Sauerstoffverbrauch, die Gewichte der Verbrennungsgase und der untere Heizwert pro 1 kg berechnen. Sämtliche Angaben sind in Tabelle VIII zusammengefaßt.

Zur Bestimmung der Volumenverhältnisse kommen wir auf das erwähnte Beispiel: $2\,H_2 + O_2 = 2\,H_2O + 113\,400$ zurück. Da 2 Mol. Wasserstoff unter normalen Bedingungen 44,8 cbm, 1 Mol. Sauerstoff 22,4 cbm und 2 Mol. Wasserdampf 44,8 cbm einnehmen, so folgt hieraus, daß für 1 cbm Wasserstoff unter normalen Bedingungen $^1/_2$ cbm Sauerstoff erforderlich ist; es folgt ferner, daß als Verbrennungsprodukt 1 cbm Wasserstoff entsteht und $113\,400 : 44,8 = 2530$ WE entwickelt werden (unterer Heizwert).

Die auf diese Weise berechneten Mengen an Sauerstoff, der für die Verbrennung notwendig ist, an Verbrennungsprodukten in cbm und die unteren Heizwerte in WE pro 1 cbm Brennstoff bei normalen Bedingungen, finden sich auch in Tabelle VIII angegeben.

Tabelle VIII.

	Auf 1 kg Brennstoff ist für die volle Verbrennung an O_2 nötig	Dabei ergeben sich als Verbrennungsgase $H_2O + CO_2$		und wird Wärme entwickelt WE	Auf 1 cbm Brennstoff ist für die volle Verbrennung an O_2 nötig	Dabei ergeben sich als Verbrennungsgase $H_2O + CO_2$		und wird Wärme entwickelt WE
H_2	8	9	—	28350	$\frac{1}{2}$	1	—	2530
CO	$\frac{4}{7}$	—	$\frac{11}{7}$	2430	$\frac{1}{2}$	—	1	3050
CH_4	4	$\frac{9}{4}$	$+\ \frac{11}{4}$	11960	2	2	$+\ 1$	8550
C_2H_4	$\frac{24}{7}$	$\frac{9}{7}$	$+\ \frac{22}{7}$	11230	3	2	$+\ 2$	14000
C_2H_2	$\frac{40}{13}$	$\frac{44}{13}$	$+\ \frac{9}{13}$	11600	$2\frac{1}{2}$	2	$+\ 1$	13500
C	$\frac{8}{3}$	—	$\frac{11}{3}$	8080	—	—	—

Volumenkontraktion. Aus Tabelle VIII ersehen wir, daß bei der Verbrennung von Wasserstoff, Kohlenoxyd und Acetylen eine Volumenkontraktion stattfindet, da das Volumen der Verbrennungsgase V_V kleiner ist als die Summe der Volumina von Brennstoff V_B und Sauerstoff V_S:

$$V_V < V_B + V_S.$$

Da sich das Gewicht dabei nicht verändert

$$G_V = G_B + G_S,$$

so ist:

$$\frac{G_B + G_S}{V_B + V_S} < \frac{G_V}{V_V} \quad \text{oder} \quad \gamma_{BS} < \gamma_V.$$

Damit vergrößert sich das spezifische Gewicht der Verbrennungsprodukte. Mit Zunahme des spezifischen Gewichtes steigt jedoch das Molekulargewicht und vermindert sich die Gaskonstante, was für die Verbrennungsmaschinen von besonderer Bedeutung ist.

Verbrennung von Gasgemischen. Versuche haben gezeigt, daß die Anwesenheit neutraler Gase auf die Wärmeentwickelung und die Entstehung der Verbrennungsprodukte keinen Einfluß hat. Statt reinen Sauerstoff und reinen Brennstoff kann man deshalb atmosphärische Luft — eine mechanische Mischung von Sauerstoff und Stickstoff — und bzw. eine mechanische Mischung von Brennstoff mit neutralen Gasen verwenden.

Wir müssen aber betonen, daß, falls der Brennstoff und Sauerstoff in geringer Menge mit einer verhältnismäßig großen Menge neutraler Gase gut vermischt sind, auch keine Verbrennung vorkommen kann. Der Einfluß neutraler Gase auf den Verbrennungsvorgang wird später genauer untersucht werden.

Was die Brennstoffgemische anbetrifft, so ist erfahrungsgemäß festgestellt worden, daß:

a) eine Mischung von verschiedenen Brennstoffen eine Wärmemenge ausscheidet, die der Summe der von jedem Gase entwickelten Wärme gleichkommt;

b) die für die Verbrennung notwendige Sauerstoff- bzw. Luftmenge der Summe der für jedes Gas erforderlichen Sauerstoff- bzw. Luftmenge gleichkommt;

c) die gesamten Verbrennungsgase sich aus den einzelnen Verbrennungs- und neutralen Gasen zusammensetzen.

Zu dem Vorhergesagten muß hinzugefügt werden, daß die vollständige Verbrennung nur unter den in Tabelle VII angegebenen Verhältnissen stattfindet. Wird mehr Sauerstoff, als zur Verbrennung des betreffenden Brennstoffs erforderlich ist, eingeführt, so bleibt außer den Verbrennungsprodukten noch Sauerstoff zurück und umgekehrt: wird mehr Brennstoff eingeführt, so bleibt ein Teil desselben zurück. Da aber die Verbrennungsmaschinen den Zweck möglichst intensiver Ausnutzung des Brennstoffes verfolgen und Verluste keineswegs wünschenswert sind, so ist es notwendig, in jedem Fall Luft (bzw. Sauerstoff) in einer für die Verbrennung erforderlichen sog. minimalen Menge womöglich noch im Überschuß einzuführen.

Auf Grund obiger Ausführungen (a, b, c) lassen sich eine Reihe von Formeln für die Verbrennung von Gasgemischen, aus Brennstoffen bestehend, die in Tabelle IX angegeben sind, aufstellen. Der Kürze wegen soll das Volumen eines Gases in cbm durch seine chemische Formel in Klammern ausgedrückt werden: (H_2), (CO) usw.

Besteht der Brennstoff auf 1 cbm aus (H_2) cbm Wasserstoff, (CO) cbm Kohlenoxyd, (CH_4) cbm Methan, (O_2) cbm Sauerstoff, so ist sein Heizwert auf 1 cbm gleich:

$$W \text{ WE/cbm} = 2530\,(H_2) + 3050\,(CO) + 8550\,(CH_4) + \ldots \quad (51)$$

Die dazu erforderliche minimale Sauerstoffmenge in cbm/1 cbm Brennstoff ist gleich:

$$\tfrac{1}{2}\,(H_2) + \tfrac{1}{2}\,(CO) + 2\,(CH_4) + 3\,(C_2H_4) + 2\tfrac{1}{2}\,(C_2H_2) + \ldots - (O_2)\,.$$

Ziehen wir in Betracht, daß sich in 4,76 cbm Luft 1 cbm Sauerstoff befindet, so ergibt sich, daß die minimale Luftmenge für die Verbrennung von 1 cbm Brennstoff gleich

$$\begin{aligned} L \text{ cbm} = 4,76\,[&\tfrac{1}{2}\,(H_2) + \tfrac{1}{2}\,(CO) + 2\,(CH_4) + 3\,(C_2H_4) + \\ & + 2\tfrac{1}{2}\,(C_2H_2) + \ldots - (O_2)] \ldots \ldots \quad (52) \end{aligned}$$

ist.

Die Wasserdampf- und Kohlensäuremenge, die sich aus der Verbrennung von 1 cbm Brennstoff mit L cbm Luft ergibt, wird aus folgenden Formeln bestimmt.

$$(H_2O) = (H_2) + 2\,(CH_4) + 2\,(C_2H_4) + 2\,(C_2H_2) + \ldots \quad (53)$$

$$(CO_2) = (CO) + (CH_4) + 2\,(C_2H_4) + (C_2H_2) + \ldots \quad (54)$$

Ferner ist die gesamte Volumenkontraktion:

$$\alpha = \tfrac{1}{2}\,(H_2) + \tfrac{1}{2}\,(CO) + \tfrac{1}{2}\,(C_2H_2) + \ldots \quad (55)$$

und damit das gesamte Volumen der Verbrennungsgase V_V, um die Größe α kleiner als das Volumen $(1 + L)$ der in die Verbrennung eintretenden Teile

$$V_V = 1 + L - \alpha \ldots \ldots \quad (56)$$

Mit Hilfe dieser Formeln ist es nicht schwer, falls die Gaszusammensetzung bekannt ist, das scheinbare Molekulargewicht m und den Temperaturkoeffizienten ζ der spezifischen Wärme der Verbrennungsgase zu bestimmen.

In Tabelle IX sind für die in den Verbrennungsmaschinen am häufigsten angewandten Gasgemische (I—VII) in Vertikalreihen 1—9 folgendes angegeben:

1. Bestand der Gase in cbm pro 1 cbm (kg pro 1 kg),
2. Heizwert (unterer) in WE pro 1 cbm,
3. spezifisches Gewicht,
4. Molekulargewicht (scheinbares),
5. Temperaturkoeffizient der spez. Wärme,
6. minimale Luftmenge in cbm pro 1 cbm,
7. Bestand der Verbrennungsgase bei vollkommener Verbrennung und minimaler Luftzufuhr,
8. Volumenkontraktion,
9. Temperaturkoeffizient der spez. Wärme für Abgase.

Für diejenigen Verbrennungsmaschinen, die mit flüssigem Brennstoff arbeiten, sind die genannten Werte auch mit Hilfe von Tabelle VIII zu ermitteln, wobei wir jedoch von den Angaben für die Gewichtsteile auszugehen haben.

So finden wir z. B. für Naphtha, das bei 1 kg aus 0,135 kg Wasserstoff, 0,860 kg Kohlenstoff und 0,005 kg Rest besteht, folgende Werte:

für den Heizwert pro 1 kg

$$W\,(\mathrm{cal})/1\,\mathrm{kg} = 0{,}135 \cdot 28\,350 + 0{,}860 \cdot 8080 \sim 10\,800,$$

für die erforderliche minimale Sauerstoffmenge pro 1 kg

$$0{,}135 \cdot 8 + 0{,}860 \cdot 8/3 = 3{,}37\,\mathrm{kg} \quad \text{oder} \quad 2{,}36\,\mathrm{cbm}$$

oder für die erforderliche minimale Luftmenge pro 1 kg

$$L\,\mathrm{cbm}/1\,\mathrm{kg} = 2{,}36 \cdot 4{,}76 = 11{,}23\,\mathrm{cbm} \quad \text{oder} \quad 14{,}52\,\mathrm{kg}.$$

Die Verbrennungsprodukte bestehen aus:

Tabelle IX.

	I	II	III	IV	V	VI	VII
		Kraftgas aus			Hoch-ofen-gas	Koks-ofen-gas	Naphtha
	Leuchtgas	Koks	An-thrazit	Brenn-kohle			
		in cbm	pro 1 cbm				kg pro 1 kg
1. Bestand.[1]							
Wasserstoff H_2 . . .	0,485	0,070	0,242	0,160	0,030	0,550	0,135
Kohlenoxyd CO . .	0,070	0,276	0,166	0,200	0,260	0,070	0,860
Stickstoff N_2 . . .	0,0275	0,586	0,459	0,540	0,560	0,015	} 0,005
Sauerstoff O_2 . . .	0,0025	—	—	—	—	—	
Kohlensäure CO_2 .	0,020	0,048	0,113	0,080	0,095	0,012	
Wasserdampf H_2O	—	—	—	—	0,050	0,010	
Methan CH_4 . . .	0,350	0,020	0,020	0,020	0,005	0,320	
Benzol CH	—	—	—	—	—	0,008	
Äthylen C_2H_4 . . .	0,045	—	—	—	—	0,015	
2. WE/1 cbm . . .	5050	1190	1300	1200	900	4850	WE/1 kg = 10800
3. γ_b	0,52	1,20	1,05	1,12	1,25	0,45	
4. m_b	11,52	26,73	23,28	24,88	28,13	10,00	
5. $\zeta_{0/L} : 225 \cdot 10^{-6}$.	4,86	1,372	1,6	1,5	1,6	4,2	$L\dfrac{\mathrm{cbm}}{\mathrm{kg}} = 11{,}23$
6. $L\dfrac{\mathrm{cbm}}{\mathrm{cbm}}$	5,20	1,0	1,15	1,05	0,75	4,70	$L\dfrac{\mathrm{kg}}{\mathrm{kg}} = 14{,}52$

Verbrennungsprodukte von 1 cbm Brennstoff $+ L$ cbm Luft.

	I	II	III	IV	V	VI	VII
7. Bestand.							(cbm 1 kg)
Wasserdampf H_2O	1,275	0,110	0,282	0,200	0,090	1,230	1,50
Kohlensäure CO_2 .	0,530	0,344	0,299	0,300	0,360	0,440	1,60
Zweiatomige Gase .	4,115	1,376	1,364	1,370	1,155	3,715	9,00
	5,920	1,830	1,945	1,870	1,605	5,385	12,10
8. α	0,280	0,170	0,205	0,180	0,145	0,315	$m_v = 29$
9. $\zeta_{1/vv}$	2,0	1,93	2,04	1,96	2,07	1,93	1,9

[1] Vgl. Güldner, Verbrennungskraftmaschine, 3. Aufl., S. 447—457.

$$\begin{array}{lllll}
\text{Wasserdampf} & 0{,}135 \cdot 9 = 1{,}215 \text{ kg} & \text{oder} & 1{,}50 \text{ cbm} \\
\text{Kohlensäure} & 0{,}860 \cdot 11/3 = 3{,}152 \text{ ,,} & \text{,,} & 1{,}60 \text{ ,,} \\
\text{Stickstoff usw.} & \qquad 11{,}153 \text{ ,,} & \text{,,} & 9{,}— \text{ ,,} \\
\hline
& \qquad 15{,}52 \text{ kg} & & 12{,}10 \text{ cbm.}
\end{array}$$

Das scheinbare Molekulargewicht der Verbrennungsprodukte und der Temperaturkoeffizient der spezifischen Wärme sind gleich:

$$m = \frac{18 \cdot 1{,}5 + 44 \cdot 1{,}6 + 28 \cdot 9}{12{,}1} \sim 29 \, ,$$

$$\zeta : (225 \cdot 10^{-6}) = \frac{4 \cdot 1{,}5 + 5 \cdot 1{,}6 + 1 \cdot 9}{12{,}1} = 1{,}9 \, .$$

Diese Werte finden sich ebenfalls in Tabelle IX.

Luftüberschuß. Wir haben schon früher darauf hingewiesen, daß zur Sicherung einer vollständigen Verbrennung des Brennstoffes eine größere Zufuhr an Luft, als die minimal erforderliche, erwünscht ist. Die wirklich zugeführte Luftmenge ist gleich:

$$L' = \nu \cdot L \ \ldots \ldots \ldots \ldots \quad (57)$$

wo $\nu > 1$ den **Luftüberschußgrad** bedeutet.

Die wirkliche frische Ladung von V cbm besteht aus:

$$\begin{array}{ll}
V : (1 + \nu L) \text{ cbm} & \text{Brennstoff,} \\
V L : (1 + \nu L) \quad \text{,,} & \text{minimal notwendige Luft,} \\
V (\nu - 1) L : (1 + \nu L) \quad \text{,,} & \text{Luftüberschuß}
\end{array}$$

oder aus:

$$\begin{array}{ll}
V (1 + L) : (1 + \nu L) \text{ cbm} & \textbf{theoretischer Ladung} \text{ (Brennstoff} \\
& + \text{minimal erforderliche Luft),} \\
V (\nu - 1) L : (1 + \nu L) \quad \text{,,} & \text{Luftüberschuß.}
\end{array}$$

Die wirklichen Verbrennungsprodukte bestehen aus:

$$\begin{array}{ll}
V (1 + L - \alpha) : (1 + \nu L - \alpha) \text{ cbm} & \text{theoretischen Verbrennungsprodukten} \\
& \text{(Produkte der Verbrennung der} \\
& \text{theoretischen Ladung),} \\
V (\nu - 1) L : (1 + \nu L - \alpha) \quad \text{,,} & \text{Luftüberschuß.}
\end{array}$$

Graphische Berechnung von Heizwert, Molekulargewicht und Temperaturkoeffizient ζ bei Verbrennung mit Luftüberschuß. In der Folge werden bezeichnet mit:

$m_{\nu/L}$, $\gamma_{\nu/L}$, $R_{\nu/L}$, $\zeta_{\nu/L}$ = Molekular-, spez. Gewicht, Gaskonstante und Temperaturkoeffizient der spez. Wärme der **Ladung** mit Luftüberschußgrad gleich ν, und bzw. mit:

$m_{\nu/1 \cdot \nu}$, $\gamma_{\nu/1 \cdot \nu}$, $R_{\nu/1 \cdot \nu}$, $\zeta_{\nu/1 \cdot \nu}$ = der **Verbrennungsprodukte** bei vollkommener Verbrennung der obengenannten Ladung.

Bei dieser Bezeichnung entspricht:

$$m_{1/L}, \ \gamma_{1/L}, \ R_{1/L}, \ \zeta_{1/L} \ = \text{der theoretischen Ladung,}$$
$$m_{\sim/L}, \ \gamma_{\sim/L}, \ R_{\sim/L}, \ \zeta_{\sim/L} = \text{der Luft,}$$
$$m_{0/L}, \ \gamma_{0/L}, \ R_{0/L}, \ \zeta_{0/L} \ = \text{dem Brennstoff.}$$

Es ist an und für sich klar, daß bei einem bestimmten Brennstoff den verschiedenen Werten des Luftüberschußgrades ν auch verschiedene Werte des Heizwertes W_ν, des spezifischen Gewichtes (m) und der Temperaturkoeffizient der spezifischen Wärme (ζ_ν) der Ladung wie auch der Verbrennungsprodukte entsprechen. Wie diese Werte graphisch zu ermitteln sind, ist auf Abb. 46 gezeigt.

Wir wählen ein rechteckiges Koordinatensystem und legen auf der Abszissenachse nach links vom Anfangspunkt die Strecke OA ab, welcher der Wert von 1 cbm Brennstoff entsprechen möge; nach rechts — OC entsprechend den Wert L (minimaler Luftbedarf) und ferner $OD\ldots$ gleich νL (wirkliche Luftzufuhr). Auf der Ordinatenachse legen wir die Werte $m_{0/L}$ für Gasgemisch, $m_{\sim/L}$ für Luft (in beliebigem Maßstab) und außerdem die Werte $\zeta_{\sim/L}$ für Luft, $\zeta_{0/L}$ für Brennstoff und $\zeta_{1/1\,V}$ für die theoretischen Verbrennungsprodukte (ebenfalls in beliebigem Maßstab) ab. Alle diese Werte sind Tabelle IX zu entnehmen.

Bestimmung des Molekulargewichtes $(m_{\nu/L})$ der frischen Ladung. Das Molekulargewicht der frischen Ladung bei Luftüberschuß gleich ν ist wie bekannt:

$$m_{\nu/L} = \frac{m_{0/L} \cdot 1 + m_{\sim/L} \cdot \nu L}{1 + \nu L}.$$

Wir ziehen (Abb. 46) eine Vertikale aus der Abszisse νL bis zum Schnitt mit den Horizontalen aus $m_{0/L}$ und $m_{\sim/L}$ in den Punkten 1 und 2, ferner ziehen wir die Strahlen $A\,1$ und $A\,2$. Aus dem Schnittpunkt der letzteren mit der Ordinatenachse in 3 ziehen wir eine Parallele zu $A\,1$ bis zum Schnittpunkt mit der Vertikalen aus C im Punkt III: die Ordinate $\overline{C - III}$ entspricht dem Werte $m_{\nu/L}$ bei angegebenem Luftüberschuß ν.

In der Tat:

$$Ca = 03 = \frac{m_{0/L} \cdot 1}{1 + \nu L},$$

$$1\,b = \frac{m_{\sim L} \cdot \nu L}{1 + \nu L},$$

da aber

$$ab = \overline{3c} = \overline{1 \cdot III},$$

so ist

$$1 b = a\,III,$$

folglich:

$$III\,c = 03 + a\,III = \frac{m_{0/L}\cdot 1 + m_{\sim/L}\cdot v\,L}{1 + v\,L} = m_{v/L}.$$

Verfolgen wir dieselbe Konstruktion für die anderen Werte von v, so finden wir eine Reihe von Punkten, die eine Kurve bilden und den Werten des Molekularvolumens der Ladung m entsprechen (Kurve $m_{v/L}$).

Bestimmung des Molekulargewichtes ($m_{v/1\,v}$) **der Verbrennungsprodukte.** Da das Gewicht der frischen Ladung und der Verbrennungsprodukte dasselbe ist, so haben wir, indem wir mit $\gamma_{v/L}$ und $\gamma_{v/1.V}$ die entsprechenden spezifischen Gewichte bezeichnen:

$$\gamma_{v/L}\cdot V\,(1 + v\,L) = \gamma_{v/1\,V}\cdot V\,(1 + v\,L - a)$$

oder da γ proportional m ist:

$$m_{v/1\,V} = m_{v/L}\cdot \frac{1 + v\,L}{1 + v\,L - a} \quad \ldots \ldots \quad (58)$$

Wir legen auf der Abszissenachse rechts vom Punkt A den Wert der Volumenkontraktion a ab, — und erhalten den Punkt B. Ist I der Punkt einer $m_{v/L}$-Kurve, so verbinden wir ihn mit Punkt B und ziehen aus A eine Parallele zu $B\,I$ bis zum Schnittpunkt II mit der Vertikale aus I. Die Strecke $D\,II$ entspricht, wie es aus der Ähnlichkeit der Dreiecke $A\,D\,II$ und $B\,D\,I$ zu ersehen ist, dem Wert $m_{v/1\,V}$.

Verfolgen wir die Konstruktion weiter, so ergibt sich die $m_{v/1\,V}$-Kurve.

Bezoichnon wir:

$$\frac{m_{v/1\,V}}{m_{v/L}} = \chi \quad \ldots \ldots \ldots \ldots \quad (58\,a)$$

dann ist:

$$\chi = 1 + \frac{a}{1 + v\,L - a} \quad \ldots \ldots \ldots \quad (58\,b)$$

Bei $v = \sim$ ist $\chi = 1$, bei $v = 1$ ist $\chi = \dfrac{1 + L}{1 + L - a}$, so daß wie es leicht aus Tabelle IX zu ersehen ist:

$$1 < \chi < 1{,}2 \quad \ldots \ldots \ldots \ldots \quad (58\,c)$$

Bestimmung des Temperaturkoeffizienten ($\zeta_{v/L}$) **der frischen Ladung.** Der Temperaturkoeffizient ($\zeta_{v/L}$) der frischen Ladung ist, wie bekannt, gleich:

$$\zeta_{v/L} = \frac{\zeta_{0/L}\cdot 1 + \zeta_{\sim/L}\cdot v\,L}{1 + v\,L} \quad \ldots \ldots \quad (59)$$

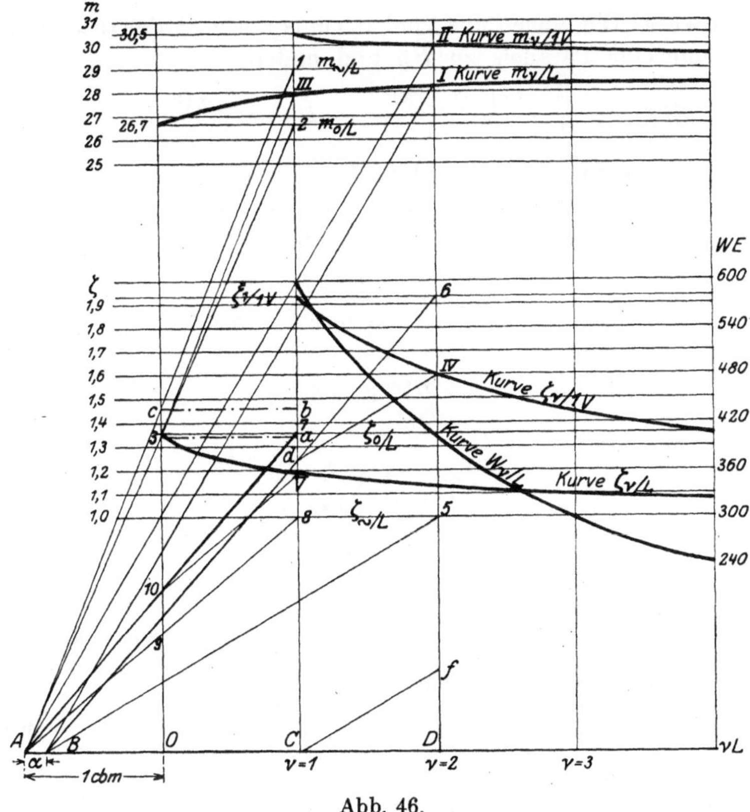

Abb. 46.

Diese Konstruktion ist gleich derjenigen für das Molekulargewicht.
Wir ziehen Strahlen $A\,8$ und $A\,7$ aus den Schnittpunkten der Vertikale aus C mit den Horizontalen $\zeta_{\sim/L}$ und $\zeta_{0/L}$. Durch den Schnittpunkt 10 der Geraden $A\,7$ mit der Ordinatenachse ziehen wir $10 - V$ parallel zu $A\,8$ und bestimmen auf diese Weise:

$$\overline{C\,8} + \overline{9 - 10} = \overline{C\,8} + \overline{8\,V} = \overline{C\,V} = \zeta_{\nu/L}.$$

Bestimmung des Temperaturkoeffizienten ($\zeta_{\nu/1V}$) der Verbrennungsprodukte. Der Temperaturkoeffizient ($\zeta_{\nu/1V}$) der Verbrennungsprodukte ist gleich:

$$\zeta_{\nu/1V} = \frac{\zeta_{1/1V}(1 + L - \alpha) + \zeta_{\sim/L}(\nu - 1)L}{1 + \nu L - \alpha} \qquad . \quad . \quad (60)$$

Wir ziehen aus B die Strahlen $B\,6$ und $B\,5$ durch die Schnittpunkte der Vertikale aus D mit den Horizontalen $\zeta_{1/1V}$ und $\zeta_{\sim/L}$. Durch den Schnittpunkt d der Geraden $B\,6$ mit der Vertikalen, die der theoretischen Luftzufuhr ($\nu = 1$) entspricht, ziehen wir $d\,IV$ parallel zu $B\,5$ und finden somit: $D - IV = \zeta_{\nu/1V}$.

Beweis. Wir ziehen aus Punkt L entsprechend der theoretischen Luftzufuhr eine Parallele zu $B5$ und finden:

$$Cd = \frac{\zeta_{1/1V} \cdot (1 + L - \alpha)}{1 + \nu L - \alpha}; \qquad Df = \frac{\zeta_{\sim/L}(\nu - 1)L}{1 + \nu L - \alpha},$$

$$\overline{DIV} = \overline{Df} + \overline{fIV} = Df + Cd = \zeta_{\nu/1V}.$$

Da $\zeta_{1/1V}$ für die in Tabelle IX genannte Gasmischungen gleich ca. 2 und $\zeta_{\sim/L}$ gleich 1 ist, so ist annähernd

$$\zeta_{\nu/1V} = 1 + \frac{1 + L - \alpha}{1 + \nu L - \alpha} \quad \dots \dots \dots \text{(60a)}$$

Bezeichnen wir mit:

$$\frac{\zeta_{\nu/1V}}{\zeta_{\nu/L}} = \psi' \quad \dots \dots \dots \dots \text{(60b)}$$

dann ist mit (59):

$$\psi = \frac{1 + \dfrac{1 + L - \alpha}{1 + \nu L - \alpha}}{\zeta_{\sim/L} + \dfrac{\zeta_{0/L} - \zeta_{\sim/L}}{1 + \nu L}} \quad \dots \dots \text{(60c)}$$

Bei $\nu = \sim$ ist $\psi = 1$ und bei $\nu = 1$ ist $\varphi = \dfrac{2}{\zeta_{1/L}}$, so daß, wie es leicht aus Tabelle IX zu ersehen ist:

$$1 < \psi < 1{,}75 \quad \dots \dots \dots \text{(60d)}$$

Bestimmung des Heizwertes. Ist der Heizwert von 1 cbm Brennstoff gleich W, so können wir von 1 cbm Ladung, bestehend aus $\dfrac{1}{1 + \nu L}$ cbm Brennstoff und $\dfrac{\nu L}{1 + \nu L}$ cbm Luft

$$W_{\nu/L} = \frac{W}{1 + \nu L}\, \text{WE} \quad \dots \dots \dots \text{(61)}$$

erhalten, wobei $W_{\nu/L}$ den Heizwert der frischen Ladung bedeutet. Aus dieser Formel ersehen wir, daß die Kurve der Heizwerte in bezug auf das Koordinatensystem mit derselben Abszissen- und Ordinatenachse aus Punkt A eine gleichschenklige Hyperbel dargestellt, deren Konstruktion keinerlei Schwierigkeiten bereitet.

Entwurf des Diagrammes in Anbetracht der Veränderung der Gase bei Verbrennung. Nachdem wir die Werte für das Molekulargewicht, für den Temperaturkoeffizient der spez. Wärme und den Heizwert bei verschiedenen Luftüberschüssen ermittelt haben, ist es ganz einfach, das Diagramm des Prozesses zu entwerfen.

Für die Verdichtungsadiabate muß der Wert von ζ für die Arbeitsladung und für die Ausdehnungsadiabate der Wert von ζ für die Verbrennungsprodukte genommen werden.

Wenden wir auf dieses Diagramm die erste graphische Transformation an, so müssen wir für die Adiabate der Arbeitsladung einen der Ladung entsprechenden Wert von der Gaskonstante R und für die Adiabate der Verbrennungsgase einen diesen Gasen entsprechenden Wert R einsetzen.

Das auf diese Weise entworfene theoretische Diagramm des Prozesses entspricht nicht vollkommen dem wirklichen Verlauf des Prozesses, obgleich es sich ihm erheblich nähert: erstens, weil der Verlauf des Prozesses als adiabatisch angenommen und zweitens, weil mit einer vollkommenen und gleichmäßigen Verbrennung gerechnet ist, was mit der Wirklichkeit keineswegs übereinstimmt.

Unvollkommene Verbrennung. Wir haben es bisher nur mit einer vollkommenen Verbrennung des Brennstoffes zu tun gehabt, d. h. einer, in der die Rückstände keine brennbaren, bzw. unverbrannt gebliebenen Stoffe enthielten.

Stellen wir uns einen Fall unvollkommener gleichmäßiger Verbrennung vor, in dem nicht der ganze Brennstoff, sondern nur ein Teil $x < 1$, und von jedem in das Gasgemisch eingehenden Gas der x-te Teil verbrennt, so ist die Volumenkontraktion gleich $x\,\alpha$. Besteht die Ladung aus 1 cbm Brennstoff und $L\,\nu$ cbm Luft, so ist das Volumen der Verbrennungsprodukte gleich: $1 + L\,\nu - x\,\alpha$.

Bezeichnen wir mit $m_{\nu/xV}$ das scheinbare Molekulargewicht der Produkte der unvollkommenen Verbrennung, so erhalten wir:

$$m_{\nu/L}\,(1 + L\,\nu) = m_{\nu/xV}\,(1 + L\,\nu - x\,\alpha),$$

woraus

$$m_{\nu/xV} = \frac{m_{\nu/L}}{1 - \dfrac{x\,\alpha}{1 + \nu\,L}} \quad \ldots \ldots \quad (62)$$

und

$$R_{\nu/xV} = \left(1 - \frac{x\,\alpha}{1 + \nu\,L}\right) R_{\nu/L} \quad \ldots \ldots \quad (63)$$

Mit $x = 1$ in (62) und (63) erhalten wir die Werte für $m_{\nu/1V}$ und $R_{\nu/1V}$, d. h. für die Produkte einer vollkommenen Verbrennung:

$$m_{\nu/1V} = \frac{m_{\nu/L}}{1 - \dfrac{\alpha}{1 + \nu\,L}},$$

$$R_{\nu/1V} = \left(1 - \frac{\alpha}{1 + \nu\,L}\right) R_{\nu/L} \quad \ldots \ldots \quad (64)$$

Bestimmen wir von hier den Wert für $\dfrac{\alpha}{1 + \nu\,L}$ und setzen ihn in (63) ein, so erhalten wir:

$$R_{\nu/xV} = (1 - x)\,R_{\nu/L} + x\,R_{\nu/1\,V} \quad \ldots \ldots (65)$$

eine Formel, die zur Bestimmung der Gaskonstante der Produkte einer unvollkommenen Verbrennung nach der Gaskonstante $R_{\nu/L}$ der Ladung und $R_{\nu/1.V}$ der Produkte vollkommener Verbrennung dient.

Was die Bestimmung von $\zeta_{\nu/x\,V}$ anbetrifft, so weisen wir darauf hin, daß die Produkte der unvollkommenen Verbrennung auf 1 cbm Brennstoff und νL cbm Luft aus:

$x\,(1 + L - \alpha) =$ theoretischen Verbrennungsprodukten mit $\zeta_{1/1\,V}$,

$1 + L\nu - x\,(1 + L) =$ unverbrannter Ladung mit $\zeta_{\nu/L}$

bestehen, folglich

$$\zeta_{\nu/xV} = \frac{x\,(1 + L - \alpha)\,\zeta_{1/1\,V} + [1 + \nu L - x\,(1 + L)]\,\zeta_{\nu/L}}{1 + L\nu - xa}$$

oder

$$\zeta_{\nu/x\,V} = \zeta_{\nu/L} + \frac{x\,(1 + L - \alpha)\,(\zeta_{1/1\,V} - \zeta_{\nu/L})}{1 + L\nu - x\alpha} \quad . \; . \; (66)$$

Es ist selbstverständlich, daß auch der Heizwert bei unvollkommener Verbrennung entsprechend kleiner sein wird.

Chemische Energie. Wie früher erwähnt, bezeichnen wir als den Heizwert eines Brennstoffes die bei der vollkommenen Verbrennung freigewordene Wärmemenge. Die Bestimmung desselben erfolgt gewöhnlich mit Hilfe der kalometrischen Bombe: der in die Bombe unter bestimmter Temperatur eingeführte Brennstoff und Sauerstoff werden durch elektrische Funken entzündet; die sich entwickelte Wärme wird durch die Wände der Bombe dem sich im Kalorimeter befindlichen Wasser mitgeteilt und so lange fortlaufend gemessen, bis die Bombe ihre anfängliche Temperatur wieder erreicht hat. Die ausgeschiedene Wärme bezeichnen wir als den Heizwert, gemessen bei konstantem Volumen und bezogen auf konstante Temperatur.

Da bei dieser Verbrennung keinerlei Volumenveränderung der Gase stattfindet und folglich auch keine äußere Arbeit geleistet wird, so stellt die gesamte entwickelte Wärme ausschließlich eine Veränderung der inneren Energie der Ladung dar.

Bezeichnen wir mit:

$W_{\nu/L}$ den Heizwert von 1 kg Ladung,

$U_{\nu/L}$ und $U_{\nu/1\,V}$ die Konstante der inneren Energie der Ladung und der Verbrennungsprodukte (vgl. Teil I, Abschnitt 3),

dann ist:

$$W_{\nu/L} = \frac{a}{m_{\nu/L}}\,T\left(1 + \frac{\zeta_{\nu/L}}{2}\,T\right) - \frac{a}{m_{\nu/1V}}\,T\left(1 + \frac{\zeta_{v/1V}}{2}\,T\right) + U^0_{\nu/L} - U^0_{\nu/1V} \quad (67)$$

Aus dieser Formel ergibt sich, daß der Heizwert von der Temperatur abhängig ist. Die in Tabelle IX angegebenen Heizwerte beziehen sich auf eine Temperatur $(T = 273^0)$ von 0^0 C.

Es ist ferner leicht zu ersehen, daß die Differenz der Wärmeenergien der Ladung und der Verbrennungsprodukte im Verhältnis zum Heizwert W bei diesen und ähnlichen Temperaturen sehr gering ist, besonders wenn es sich nicht um eine Verbrennung mit reinem Sauerstoff, sondern — wie bei den Verbrennungsmaschinen — um Verbrennung mit Luft handelt.

So ist z. B. für die Verbrennung von 1 kg Leuchtgas bei minimaler Luftzufuhr und Temperatur 288^0 abs.:

$$\frac{a}{m_{1/L}}\, T \left(1 + \frac{\zeta_{1/L}}{2} T\right) - \frac{a}{m_{1/1V}}\, T \left(1 + \frac{\zeta_{1/1V}}{2}\, T\right) \sim 2{,}5 \text{ WE},$$

dagegen

$$W_{\text{WE/1 cbm}} = \frac{5050}{1 + 5{,}2} = 815 \text{ WE}$$

und

$$W_{\text{WE/1 kg}} = \frac{22{,}4\, W_{\text{WE/1 cbm}}}{m} = \frac{22{,}4 \cdot 815}{25{,}8} = 710 \text{ WE}.$$

Somit findet eine intensive Wärmeentwicklung nur auf Kosten einer Veränderung der Konstante der inneren Energie U statt. Dieser von Temperatur, Druck, Volumen unabhängige Teil der inneren Energie ist die chemische Energie eines Körpers. Die innere Energie ist daher eine Summe letzterer und der Wärmeenergie. Die Differenz der chemischen Energie der Ladung und der Verbrennungsprodukte $U_{v/L} - U_{v/1V}$ ergibt vor allem die Wärme, die bei der Verbrennung frei wird.

Bei genügender Menge Sauerstoff (Luft) hängt die freigewordene chemische Energie von der Menge und Beschaffenheit des Brennstoffes ab und erreicht augenscheinlich ihr Maximum bei einer völligen Verbrennung des Brennstoffes, wenn die Verbrennungsprodukte weder Wasserstoff, Kohlenstoff noch sonstige Gase mehr enthalten, die in eine weitere Verbrennungsreaktion treten könnten.

Da uns die chemische Energie hier nur soweit interessiert, als sie Wärme entwickelt, so können wir die chemische Energie der Produkte einer vollkommenen Verbrennung gleich Null setzen. Die Formel (67) verändert sich somit:

$$W_{v/L} = \frac{a}{m_{v/L}}\, T \left(1 + \frac{\zeta_{v/L}}{2} T\right) - \frac{a}{m_{v/1V}}\, T \left(1 + \frac{\zeta_{v/1V}}{2}\, T\right) + U_{ch}\,. \quad (68)$$

Erster Satz der Wärmelehre angewandt auf die unvollkommene gleichmäßige Verbrennung. Der Heizwert und folglich auch die chemische Energie ist, wie gesagt, proportional der Brennstoffmenge. Wird bei einer gleichmäßigen unvollkommenen Verbrennung der x-te Teil des Brennstoffes verbrannt, so ist die freigewordene chemische Energie auf 1 kg Ladung gleich $x\,U_{ch}$ und die Formel (68) verändert sich somit:

$$W_{\nu/xV} = \frac{a}{m_{\nu/L}}\,T\left(1 + \frac{\zeta_{\nu/L}}{2}T\right) - \frac{a}{m_{\nu/xV}}\,T\left(1 + \frac{\zeta_{\nu/xV}}{2}T\right) + x\,U_{ch}\ . \quad (69)$$

Die bei der vollkommenen oder unvollkommenen Verbrennung freigewordene Wärme kann folgenderweise verwandt werden:

1) für die Erwärmung der Verbrennungsprodukte von einer Temperatur T bis T', wofür erforderlich sind:

$$\frac{a}{m_{\nu/xV}}\,T'\left(1 + \frac{\zeta_{\nu/xV}}{2}T'\right) - \frac{a}{m_{\nu/xV}}\,T\left(1 + \frac{\zeta_{\nu/xV}}{2}T\right),$$

2) für die Leistung einer äußeren Arbeit in WE gleich:

$$A\,L$$

3) auf den Verlust nach außen:

$$V\ \text{WE}.$$

Somit ist:

$$W_{\nu/xV} = V + A\,L + \frac{a}{m_{\nu/xV}}\,T'\left(1 + \frac{\zeta_{\nu/xV}}{2}T'\right) - \frac{a}{m_{\nu/xV}}\,T\left(1 + \frac{\zeta_{\nu/xV}}{2}T\right),$$

was in Verbindung mit der Gleichung (69) ergibt:

$$V + A\,L + \frac{a}{m_{\nu/xV}}\,T'\left(1 + \frac{\zeta_{\nu/xV}}{2}T'\right) - \frac{a}{m_{\nu/L}}\,T\left(1 + \frac{\zeta_{\nu/L}}{2}T\right) = x\,U_{ch} \quad (70)$$

Wir bezeichnen:

$$U_{\nu/xV/T'} = \frac{a}{m_{\nu/xV}}\,T'\left(1 + \frac{\zeta_{\nu/xV}}{2}T'\right)\ .\ \ .\ \ .\ \ .\quad (71)$$

wobei $U_{\nu/xV/T'}$ die Wärmeenergie bei Temperatur T' der Verbrennungsprodukte nach der Verbrennung des x-ten Teiles des Brennstoffes bedeutet, vorausgesetzt, daß die Ladung vor der Verbrennung einen Luftüberschußgrad ν hatte. Dementsprechend ist $U_{\nu/1V/T}$ die Wärmeenergie der Produkte einer vollkommenen Verbrennung und $U_{\nu/L/T}$ die Wärmeenergie der Ladung bei einer Temperatur T.

Die Gleichung (70) erhält damit folgende Form.

$$V + A\,L + U_{\nu/xV/T'} - U_{\nu/L/T} = x\,U_{ch}\ \ .\ \ .\ \ .\quad (72)$$

und gibt das erste Gesetz der Wärmelehre in Anwendung auf die gleichmäßige unvollkommene Verbrennung wieder.

Dieser Ausdruck erhält eine andere Gestalt, wenn man ihn in Beziehung zu der Wärmeenergie der Produkte der vollkommenen Verbrennung und der Wärmeenergie der Ladung setzt.

Es folgt aus Definition:

$$U_{v/xV/T'} = \frac{a}{m_{v/xV}} T' \left(1 + \frac{\zeta_{v/xV}}{2} T'\right)$$

$$U_{v/L/T'} = \frac{a}{m_{v/L}} T' \left(1 + \frac{\zeta_{v/L}}{2} T'\right).$$

Setzen wir in die erste Gleichung die Werte $m_{v/xV}$ und $\zeta_{n/xV}$ aus Gleichung (62) und (66) und subtrahieren wir die zweite Gleichung, so finden wir:

$$U_{v/xV/T'} - U_{v/L/T'} = -x \cdot \frac{a}{m_{v/L}} \cdot \frac{1}{1+vL} \cdot T' \Big(\alpha +$$

$$+ \frac{(1+L)\zeta_{v/L} - (1+L-\alpha)\zeta_{v/1V}}{2} T'\Big).$$

Dieser Ausdruck ist gültig für alle Werte von x von 0 bis 1. Für $x = 1$ finden wir:

$$U_{v/1V/T'} - U_{v/L/T'} = -\frac{a}{m_{v/L}} \cdot \frac{1}{1+vL} \cdot T' \Big\{\alpha +$$

$$+ \frac{(1+L)\zeta_{v/L} - (1+L-\alpha)\zeta_{v/1V}}{2} T'\Big\},$$

folglich

$$U_{v/xV/T'} - U_{v/L/T'} = x\,(U_{v/1V/T'} - U_{v/L/T'})$$

oder

$$U_{v/xV/T'} = x \cdot U_{v/1V/T'} + (1-x)\,U_{v/L/T'} \quad . \quad . \quad . \quad (73)$$

Gleichung (72) ergibt in Verbindung damit:

$$V + AL + x\,U_{v/1V/T'} + (1-x)\,U_{v/L/T'} - U_{v/L/T} = x\,U_{ch} \quad . (72\,a)$$

Adiabatische gleichmäßige Verbrennung. Setzen wir $V = 0$, wobei die ganze Wärme der Verbrennung auf die Erwärmung der Verbrennungsprodukte und auf die Arbeit ohne Verlust nach außen geht, dann erhalten wir:

$$AL + x\,U_{v/1\,V/T'} + (1-x)\,U_{v/L/T'} - U_{v/L/T} = x\,U_{ch} \quad . \quad (74)$$

was der Gleichung der **adiabatischen gleichmäßigen unvollkommenen Verbrennung** entspricht.

Zustandsänderung bei gleichmäßiger unvollkommener Verbrennung. Die Gaskonstante der Verbrennungsprodukte des x-ten Teiles Brennstoff ist in Formel 65 wiedergegeben. Damit wird die Zustandsgleichung für die eben genannten Verbrennungsprodukte, wie folgt, ausgedrückt:

$$p_x v_x = T_x [(1-x)\,R_{v/L} + x\,R_{v/1V}] \quad . \quad . \quad . \quad . \quad (75)$$

Sehen wir x als veränderlich an, so bedeutet die Gleichung (75) die Zustandsgleichung einer gleichmäßigen Verbrennung. Jedem Augenblick der Verbrennung entspricht ein Wert von x; für den

Anfang der Verbrennung ist $x = 0$, für den Schluß derselben $x = 1$. Bei einem veränderlichen Wert von x stellt die Gleichung (75) nicht mehr eine Fläche dar, sondern eine Schar von Flächen, die, wie auf Abb. 4, eine sattelähnliche Gestalt haben und sich nur durch den Wert von R unterscheiden.

Die Gleichung (75) kann zur Bestimmung der T/v- bzw. p/v-Kurve nach angegebener p/v- bzw. T/v-Kurve allein nicht dienen, da sie den unbekannten Wert x enthält. Daher muß noch eine beliebige Beziehung zwischen v, p, T und x festgestellt werden muß. Für diese Beziehung kommt im allgemeinen die Gleichung (72) oder für den besonderen Fall der adiabatischen Verbrennung die Gleichung (74) in Betracht.

Einige Zustandsänderungen bei gleichmäßiger adiabatischer Verbrennung. Wir untersuchen nun einige Zustandsänderungen bei adiabatischer gleichmäßiger Verbrennung und zwar zunächst einen allgemeinen Fall polytropischer Zustandsänderung.

Die Zustandsgleichung bei der Verbrennung:

$$p_x v_x = T_x \left[(1 - x) R_{v/L} + x R_{v/1V} \right] \quad \ldots \ldots \text{(a)}$$

ergibt für den Anfang der Verbrennung $(x = 0)$:

$$p_0 v_0 = R_{v/L} T_0$$

und für den Schluß $(x = 1)$:

$$p_1 v_1 = R_{v/1V} T_1 \qquad \Big\} \quad \ldots \ldots \text{(b)}$$

Aus der Gleichung der adiabatischen gleichmäßigen Verbrennung:

$$A L_x + x U_{v/1V/T'} + (1 - x) U_{v/L/T'} - U_{v/L/T} = x U_{ch}$$

ergibt sich für den Schluß der Verbrennung $(x = 1)$:

$$A L_1 + U_{v/1V/T'} - U_{v/L/T} = U_{ch} \quad \ldots \ldots \text{(c)}$$

wobei $A L_1$ die Arbeit von Zustand T_0 bis T_1 darstellt.

Die Polytrope der Verbrennung:

$$p_x v_x{}^n = p_0 v_0{}^n \quad \ldots \ldots \ldots \ldots \text{(d)}$$

wird durch die hyperbolische Kurve $p_0 p_1$ (Abb. 47) dargestellt; dagegen wird die entsprechende T/v-Kurve nicht unbedingt durch eine hyperbolische Kurve dargestellt.

In der Tat: aus (a), (b) und (d) erhalten wir:

$$T_x v_x{}^{n-1} = \frac{R_{v/L}}{(1 - x) R_{v/L} + x R_{v/1V}} \cdot T_0 v_0{}^{n-1},$$

woraus zu ersehen ist, daß $T_x v_x{}^{n-1}$ nicht konstant, sondern von x abhängig ist.

Die T/v-Kurve für die Ladung $(x = 0,\ R = R_{v/L})$:

$$T v^{n-1} = T_0 v_0{}^{n-1}$$

wird durch $T_0 T_1'$ (Abb. 47) und für die Verbrennungsprodukte $(x=1, R=R_{\nu/1V})$:

$$T v^{n-1} = \frac{R_{\nu/L}}{R_{\nu/1V}} \cdot T_0 v_0{}^{n-1}$$

durch $T_0' T_1$ dargestellt. Die wirkliche Verbrennungskurve liegt zwischen diesen beiden Kurven und ist durch $T_0 T_1$ dargestellt; ihre Endpunkte ergeben im T/v-Diagramm die Punkte T_0 und T_1.

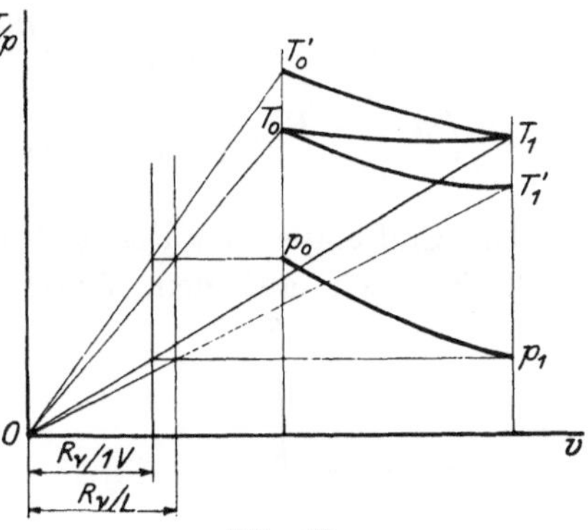

Abb. 47.

Betrachten wir die Kurve $p_0 p_1$ als Polytrope für Verbrennungsgase nach vollkommener Verbrennung $(x=1,\ R=R_{\nu/1V})$, so ist:

$$A L_1 = \frac{A R_{\nu/1V}}{1-n} (T_1 - T_0') \quad \ldots \ldots \quad (e)$$

Für die Bestimmung von T_0' haben wir:

$$p_0 v_0 = R_{\nu/L} T_0 = R_{\nu/1V} \cdot T_0' \quad \text{oder} \quad T_0' = \frac{R_{\nu/L}}{R_{\nu/1V}} \cdot T_0 = \frac{m_{\nu/1V}}{m_{\nu/L}} T_0 \quad . \ (f)$$

Mit (c) auf 1 Mol. Verbrennungsgase $= m_{\nu/1V}$ kg bezogen, in Verbindung mit (f) und (e) erhalten wir:

$$m_{\nu/1V} \cdot U_{\nu/1V/T_1} + \frac{m_{\nu/1V} \cdot A R_{\nu/1V}}{1-n} T_1 =$$

$$= \left(\frac{m_{\nu/1V} \cdot A R_{\nu/1V}}{1-n} T_0 + m_{\nu/L} U_{\nu/L/T_0} \right) \frac{m_{\nu/1V}}{m_{\nu/L}} + m_{\nu/1V} U_{ch},$$

oder da

$$m_{\nu/1V} \cdot R_{\nu/1V} = m_{\nu/L} \cdot R_{\nu/L},$$

so ist:

$$m_{\nu/1V} U_{\nu/1V/T_1} + \frac{m_{\nu/1V} \cdot A R_{\nu/1V}}{1-n} \cdot T_1 =$$

$$= \left(\frac{m_{\nu/L} \cdot A R_{\nu/L}}{1-n} T_0 + m_{\nu/L} \cdot U_{\nu/L/T_0} \right) \frac{m_{\nu/1V}}{m_{\nu/L}} + m_{\nu/1V} U_{ch} \quad . \ (76)$$

Aus dieser Gleichung können wir die Endtemperatur T_1 der Verbrennung berechnen.

In ähnlicher Weise läßt sich die Temperatur auch bei teilweiser Verbrennung bestimmen, wofür Formel (76), wie folgt, umgeschrieben werden muß:

$$m_{v/xV}\,U_{v/xV/Tx} + \frac{m_{v/xV}\cdot A\,R_{v/xV}}{1-n}\,T_x =$$

$$= \left(\frac{m_{v/L}\cdot A\,R_{v/L}}{1-n}\,T_0 + m_{v/L}\,U_{v/L/T_1}\right)\frac{m_{v/xV}}{m_{v/L}} + m_{v/xV}\cdot x\,U_{ch}\ .\quad (77)$$

Die Endtemperatur läßt sich ebenfalls graphisch ermitteln.
Ziehen wir auf dem Wärmediagramm (Abb. 48) die Arbeits-

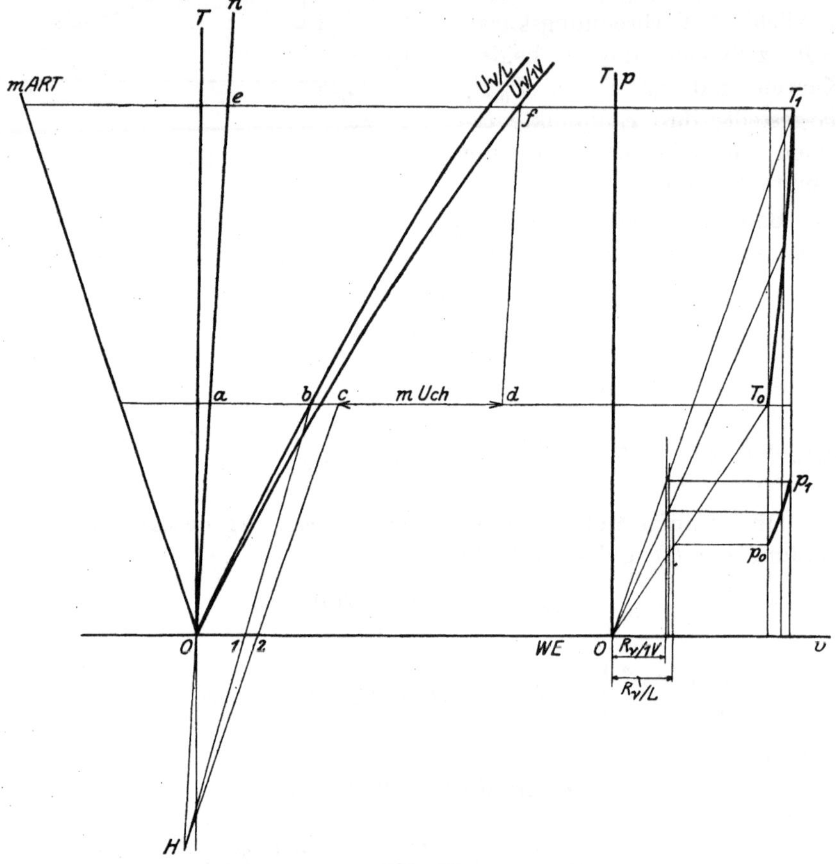

Abb. 48.

kurve für die polytropische Zustandsänderung (Strahl $\overline{on}$), dann ist
die Strecke $\overline{ab}$ zwischen $\overline{on}$ und der Kurve der inneren Energie der
Ladung $O\,U_{v/L}$ gleich:

$$\overline{ab} = \frac{m_{v/L}\cdot A\,R_{v/L}}{1-n}\cdot T_0 + m_{v/L}\,U_{v/L/T_0}.$$

Legen wir auf der Abszissenachse 01 und 02 so, daß

$$\overline{01}:\overline{02} = R_{v/1V}:R_{v/L} = m_{v/L}:m_{v/1V}$$

ab und ziehen wir $\overline{b1}$ bis H und von H durch Punkt 2 die Gerade $\overline{H\,2C}$, so erhalten wir:

$$\overline{ac} = \frac{m_{v/1V}}{m_{v/L}} \cdot \overline{ab}.$$

Legen wir ferner

$$m_{v/1V} \cdot U_{ch} = \overline{cd}$$

ab und durch Punkt d die Gerade $\overline{df}$ parallel zu $\overline{on}$ bis zum Schnitt mit der Kurve der inneren Energie der Verbrennungsprodukte $O\,U_{v/1V}$, so ist (vgl. 76):

$$\cdot ef = \frac{m_{v/1V}}{m_{v/L}} \cdot \overline{ab} + m_{v/1V}\,U_{ch} = m_{v/1V} \cdot U_{v/1V/T_1} + \frac{m_{v/1V} \cdot A\,R_{v/1V}}{1-n}\,T_1,$$

woraus die Endtemperatur T_1 der Verbrennung bestimmt wird.

Für die **isochorische** Verbrennung fällt die Arbeitskurve mit der Abszissenachse OT zusammen. Für die **isobarische** Verbrennung fällt die Kurve der Arbeit mit dem Strahl ART zusammen. Die Endtemperatur beider Verbrennungsarten ermittelt sich wie oben gezeigt.

Für die **isothermische** Verbrennung $T_0 = T_1$ erhalten wir aus Gleichung (76) mit:

$$U_{ch} - U_{v/1V/T} + U_{v/L/T} = W$$

den Wert:

$$\frac{A\,R_{v/1V}}{n-1} \cdot T\left(\frac{R_{v/L}}{R_{v/1V}} - 1\right) = W$$

oder:

$$n = 1 + \frac{A\,T\,(R_{v/L} - R_{v/1V})}{W} \quad\ldots\ldots \quad (87)$$

Es folgt hieraus, daß die isothermische Verbrennung im p/v-Diagramm nicht durch eine gleichschenklige Hyperbel, sondern durch eine Polytrope gekennzeichnet ist. Geht aber die Verbrennung ohne Volumenkontraktion vor sich, so ist:

$$R_{v/L} = R_{v/1V} \quad \text{und} \quad n = 1.$$

Das Ende der Verbrennung ist aus Gleichung:

$$p_1 v_1 \cdot v_1^{n-1} = p_0 v_0 \cdot v_0^{n-1} \quad \text{oder} \quad R_{v/1V} \cdot v_1^{n-1} = R_{v/L}\, v_0^{n-1}$$

zu ermitteln, woraus:

$$\frac{v_1}{v_0} = \left(\frac{R_{v/L}}{R_{v/1V}}\right)^{\frac{W}{A\,T\,(R_{v/L} - R_{v/1V})}} \quad\ldots\ldots \quad (79)$$

Graphische Berechnung des Wirkungsgrades. Nachdem wir gezeigt haben, wie sich der thermische Koeffizient der spezifischen Wärme und das Molekulargewicht während der Verbrennung ändert, und wie die Endtemperaturen der Verbrennung graphisch (Abb. 48) zu ermitteln sind, können wir das Diagramm eines Prozesses in Beziehung auf den theoretischen Verbrennungsvorgang zeichnen.

Ist der Bestand der Ladung, die Anfangstemperatur und der Kompressionsgrad bekannt und damit auch das Molekulargewicht m_1 und der Temperaturkoeffizient der spezifischen Wärme (ζ_1), so ziehen wir von Punkt T_1/v_1 ($v_1 = 1$) eine Adiabate (ζ_1) bis $v_2 = \dfrac{1}{\varepsilon}$, dann finden wir die Anfangstemperatur der Verbrennung.

Nach der Art des Verbrennungsvorganges bestimmen wir, wie oben gezeigt, den Endpunkt der Verbrennung T_3/v_3; von hier aus ziehen wir die Adiabate ζ_2 bis zum Anfangsvolumen v_1. Damit wird die Endtemperatur der Ausdehnung und der Wirkungsgrad des Prozesses ermittelt.

Formeln zur Berechnung des Wirkungsgrades. Auch für diesen Fall läßt sich eine sehr bequeme Formel zur Berechnung des Wirkungsgrades in der Voraussetzung einer Volumenkontraktion und einer Änderung der physikalischen Eigenschaften der Gase vor und nach der Verbrennung ausführen.

Da das kombinierte V.-G.-Verfahren (Gleichdruckverfahren mit Vorverpuffung) eigentlich die meisten praktisch wichtigsten Fälle umfaßt, so begnügen wir uns mit der Untersuchung dieses Verfahrens.

Es bedeuten für den Prozeß (Abb. 36):

m_2 das Molekularvolumen von 1 bis 2 (vor der Verbrennung),

ζ_2 den Temperaturkoeffizient der spez. Wärme (vor der Verbrennung),

m_3 und ζ_3 dieselbe Größe in Punkt 3 (nach teilweiser Verbrennung),

m_4 und ζ_4 dieselbe Größe von 3′ bis 4 und 1 (nach voller Verbrennung).

Bezeichnen wir ferner

$$\frac{v_1}{v_2} = \varepsilon; \qquad \frac{v_{3'}}{v_2} = \varrho; \qquad \frac{p_3}{p_2} = \lambda \quad \ldots \ldots \quad (80)$$

und

$$\frac{m_{3'}}{m_2} = \frac{m_4}{m_2} = \chi; \qquad \frac{\zeta_{3'}}{\zeta_2} = \frac{\zeta_4}{\zeta_2} = \psi \quad \ldots \ldots \quad (81)$$

dann erhalten wir

$$v_2 = \frac{v_1}{\varepsilon}; \qquad v_3 = \frac{v_1}{\varepsilon}; \qquad v_{3'} = \varrho\,\frac{v_1}{\varepsilon} \quad \ldots \ldots \quad (82)$$

Ferner aus:

$$m_2\, p_2\, v_2 = 848\, T_2\,,$$
$$m_3\, p_3\, v_3 = 848\, T_3\,,$$
$$m_{3'}\, p_{3'}\, v_{3'} = 848\, T_{3'}\,;$$

mit (80) und (81):

$$T_3 = \frac{m_3}{m_2}\,\lambda\, T_2\,; \qquad T_3{}' = \chi\,\lambda\,\varrho\, T_2 \quad\ldots\ldots\ (83)$$

Schließlich kommen noch die Gleichungen der Adiabaten 1—2 und 3'—4:

$$T_2\, e^{\frac{\zeta_4}{\psi} T_2} = \varepsilon^{k-1}\, T_1\, e^{\frac{\zeta_4}{\psi} T_1} \quad\ldots\ldots\ (84)$$

$$T_4\, e^{\zeta_4\, T_4} = \chi\,\lambda\,\varrho^k \cdot \frac{1}{\varepsilon^{k-1}} \cdot T_2 \cdot e^{\zeta_4 \chi\,\lambda\,\varrho\, T_2} \quad\ldots\ldots\ (85)$$

Die gesamte auf 1 kg Gas zugeführte Wärme ist:

$$Q = \frac{a}{m_3}\, T_3 \left(1 + \frac{\zeta_3}{2}\, T_3\right) - \frac{a}{m_2}\, T_2 \left(1 + \frac{\zeta_2}{2}\, T_2\right) +$$
$$+ \frac{a}{m_{3'}}\, T_{3'} \left(k + \frac{\zeta_{3'}}{2}\, T_{3'}\right) - \frac{a}{m_3}\, T_3 \left(k + \frac{\zeta_3}{2}\, T_3\right)$$

oder

$$Q = \frac{a}{m_2}\, T_2 \left[(\lambda - 1) + \lambda\, k\, (\varrho - 1) + \frac{\zeta_4}{2}\, T_2 \left(\chi\,\lambda^2\,\varrho^2 - \frac{1}{\psi}\right)\right].$$

Die gesamte geleistete Arbeit auf 1 kg Gas ist:

$$AL = - \frac{a}{m_2}\,(T_2 - T_1) \left[1 + \frac{\zeta_2}{2}\,(T_2 + T_1)\right] +$$
$$+ \frac{a}{m_{3'}}\,(k - 1)\, T_{3'} - \frac{a}{m_3}\,(k - 1)\, T_3 - \frac{a}{m_4}\,(T_4 - T_{3'}) \left[1 + \frac{\zeta_4}{2}\,(T_4 + T_{3'})\right]$$

oder

$$AL = Q - \frac{a}{m_2} \left[\frac{1}{\chi} \cdot T_4 \left(1 + \frac{\zeta_4}{2}\, T_4\right) - T_1 \left(1 + \frac{1}{\psi} \cdot \frac{\zeta_4}{2} \cdot T_1\right)\right].$$

Der Wirkungsgrad des Prozesses ist damit:

$$\eta = 1 - \frac{\dfrac{1}{\chi} \cdot T_4 \left(1 + \dfrac{\zeta_4}{2}\, T_4\right) - T_1 \left(1 + \dfrac{1}{\psi} \cdot \dfrac{\zeta_4}{2} \cdot T_1\right)}{T_2 \left[(\lambda - 1) + \lambda\, k\, (\varrho - 1) + \dfrac{\zeta_4}{2}\, T_2 \left(\chi\,\lambda^2\,\varrho^2 - \dfrac{1}{\psi}\right)\right]}. \quad (86)$$

Entwickeln wir η in eine Maclaurinsche Reihe nach ζ_4 und begnügen wir uns mit den ersten Potenzen von ζ_4, dann erhalten wir:

$$\eta = \varphi(0) + \zeta_4\, \varphi'(0), \quad\ldots\ldots\ (87)$$

wo

$$\eta = \varphi(\zeta_4).$$

Nun ist bei $\zeta_4 = 0$:

$$(T_2)_{\zeta=0} = \varepsilon^{k-1} T_1 \quad \text{und} \quad (T_5)_{\zeta=0} = \chi \lambda \varrho^k T_1$$

und damit

$$\eta_0 = \varphi(0) = 1 - \frac{1}{\varepsilon^{k-1}} \cdot \frac{\lambda \varrho^k - 1}{[(\lambda - 1) + k \lambda (\varrho - 1)]} \quad . \quad . \quad (88)$$

Durch Differenzierung der Gleichung (84) und (85) nach ζ_4 erhalten wir für $\zeta_4 = 0$

$$\left(\frac{\partial T_2}{\partial \zeta_4}\right)_{\zeta=0} = \frac{1}{\psi} T_1{}^2 \cdot \varepsilon^{k-1} (1 - \varepsilon^{k-1})$$

$$\left(\frac{\partial T_5}{\partial \zeta_4}\right)_{\zeta=0} = \chi \lambda \varrho^k T_1{}^2 \left[\frac{1}{\psi}(1 - \varepsilon^{k-1}) + \chi \lambda \varrho \varepsilon^{k-1} - \chi \lambda \varrho^k\right].$$

Differenzieren wir ferner (86) nach ζ_4, dann erhalten wir:

$$\varphi'(0) = \frac{T_1}{2}\left\{-\left(\chi \lambda \varrho^k + \frac{1}{\psi}\right) + \frac{(\lambda \varrho^k - 1)\left(\chi \lambda \varrho^k + \frac{1}{\psi}\right)}{\varepsilon^{k-1}[(\lambda - 1) + k \lambda (\varrho - 1)]}\right\} + \frac{T_1}{2} \Theta$$

und mit (87)

$$\eta = \left[1 - \frac{1}{\varepsilon^{k-1}} \cdot \frac{\lambda \varrho^k - 1}{(\lambda - 1) + k \lambda (\varrho - 1)}\right]\left[1 - \frac{\zeta_4 T_1}{2}\left(\chi \lambda \varrho^k + \frac{1}{\psi}\right)\right] +$$

$$+ \frac{\zeta T_1}{2} \Theta \quad . \quad . \quad . \quad . \quad . \quad . \quad . \quad . \quad (89)$$

wo

$$\Theta = \left(\chi \lambda \varrho^k + \frac{1}{\psi}\right) - \frac{2\left(\chi \lambda^2 \varrho^{k+1} - \frac{1}{\psi}\right)}{\lambda - 1 + k \lambda (\varrho - 1)} + \frac{\lambda \varrho^k \left(\chi - \frac{1}{\psi}\right)}{\varepsilon^{k-1}[(\lambda - 1) + k \lambda (\varrho - 1)]} +$$

$$+ \frac{(\lambda \varrho^k - 1)\left(\chi \lambda^2 \varrho^2 - \frac{1}{\psi}\right)}{[\lambda - 1 + k \lambda (\varrho - 1)]^2} \quad . \quad . \quad . \quad . \quad . \quad (90)$$

Die Werte von λ und ϱ, sowie χ und ψ schwanken in der praktischen Technik:

$$\lambda \text{ von } 1 \text{ bis } 3 \quad (4),$$
$$\varrho \quad \text{\textquotedbl} \quad 1 \text{ \textquotedbl } 2{,}5 \ (3),$$
$$\psi \quad \text{\textquotedbl} \quad 1 \text{ \textquotedbl } 1{,}75 \quad , \ (\text{vgl. } 60\,\text{d})$$
$$\chi \quad \text{\textquotedbl} \quad 1 \text{ \textquotedbl } 1{,}2 \quad , \ (\text{vgl. } 58\,\text{c})$$

dabei sind aber die höchsten Werte für λ und ϱ durch:

$$1 \leqq \lambda \varrho \leqq (3 - 4)$$

begrenzt. Bei diesen Werten ist das Restglied Θ im Verhältnis zu η sehr klein; daher können wir das Glied $\dfrac{\zeta_4 T_1}{2}\,\Theta$ weglassen. Dann erhalten wir:

$$\eta=\left[1-\frac{1}{\varepsilon^{k-1}}\cdot\frac{\lambda\,\varrho^k-1}{\lambda-1+k\,\lambda\,(\varrho-1)}\right]\left[1-\frac{\zeta_4\,T_1}{2}\left(\chi\,\lambda\,\varrho^k+\frac{1}{\psi}\right)\right]\quad(91)$$

Es bedeuten in dieser Formel:

ε den Verdichtungsgrad,

λ den Verbrennungsgrad bei konstantem Volumen,

ϱ den Verbrennungsgrad bei konstantem Druck,

ζ_4 den Temperaturkoeffizient der Verbrennungsgase,

$\chi=\dfrac{m_4}{m_2}$ das Verhältnis der Molekularvolumina des Gasgemisches nach (m_4) und vor (m_2) der Verbrennung,

$\psi=\dfrac{\zeta_4}{\zeta_2}$ das Verhältnis des Temperaturkoeffizients (ζ_4) nach und (ζ_2) vor Verbrennung.

Aus Formel (91) erhalten wir mit $\chi=1$ und $\psi=1$ die Formel (48) und mit $\zeta_4=0$ die Formel (49).

Für den Verpuffungsprozeß erhalten wir aus (91) mit $\varrho=1$:

$$\eta=\left[1-\frac{1}{\varepsilon^{k-1}}\right]\left[1-\frac{\zeta_4\,T_1}{2}\left(\chi\,\lambda+\frac{1}{\psi}\right)\right]\quad\ldots\quad(92)$$

und für den Gleichdruckprozeß mit $\lambda=1$:

$$\eta=\left[1-\frac{1}{\varepsilon^{k-1}}\cdot\frac{\varrho^k-1}{k\,(\varrho-1)}\right]\left[1-\frac{\zeta_4\,T_1}{2}\left(\chi\,\varrho^k+\frac{1}{\psi}\right)\right]\quad.\quad(93)$$

Untersuchen wir Formel (91), (92) oder (93), so kommen wir zu ähnlichen Ergebnissen, wie sie am Schluß des vorigen Kapitels festgestellt wurden:

1) um den indizierten Wirkungsgrad eines Motors zu steigern, muß der Verdichtungsgrad ε möglichst hoch gewählt und die Anfangstemperatur T_1 möglichst niedrig gehalten werden,

2) der indizierte Wirkungsgrad eines Motors ist bei kleineren Belastungen größer als bei voller Belastung,

3) bei angegebenem Verdichtungsgrad ist der Verpuffungsprozeß vorteilhafter, dagegen bei angegebenem maximalen Druck — der Gleichdruckprozeß.

Die Formeln (91), (92) und (93) entsprechen nicht dem praktischen Prozeß in Verbrennungsmotoren, da sie den Verlust auf die Kühlung der Zylinderwände und des Kolbenbodens nicht in Betracht ziehen.

Wenn wir die Wirkung dieses Verlustes mit $\alpha < 1$ bezeichnen, dann erhalten wir:

$$\eta_i = \alpha \left[1 - \frac{1}{\varepsilon^{k-1}} \cdot \frac{\lambda \varrho^k - 1}{\lambda - 1 + k \lambda (\varrho - 1)} \right] \left[1 - \frac{\zeta_4 T_1}{2} \left(\chi \lambda \varrho^k + \frac{1}{\psi} \right) \right] \quad (94)$$

$$(\eta_i)_{\varrho=1} = \alpha \left[1 - \frac{1}{\varepsilon^{k-1}} \right] \left[1 - \frac{\zeta_4 T_1}{2} \left(\chi \lambda + \frac{1}{\psi} \right) \right] \quad \ldots \ldots \quad (95)$$

$$(\eta_i)_{\lambda=1} = \alpha \left[1 - \frac{1}{\varepsilon^{k-1}} \cdot \frac{\varrho^k - 1}{k (\varrho - 1)} \right] \left[1 - \frac{\zeta_4 T_1}{2} \left(\chi \varrho^k + \frac{1}{\psi} \right) \right] \quad . \quad (96)$$

Leider ist bis jetzt theoretisch noch nicht festgestellt worden, wieviel Wärme in der Praxis von dem Prozesse notwendig und genügend abzuziehen ist, um einen zuverlässigen Dauerbetrieb des Motors zu erzielen.

Die Erfahrung der ausgeführten Motoren zeigt, daß ungefähr $30\,^0/_0$ der zugeführten Wärme auf Wasserkühlung verloren gehen. Diese $30\,^0/_0$ setzen sich folgendermaßen zusammen:

1) aus der Wärme, die sich während der Verdichtung, Verbrennung und Ausdehnung durch die Zylinderwände bzw. den Deckel und Kolbenboden dem Wasser mitteilt, und

2) aus der Wärme, die die Auspuffgase ebenfalls demselben Wasser übertragen.

Diesen letzten Verlust an Wärme haben wir bereits bei der Aufstellung der Formeln eingerechnet. Wir müssen deshalb nur einen Teil der $30\,^0/_0$ bei dem Prozeß (Verdichtung, Verbrennung und Ausdehnung) als verloren ansehen.

Mit Hilfe der Formel (94), (95) und (96) wäre es ganz leicht, versuchsweise den Wert α festzustellen. Aus dem Indikatordiagramm eines Motors kann man in der Tat leicht die Werte λ und ϱ ablesen; die Werte χ, ψ und ζ_4 sind aus der Gasanalyse des Gasgemisches vor und nach Verbrennung bekannt, der Wert η_i wird ohne weiteres aus dem Indikatordiagramm und dem Brennstoffverbrauch festgestellt. Auf diese Weise wird dann der Wert α mit Hilfe von Formeln (94—96) ausgerechnet.

Wir wollen vorläufig den Wert α als 0,80 schätzen

$$\alpha = 0{,}80 \quad \ldots \ldots \ldots \ldots \quad (97)$$

Für die vorläufige Berechnung kann bei Vollbelastung durchschnittlich angenommen werden:

a) für Verpuffungsmotore

$$\zeta_4 = 1{,}8 - 1{,}9; \quad \chi = 1{,}08 \,(1{,}05); \quad \psi = 1{,}5 \quad . \quad . \quad (98)$$

b) für Gleichdruckmotore (Dieselmotore)

$$\zeta_4 = 1{,}6 - 1{,}5; \quad \chi = 1{,}00; \quad \psi = 1{,}5 \quad . \quad . \quad . \quad (99)$$

Zur Veranschaulichung der Berechnung führen wir einige Beispiele an.

Beispiel 1.　Verpuffungsmotor.

Es sei:

$$\text{der Verdichtungsgrad} \ldots \quad \varepsilon = 5,5$$

und

$$\text{die Anfangstemperatur} \ldots T_1 = 300^0.$$

Die Endtemperatur der Verdichtung wird bestimmt aus:

$$T_2\, e^{\zeta_1 T_2} = \varepsilon^{k-1}\, T_1\, e^{\zeta_1 T_1}.$$

Mit (98) ist:

$$\zeta_1 = 1,8 \cdot \frac{1}{1,5} = 1,2$$

und aus Tabelle IV erhalten wir:

$$T_1\, e^{\zeta T_1} = 325^0,$$

ferner aus Tabelle VI:

$$\varepsilon^{k-1} = 2,046$$

und schließlich aus Tabelle IV mit $\zeta_2 = 1,2$:

$$T_2\, e^{\zeta T_2} = 325 \cdot 2,046 = 651 \quad \text{und} \quad T_2 \sim 550^0.$$

Soll die Endtemperatur ca. 1800^0 nicht übersteigen, dann ist nach (83):

$$\lambda = \frac{T_3}{T_2} \cdot \frac{1}{\chi} = \frac{1800}{550} \cdot \frac{1}{1,08} = 3$$

und nach (95):

$$\eta = 0,80 \left[1 - \frac{1}{2,04}\right] \left[1 - \frac{1,8 \cdot 225 \cdot 10^{-6} \cdot 300}{2}\left(1,08 \cdot 3 + \frac{1}{1,5}\right)\right] = 0,31.$$

Diesen Wirkungsgrad können wir auch mit Hilfe von Tabelle V direkt berechnen, was zugleich als Kontrolle der oben erhaltenen Größe gelten kann.

Die gesamte zugeführte Wärme auf 1 kg ist:

$$Q = \frac{a}{m_3} T_3\left(1 + \frac{\zeta_4}{2} T_3\right) - \frac{a}{m_2} T_2\left(1 + \frac{\zeta_2}{2} T_2\right)$$

und

$$m_3\, Q = a\, T_3\left(1 + \frac{\zeta_4}{2} T_3\right) - \chi \cdot a\, T_2\left(1 + \frac{\zeta_2}{2} T_2\right).$$

Aus Tabelle V für $T_3 = 1800^0$ und $\zeta_4 = 1,8$ ist:

$$a\, T_3\left(1 + \frac{\zeta_4}{2} T_3\right) = 11\,460,$$

und für $T_2 = 550$ und $\zeta_2 = 1,2$:

$$\chi\, a \cdot T_2 \left(1 + \frac{\zeta_2}{2} T_2\right) = 1{,}08 \cdot 2770 = 3000$$

und damit

$$m_3\, Q = 8460 \ \text{cal}.$$

Die geleistete Arbeit auf 1 kg Gas ist:

$$A L = Q - Q_0,$$

wo

$$Q_0 = \frac{a}{m_3}\, T_4 \left(1 + \frac{\zeta_4}{2} T_4\right) - \frac{a}{m_2}\, T_1 \left(1 + \frac{\zeta_2}{2} T_1\right)$$

oder

$$m_3\, Q_0 = a T_4 \left(1 + \frac{\zeta_4}{2} T_4\right) - \chi \cdot a T_1 \left(1 + \frac{\zeta_2}{2} T_1\right).$$

Die Endtemperatur der Ausdehnung T_4 wird aus Formel:

$$\varepsilon^{k-1}\, T_4\, e^{\zeta_4 T_4} = T_3\, e^{\zeta_4 T_3}$$

mit Hilfe der Tabelle IV gefunden: $T_4 = 1160^0$ und dann aus Tabelle V:

$$m_3\, Q_0 = 6672 - 1562 \sim 5100.$$

und der indizierte Wirkungsgrad:

$$\eta_i = 0{,}80 \cdot \left(1 - \frac{5100}{8460}\right) = 0{,}31.$$

Von hier aus ist es nicht schwer, den mittleren indizierten Druck zu berechnen.

Mit $\eta_i = 0{,}31$ ist die Arbeit auf m_3 kg (1 Mol.) Verbrennungsgase

$$m A L = 8460 \cdot 0{,}31 = 2630 \ \text{cal}$$

und

$$m L = 2630 \cdot 427 \ \text{kgm}.$$

Der mittlere indizierte Druck ist gleich:

$$p_1 = \frac{m L}{m V_1 - m V_2} = \frac{m L}{m V_1 \left(1 - \dfrac{1}{\varepsilon}\right)},$$

wo $m V_1$ das Volumen von 1 Mol. (m_3 kg) Verbrennungsgas bei Temperatur T_1 und Druck p_1 bedeuten.

Aus

$$p_1\, m_3\, V_1 = 848 \ T_1$$

folgt mit:

$$m V_1 = \frac{848 \cdot 300}{p_1}$$

und

$$p_i = \frac{2630 \cdot 427}{848 \cdot 300 \cdot \left(1 - \dfrac{1}{5,5}\right)} p_1$$

oder

$$p_i = 5,4 \; p_1.$$

Ist der Anfangsdruck $p_1 = 0,9$ at, so ist

$$p \sim 5 \text{ at}.$$

Beispiel 2. Dieselmotor.

Es sei:

der Verdichtungsgrad . . . $\varepsilon = 14$

und

die Anfangstemperatur . . $T_1 = 300^0$.

Die Endtemperatur der Verdichtung ist aus

$$T_2 \, e^{\varsigma T_2} = \varepsilon^{k-1} \cdot T_1 \, e^{\varsigma T_1}$$

zu bestimmen.

Mit (99) ist:

$$\zeta_1 = 1,55 \cdot \frac{1}{1,5} = 1,02$$

und aus Tabelle IV:

$$T_1 \, e^{\varsigma T_1} = 321,$$

ferner aus Tabelle VI:

$$\varepsilon^{k-1} = 3,03,$$

und schließlich aus Tabelle IV für $\zeta_1 = 1,02$:

$$T_2 \, e^{\varsigma T_2} = 3,03 \cdot 321 = 972,$$

$$T_2 = 807.$$

Soll die Endtemperatur ca. 1800^0 nicht übersteigen, dann ist nach (83):

$$T_3 = \chi \varrho \, T_2 \quad \text{und} \quad \varrho = \frac{1800}{807} \cdot \frac{1}{1} = 2,23$$

und nach (96):

$$\eta = 0,80 \left[1 - \frac{1}{3,03} \cdot \frac{3,123 - 1}{1,42 \cdot 1,23} \right] \left[1 - \right.$$

$$\left. - \frac{1,55 \cdot 225 \cdot 10^{-6} \cdot 300}{2} (3,123 + 0,66) \right] = 0,39.$$

Den gefundenen Wert von η berechnen wir ebenfalls wie in dem vorhergehenden Beispiel nach Tabelle V.

Die gesamte zugeführte Wärme auf 1 Mol. ($\chi = 1$):

$$m_3\,Q = a\,T_3\left(k + \frac{\zeta_4}{2}\,T_3\right) - a\,T_2\left(k + \frac{\zeta_2}{2}\,T_2\right).$$

Für $T_3 = 1800^0$ und $\zeta_4 = 1{,}55$ erhalten wir:

$$a\,T_3\left(k + \frac{\zeta_4}{2}\,T_3\right) = 14\,556,$$

und für $T_2 = 807$ und $\zeta_2 = 1{,}02$:

$$a\,T_2\left(1 + \frac{\zeta_2}{2}\,T_2\right) = 5700,$$

und damit:

$$m_3\,Q = 8856.$$

Die Endtemperatur der Ausdehnung T_4 wird aus:

$$\left(\frac{\varepsilon}{\varrho}\right)^{k-1} T_4\,e^{\zeta_4 T_4} = T_3\,e^{\zeta_4 T_3},$$

$$\frac{\varepsilon}{\varrho} = \frac{14}{2{,}23} = 6{,}3$$

mit Hilfe von Tabelle IV bestimmt:

$$T_4 = 1080.$$

Die geleistete Arbeit ist: $AL = Q - Q_0$,
und wie früher:

$$m_3\,Q_0 = a\,T_4\left(1 + \frac{\zeta_4}{2}\,T_4\right) - a\,T_1\left(1 + \frac{\zeta_2}{2}\,T_2\right)$$

und mit Tabelle IV:

$$m_3\,Q_0 = 6000 - 1450 = 4550,$$

also der indizierte Wirkungsgrad:

$$\eta_i = 0{,}80\left(1 - \frac{4550}{8856}\right) = 0{,}39.$$

Der mittlere indizierte Druck berechnet sich wie folgt:

$$p = \frac{0{,}39 \cdot 8856 \cdot 427}{848 \cdot 300\left(1 - \frac{1}{14}\right)}\,p_1 = 6{,}25,$$

und mit Anfangsdruck:

$$p_1 = 0{,}95 \text{ at},$$
$$p_i = 6 \text{ at}.$$

Den besprochenen Prozeß sollte man eigentlich als einen Prozeß mit adiabatischer, gleichmäßiger, idealer Verbrennung betrachten, da wir angenommen haben, daß die Ladung homogen sei, indem die Diffusion von Brennstoff und Luft vollständig ist, daß die Verbrennung gleichmäßig und ohne Störungen vor sich geht, daß die Verbrennungsprodukte sofort die bei der Verbrennung entwickelte Wärme vollkommen aufnehmen usw.

Obgleich diese Annahmen nicht völlig der Wirklichkeit entsprechen, so gibt doch die auf diese Weise entworfene Kurve der Verbrennung den wirklichen adiabatischen Verbrennungsvorgang sehr genau wieder.

Es bleibt uns somit zum Entwerfen des Diagramms des adiabatischen Prozesses noch die Bestimmung der Anfangstemperatur des Prozesses und der chemischen Energie der Ladung übrig. Diese Werte können aber ohne Untersuchung des Auspuff- und Saughubes nicht ermittelt werden. Zu der näheren Untersuchung derselben gehen wir im nächsten Abschnitt über.

4. Grenze für Luftüberschuß und Verdichtungsgrad.

Auspuff und Ausschub. Nach Beendigung des Ausdehnungshubes wird das Auspuffventil geöffnet. Der Zylinder steht somit in Verbindung mit der äußeren Atmosphäre. Infolgedessen fällt der Druck bis zum Atmosphärendruck, und die Gase strömen von dem Zylinder aus.

Wie rasch auch die Ausströmung vor sich gehen mag, so kann sie dennoch nicht als adiabatisch angenommen werden. Die Endtemperatur T muß nach einer polytropischen, bzw. nach einer anderen Ausdehnung von dem Druck am Schluß der Ausdehnung bis zum Druck einer Atmosphäre berechnet werden. Es fehlen aber erforderliche Versuchsergebnisse, um den Exponent n der Polytrope oder die Gestalt der Ausdehnungskurve feststellen zu können.

Nach der selbständigen Ausströmung werden die noch zurückgebliebenen Auspuffgase beim Ausschubhub ausgeschoben. Bei diesem Hub wird den wassergekühlten Zylinderwänden von den Auspuffgasen Wärme mitgeteilt. Diese Wärmemenge ist uns aber unbekannt, so daß wir keine Angaben haben, um die Temperatur der im Verbrennungsraum zurückgebliebenen Verbrennungsreste theoretisch bestimmen zu können; daher müssen wir uns an Versuchsangaben halten.

Nun haben Versuche festgestellt, daß bei voller Belastung der Motoren die Temperatur der Auspuffgase, am Auspuffventil gemessen, ca. 650^0—750^0 abs. gleich ist. Andererseits ist die Endtemperatur der Ausdehnung (vgl. Beispiele Abschnitt 2) bei voller Belastung gleich ca. $1200^0 - 1000^0$ abs. Damit können wir sicher feststellen, daß die Temperatur T_{abg} zwischen 1200^0 und 650^0 liegt:

$$1200^0 - 1000^0 > T_{abg} > 650^0 - 750^0.$$

Für kleinere Belastung ist T_{abg} selbstverständlich kleiner.

Der Gasdruck muß am Schluß des Ausschubhubes theoretisch dem atmosphärischen gleich sein; in Wirklichkeit jedoch ist er infolge des Widerstandes beim Durchgang durch die Ventile ein wenig höher und schwankt, wie Versuche gezeigt haben, zwischen 1,08 und 1,15 at.

Auf diese Weise befinden sich zu Beginn des Saughubes in dem Verbrennungsraume V_{abg} cbm Verbrennungsreste mit einem Druck von $p_{abg} = 1,08$ bis 1,15 at und einer Temperatur T_{abg}, die zwischen 1200^0 abs. und 650^0 abs. liegt.

Saughub. Die frische Ladung kann — angenommen, daß der Druck $p_f = 1$ at und die Temperatur $T_f = 288^0$ ist, wie das in den meisten Fällen zutrifft — in den Zylinder erst dann einströmen, wenn der Druck der Verbrennungsreste etwa unter den Atmosphärendruck fällt. Dies geschieht infolge der Ausdehnung der Verbrennungsprodukte bis zum Druck $p_1 < 1$ at beim Rückgang des Kolbens. Ist dieser Druck erreicht, so stellt sich zwischen dem Druck der frischen Ladung und demjenigen im Inneren des Zylinders ein Überdruck $p_f - p_1$ ein, der zur Überwindung der Widerstände, die beim Durchgang der frischen Ladung durch die Ventile entstehen, genügt. Der Druck des Zylindergehaltes (Arbeitsladung) am Ende des Saughubes, angenommen, daß das Saugventil bis zum Schluß des Saughubes geöffnet ist, und keine Drosselung beim Einströmen stattfindet (d. h. daß das Einströmen völlig frei vor sich geht), ist gleich p_1.

Nach Erfahrung ist der Wert p_1 für 4-Takt-Motoren mit gesteuerten Ventilen:

0,88—0,95 at für langsam laufende Motoren,
0,80—0,85 at für schnellaufende Motoren.

Bestimmung der Temperatur bei Beginn des Prozesses. Wir gehen nun zu der Berechnung der Temperatur beim Schluß des Saughubes und der Menge der in den Zylinder eingeführten frischen Ladung über, in der Annahme, daß der Saughub adiabatisch ist. Für die Reste der Verbrennungsprodukte, für frische Ladung und für die Arbeitsladung bezeichnen wir mit:

$$G_{abg}\ G_f\ G_1 = \text{Gewicht in kg,}$$
$$p_{abg}\ p_f\ p_1 = \text{Druck in Atmosphären,}$$
$$T_{abg}\ T_f\ T_1 = \text{absolute Temperatur,}$$

$V_{abg}\ V_f\ V_1 = $ Volumen bei entsprechendem Druck und entsprechenden Temperatur,

$U_{abg}\ U_f\ U_1 = $ Wärmeenergie von 1 kg bei entsprechenden Temperaturen,

$R_{abg}\ R_f\ R_1 = $ Gaskonstante,

$m_{abg}\ m_f\ m_1 = $ Molekulargewicht,

$\zeta_{abg}\ \zeta_f\ \zeta_1 \quad = $ Temperaturkoeffizient der spezifischen Wärme.

V_1 entspricht dem Volumen des Zylinders bei äußerem Totpunkt des Kolbens, V_{abg} entspricht dem Volumen des Zylinders bei innerem Totpunkt des Kolbens, so daß die Differenz $V_1 - V_{abg}$ dem Hubvolumen V_2 gleich ist.

Nach dem Gesetze der Gasmischungen ist:

$$G_1 R_1 = G_{abg} R_{abg} + G_f R_f \quad \ldots \ldots \ldots \text{(a)}$$

und nach den Bedingungen des adiabatischen Saughubes ist die Wärmemenge des Gemisches gleich der Summe der inneren Energien der in die Mischung eingehenden Gase:

$$G_1 U_1 = G_{abg} U_{abg} + G_f U_f$$

oder:

$$\frac{G_1}{m_1}(m_1 U_1) = \frac{G_{abg}}{m_{abg}}(m_{abg} U_{abg}) + \frac{G_f}{m_f} \cdot (m_f U_f) \quad \ldots \quad \text{(b)}$$

Setzen wir in (a):

$$G R = \frac{p V}{T},$$

und in (b):

$$\frac{G}{m} = \frac{p V}{T} \cdot \frac{1}{848},$$

so finden wir:

$$\frac{p_1 V_1}{T_1} = \frac{p_{abg} V_{abg}}{T_{abg}} + \frac{p_f V_f}{T_f}, \quad \ldots \ldots \ldots \text{(a')}$$

$$\frac{p_1 V_1}{T_1}(m_1 U_1) = \frac{p_{abg} V_{abg}}{T_{abg}}(m_{abg} U_{abg}) + \frac{p_f V_f}{T_f}(m_f U_f) \quad \text{(b')}$$

Bezeichnen wir ferner:

$$V_f = \beta V_h,$$

wo β ein Koeffizient und V_h das Hubvolumen bedeuten, also:

$$V_h = V_1 - V_{abg} = (\varepsilon - 1) V_{abg},$$

so erhalten wir:

$$V_1 = \varepsilon V_{abg}; \quad V_f = \beta (\varepsilon - 1) V_{abg};$$

setzen wir letztere Werte in (a') und (b'), so ergibt sich:

$$\frac{p_1\,\varepsilon}{T_1} = \frac{p_{abg}}{T_{abg}} + \frac{p_f\cdot\beta\,(\varepsilon-1)}{T_f}, \quad \ldots \ldots \quad (\mathrm{a}'')$$

$$\frac{p_1\,\varepsilon}{T_1}\,(m_1\,U_1) = \frac{p_{abg}}{T_{abg}}\cdot(m_{abg}\,U_{abg}) + \frac{p_f\cdot\beta\cdot(\varepsilon-1)}{T_f}\,(m_f\,U_f), \quad (\mathrm{b}'')$$

woraus wir β eliminierend erhalten:

$$\frac{\varepsilon\,p_1}{T_1}\,(m_1\,U_1 - m_f\,U_f) = \frac{p_{abg}}{T_{abg}}\cdot(m_{abg}\,U_{abg} - m_f\,U_f).$$

Setzen wir in diese Formel:

$$m_1\,U_1 = a\,T_1 + \frac{a\,\zeta_1}{2}\,T_1{}^2,$$

so erhalten wir:

$$\frac{a\,\zeta_1}{2}\,T_1{}^2 + a\,T_1 - m_f\,U_f = \frac{p_{abg}}{\varepsilon\,p_1}\cdot\frac{T_1}{T_{abg}}\,(m_{abg}\,U_{abg} - m_f\,U_f)$$

oder

$$\frac{a\,\zeta_1}{2}\,T_1{}^2 + \left\{ a - \frac{p_{abg}}{\varepsilon\,p_1\,T_{abg}}\cdot(m_{abg}\,U_{abg} - m_f\,U_f)\right\}\,T_1 - m_f\,U_f = 0. \quad (\mathrm{b}''')$$

Bezeichnen wir:

$$\frac{p_{abg}}{p_1}\cdot\frac{m_{abg}\,U_{abg} - m_f\,U_f}{T_{abg}}\cdot\frac{1}{a} = \mu, \quad \ldots \ldots \quad (100)$$

so geht die Gleichung (b''') über in:

$$\frac{a\,\zeta_1}{2}\,T_1{}^2 + a\left(1 - \frac{\mu}{\varepsilon}\right)\,T_1 - m_f\,U_f = 0 \quad \ldots \ldots \quad (101)$$

Bei der Vorberechnung können wir das erste Glied in Gleichung (101) außer acht lassen, dann ist:

$$T_1 = \frac{m_f\,U_f}{a\left(1 - \dfrac{\mu}{\varepsilon}\right)} \quad \ldots \ldots \ldots \quad (102)$$

Kehren wir zu Gleichung (a'') zurück, so finden wir:

$$\beta = \frac{1}{\varepsilon - 1}\cdot\frac{T_f}{p_f}\cdot\left(\frac{p_1\,\varepsilon}{T_1} - \frac{p_{abg}}{T_{abg}}\right).$$

oder mit Bezeichnung

$$\vartheta_1 = \varepsilon\,\frac{p_1}{p_f}\cdot\frac{T_f}{T_1} \quad \text{und} \quad \vartheta_2 = \frac{p_{abg}}{p_f}\cdot\frac{T_f}{T_{abg}} \quad \ldots \ldots \quad (103)$$

erhalten wir

$$\beta = \frac{\vartheta_1 - \vartheta_2}{\varepsilon - 1} \quad \ldots \ldots \ldots \quad (104)$$

und

$$\frac{\vartheta_2}{\vartheta_1} = \frac{1}{\varepsilon} \cdot \frac{T_1}{T_{abg}} \cdot \frac{p_{abg}}{p_i} \quad \ldots \ldots \ldots \quad (105)$$

Das Volumen der Reste der Verbrennungsprodukte, bezogen auf Druck und Temperatur der frischen Ladung, ist, wie leicht zu ersehen, gleich

$$(V_{abg})_{\substack{p=p_f \\ T=T_f}} = V_{abg} \cdot \frac{p_{abg}}{p_1} \cdot \frac{T_1}{T_{abg}} = \vartheta_2 \, V_{abg} \quad \ldots \quad (106)$$

und das Volumen der frischen Ladung:

$$V_f = \beta \, V_h = \beta \, (\varepsilon - 1) \, V_{abg} = (\vartheta_1 - \vartheta_2) \, V_{abg} \quad . \quad (107)$$

Ist das Verhältnis der Volumina bei demselben Druck und derselben Temperatur (vgl. 106 und 107) bekannt, so ergibt sich das Molekulargewicht m_1 und der thermische Koeffizient der spezifischen Wärme (ζ_1) der Arbeitsladung wie folgt:

$$m_1 = \frac{\vartheta_2 \, V_{abg} \, m_{abg} + (\vartheta_1 - \vartheta_2) \, V_{abg} \, m_f}{\vartheta_2 \, V_{abg} + (\vartheta_1 - \vartheta_2) \, V_{abg}}$$

$$\zeta_1 = \frac{\vartheta_2 \, V_{abg} \, \zeta_{abg} + (\vartheta_1 - \vartheta_2) \, V_{abg} \, \zeta_f}{\vartheta_2 \, V_{abg} + (\vartheta_1 - \vartheta_2) \, V_{abg}}$$

oder

$$m_1 = m_f + \frac{\vartheta_2}{\vartheta_1} (m_{abg} - m_f) \quad \ldots \ldots \quad (108)$$

$$\zeta_1 = \zeta \cdot + \frac{\vartheta_2}{\vartheta_1} (\zeta_{abg} - \zeta_f) \quad \ldots \ldots \quad (109)$$

Nachdem wir den Wert von ζ_1 aus (109) bestimmt haben, ließe sich aus Gleichung (101) der genaue Wert von T berechnen, allein es ist ohne weiteres einzusehen, daß der Wert, den wir aus der Gleichung (101) erhalten, schon hinreichend den Wert von T bestimmt.

Fassen wir das Gesagte zusammen, so ergibt sich, daß, falls der Bestand des Brennstoffes als auch der Luftüberschuß und der Verdichtungsgrad bekannt sind, damit alle Größen für die Berechnung von μ nach Formel (100) gegeben sind: nach Formel (102) finden wir dann T_1, den Anfangspunkt der Verdichtungsadiabate. Der Temperaturkoeffizient der spezifischen Wärme der Arbeitsladung und sein Molekulargewicht lassen sich nach Formel (109) und (108) berechnen.

Da die Zylinderwände während des Ausdehnungshubes und des Ausschubhubes von den Gasen Wärme annehmen, die sie meistenteils dem Kühlwasser, doch auch teilweise der angesaugten frischen Ladung mitteilen, so geht der Saughub in Wirklichkeit nie adiabatisch vor sich. Damit ist die Temperatur am Ende des Saughubes größer, als wie es in der Annahme eines adiabatischen Saughubes vorgesehen ist. Nun läßt sich dieser Fehler in der Weise kompensieren, daß den Abgaseresten, die im Verdichtungsraum bleiben, nicht die wirkliche Temperatur, sondern diejenige, die theoretisch dem Ausdehnungsende entspricht, zugeschrieben wird. Weiterhin soll also T_{abg} für die Vorberechnung gleich T_4 (Beispiele Abschnitt 2) gesetzt werden.

Ermitteln wir mit den so bestimmten Anfangstemperaturen T_1 graphisch oder rechnerisch die Knotenpunkte des Prozesses und kommen wir zur Endtemperatur der Ausdehnung T_4, die sich bedeutend von der angenommenen T_{abg} unterscheidet, so müssen wir den neuen Wert von $(T_{abg})'$ gleich dem mittleren Wert zwischen T_{abg} und T_4 setzen und die Konstruktion bzw. Rechnung wiederholen.

Heizwert der Ladung. Es folgt nun die Bestimmung des Heizwertes auf 1 kg oder auf 1 Mol. der Arbeitsladung.

Das Volumen der eingesaugten frischen Ladung bei Temperatur T_f und p_f ist gleich $(\vartheta_1 - \vartheta_2) V_{abg}$; dieses Volumen bezogen auf den Normalzustand (d. h. Temperatur 273°, Druck 1 at) ist gleich

$$(\vartheta_1 - \vartheta_2) V_{abg} \cdot \frac{273}{T_f} \cdot \frac{p_f}{1\,\text{at}}$$

und das Gewicht ist

$$G_f = \frac{m_f}{22,4} \cdot (\vartheta_1 - \vartheta_2) V_{abg} \cdot \frac{273}{T_f} \cdot \frac{p_f}{1\,\text{at}} \quad \ldots \ldots (110)$$

Das Gewicht der Verbrennungsreste ist gleich:

$$G_{abg} = \frac{m_{abg}}{22,4} \cdot \vartheta_2 V_{abg} \cdot \frac{273}{T_f} \cdot \frac{p_f}{1\,\text{at}} \quad \ldots \ldots \ldots (111)$$

und dasjenige der Arbeitsladung:

$$G_1 = G_f + G_{abg},$$

was mit (108) ergibt:

$$G_1 = \frac{m_1}{22,4} \cdot \vartheta_1 V_{abg} \cdot \frac{273}{T_f} \cdot \frac{p_f}{1\,\text{at}} \quad \ldots \ldots \ldots (112)$$

Aus (110) und (112) ist zu ersehen, daß das Gewicht der frischen Ladung auf 1 kg Arbeitsladung oder, was dasselbe ist, auf 1 kg Verbrennungsprodukte bezogen, gleich ist:

$$\frac{G_f}{G_1} = \left(1 - \frac{\vartheta_2}{\vartheta_1}\right) \frac{m_f}{m_1} \quad \ldots \ldots \ldots (113)$$

Bezeichnen wir mit:

W und W' die Heizwerte des Brennstoffs auf 1 kg bzw. 1 cbm (bei Normalzustand),

L und L' die minimale Luftmenge in kg pro 1 kg und bzw. in cbm auf 1 cbm,

ν den Luftüberschußgrad,

W_{kg} und W_{cbm} die Heizwerte von 1 kg und 1 cbm frischer Ladung, so ist:

$$W_{\mathrm{kg}} = \frac{W}{1 + \nu L} \quad \cdots \cdots \quad (114)$$

$$W_{\mathrm{cbm}} = \frac{W'}{1 + \nu L'} \quad \cdots \cdots \quad (115)$$

$$m_f\, W_{\mathrm{kg}} = 22{,}4\, W_{\mathrm{cbm}} \quad \cdots \cdots \quad (116)$$

Aus dieser Formel mit (113) erhalten wir den auf 1 kg Arbeitsladung oder auf 1 kg Verbrennungsprodukte bezogenen Heizwert in WE:

$$Q_{\mathrm{kg/Ar.\text{-}Lad.}} = \left(1 - \frac{\vartheta_2}{\vartheta_1}\right)\frac{m_f}{m_1}\, W_{\mathrm{kg}} \quad \cdots \cdots \quad (117)$$

$$Q_{\mathrm{kg/Ar.\text{-}Lad.}} = \left(1 - \frac{\vartheta_2}{\vartheta_1}\right)\frac{22{,}4}{m_1}\, W_{\mathrm{cbm}} \quad \cdots \cdots \quad (118)$$

oder denselben in Beziehung auf 1 Mol. Verbrennungsprodukte

$$m_{\nu/1\,V}\, Q_{\nu/1\,V} = \left(1 - \frac{\vartheta_2}{\vartheta_1}\right)\frac{m_{\nu/1\,V}}{m_1}\cdot 22{,}4\, W_{\mathrm{cbm}} \quad \cdots \quad (119)$$

oder

$$(m\, Q) = \left(1 - \frac{\vartheta_2}{\vartheta_1}\right)\chi\cdot 22{,}4\, W_{\mathrm{cbm}}.$$

Wirkungsgrad des Verpuffungsprozesses. Wir gehen nun auf die Bestimmung der thermischen Koeffizienten des Prozesses wieder zurück, indem wir hier auch die Verbrennungsvorgänge und Saugverhältnisse in Betracht ziehen.

Am Anfange des Prozesses ist die Summe der chemischen Energie und der Wärmeenergie auf 1_1 kg Arbeitsladung gleich:

$$(U_{ch} + U_{\nu/L/T_1}).$$

Verläuft der Prozeß adiabatisch, so ist diese Summe gleich der geleisteten Arbeit und der Wärmeenergie am Ende der Ausdehnung, d. h.

$$U_{ch} + U_{\nu/L/T_1} = A L + U_{\nu/1\,V/T_4}$$

oder indem wir von den beiden Seiten denselben Wert $U_{\nu/1\,V/T_1}$ abziehen,

$$U_{ch} + U_{v/L/T_1} - U_{v/1\,V/T_1} = A L + U_{v/1\,V/T_4} - U_{v/1\,V/T_1},$$

von hier aus finden wir:

$$A L = (U_{ch} + U_{v/L/T_1} - U_{v/1\,V/T_1}) - (U_{v/1\,V/T_1} - U_{v/1\,V/T_1}).$$

Der Ausdruck $(U_{ch} + U_{v/L/T_1} - U_{v/1\,V/T_1})$ ist der Heizwert von 1 kg Arbeitsladung bei einer Temperatur T_1 am Schluß des Saughubes. Da diese nicht viel von 288^0 abweicht, so kann man den obengenannten Ausdruck gleich dem Heizwert von 1 kg Arbeitsladung $(Q_{\text{kg/Ar.-Lad.}})$ setzen. Dann finden wir:

$$\eta_t = \frac{A L}{Q_{\text{kg/Ar.-Lad.}}} = 1 - \frac{U_{v/1\,V/T_4} - U_{v/1\,V/T_1}}{Q_{\text{kg/Ar.-Lad.}}} . \qquad (120)$$

oder:

$$\eta_t = 1 - \frac{m_4 U_4 - m_4 U_1}{m_4 Q}.$$

Zur Bestimmung des Wirkungsgrades genügen somit auf dem Diagramm die Punkte T_4 und T_1, da sie die Werte $m_4 U_4$ und $m_4 U_1$ bestimmen. Beide sind der $U_{v/1V}$-Kurve zu entnehmen.

Wirkungsgrad des Gleichdruckprozesses und anderer Prozesse. Die ausgeführten Formeln setzten voraus, daß der Brennstoff beim Saughub zusammen mit der Luft einströmt, was in den Motoren mit gas- oder dampfförmigem Brennstoff der Fall ist. In den Motoren, die mit flüssigem Brennstoff arbeiten, wird dieser nicht während des Saughubes, sondern entweder während des Verdichtungshubes, oder am Ende desselben oder aber am Anfang des Ausdehnungshubes eingeführt. Es fragt sich nun, wie weit die ausgeführten Formeln auf diesen Fall anwendbar sind.

Am Schluß des Auspuffes bleiben im Zylinder auch hier die Verbrennungsprodukte zurück und nach etwaiger Ausdehnung beginnt beim Rückgang des Kolbens das Aussaugen der frischen Luft. Zum Schluß des Saughubes befindet sich im Zylinder ein Gemisch von frischer Luft mit Abgasresten, die sog. Arbeitsluft. Auf diese Weise behalten die Formeln von (100) bis (113) auch hier ihre Gültigkeit, nur mit dem Unterschiede, daß sie sich nicht auf die frische Ladung oder Arbeitsladung beziehen, sondern auf die frische Luft oder die Arbeitsluft.

Bezeichnen wir mit:

g_B Gewicht in kg des eingeführten flüssigen Brennstoffes,

g_P Gewicht der Zusatzluft (in den Fällen, wenn das Einspritzen des Brennstoffes mittels der sog. Pulverisationsluft (Luft bei genügend hohem Druck) vor sich geht),

G_A Gewicht der Arbeitsluft,

G_L Gewicht der frischen Luft,

$\beta = \dfrac{g_P}{G_L}$,   wo $\beta < 1$ das Verhältnis der Gewichte der Pulverisationsluft zu der frischen Luft bedeutet.

In diesem Fall ist das Gewicht der zur Verbrennung stehenden Luft gleich:

$$G_L + g_P = G_L(1 + \beta)$$

und das Gewicht des eingeführten Brennstoffes bei Luftüberschuß gleich ν:

$$g_B = \frac{G_L(1 + \beta)}{\nu L} \quad \dots \dots \dots \quad (121)$$

Das Gesamtgewicht der Verbrennungsprodukte ist gleich:

$$G_A + g_B + g_P$$

oder mit (113):

$$G_A + g_B + g_P = G_L \cdot \frac{1}{\left(1 - \dfrac{\vartheta_2}{\vartheta_1}\right)\dfrac{m_L}{m_A}} + G_L \frac{1 + \beta}{\nu L} + G_L \beta =$$

$$= G_L \cdot \frac{1 + \beta}{\left(1 - \dfrac{\vartheta_2}{\vartheta_1}\right)\dfrac{m_L}{m_A}} \left\{1 + \frac{1}{\nu L} + \tau\right\},$$

wo

$$\tau = \left[\left(1 - \frac{\vartheta_2}{\vartheta_1}\right)\frac{m_L}{m_A} - 1\right]\left[\frac{\beta}{1 + \beta} + \frac{1}{\nu L}\right].$$

Die Größe τ kann im Vergleich mit $1 + \dfrac{1}{\nu L}$ außer acht gelassen werden. In der Tat: der kleinste Wert von $\dfrac{m_L}{m_A}$ ist gleich 0,9, der größte Wert von $\dfrac{m_L}{m_A}$ ist gleich 1; $\dfrac{\vartheta_2}{\vartheta_1} < \dfrac{1}{\varepsilon}$ (vgl. 105) und übersteigt somit bei $\varepsilon = 5$ nicht $\dfrac{1}{5}$; β ist für Motore ohne Pulverisation gleich 0 und für Dieselmotoren etwa $\dfrac{1}{15}$, folglich $\dfrac{\beta}{1 + \beta}$ etwa $\dfrac{1}{16}$ (jedoch ist für die Dieselmotoren $\varepsilon > 12$); der Wert L ist bei flüssigem Brennstoff gegen 15 und der Maximalwert von $1 : \nu L$ gleich $\dfrac{1}{15}$. Auf diese Weise ist $\tau < 0,02 - 0,01$.

Wir können deshalb einfach schreiben:

$$G_A + g_B + g_P = G_L \frac{(1 + \beta)\left(1 + \dfrac{1}{\nu L}\right)}{\left(1 - \dfrac{\vartheta_2}{\vartheta_1}\right)\dfrac{m_L}{m_A}} \quad . \quad . \quad (122)$$

Bezeichnen wir mit W wie früher den Heizwert von 1 kg Brennstoff und mit W_{kg} den Heizwert von 1 kg Gemisch, bestehend aus Brennstoff und Luft im Verhältnis $1 : \nu L$, so erhalten wir mit (114) und (121)

$$g_B W = G_L (1 + \beta)\left(1 + \frac{1}{\nu L}\right) W_{kg} \quad \ldots \quad (123)$$

Dividieren wir (123) durch (122), so erhalten wir die Wärmemenge, die auf 1 kg Verbrennungsprodukte in den Zylinder eingeführt ist:

$$Q_{\nu/1\,V} = \frac{g_B W}{G_A + g_B + g_P} = \left(1 - \frac{\vartheta_2}{\vartheta_1}\right)\frac{m_L}{m_A} \cdot W_{kg} \quad . \quad (124)$$

eine Formel, die an Formel (117) erinnert.

Die Bestimmung des Wirkungsgrades erfolgt auf ähnlichem Wege wie früher, wobei nur in Betracht zu ziehen ist, daß zusammen mit dem Brennstoff und der Pulverisationsluft eine gewisse Wärmemenge und mechanische Energie eingeführt wird.

Zum Schluß der Verdichtung enthält G_A kg Arbeitsluft eine Wärmeenergie $G_A U_A$ und eine mechanische Arbeit $G_A A L_1$ (erworbene absolute Verdichtungsarbeit); zusammen mit g_B kg Brennstoff sind $g_B u_{ch}$ Einheiten chemischer Energie; $g_B u_B$ Wärmeenergie und $g_B A l_B$ Einheiten mechanischer Energie eingeführt; schließlich sind mit g_P kg Pulverisationsluft $g_P u_P$ Einheiten von Wärmeenergie und $G_P A l_P$ Arbeitsenergie eingeführt. Der Energievorrat ist somit am Schluß der Einführung des Brennstoffes gleich:

$$(G_A U_A + g_B u_B + g_P u_P) + (G_A A L_1 + g_B A l_B + g_P A l_P) + g_B u_{ch} \quad (d)$$

Bezeichnen wir mit U_{ch} die chemische Energie bezogen auf 1 kg Verbrennungsprodukte, so wird:

$$g_B u_B = (G_A + g_B + g_P)\, U_{ch} \quad \ldots \ldots \quad (c)$$

Da g_B und g_P im Verhältnis zu G klein genug sind, so entsteht praktisch kein wesentlicher Fehler, wenn wir annehmen, daß:

$$(G_A U_A + g_B u_B + g_P u_P) + (G_A A L_1 + g_B A l_B + g_P A l_P)$$
$$= (G_A + g_B + g_P)(U_A + A L_1).$$

Dann wird der Energievorrat (d) mit (e) gleich:

$$(G_A + g_B + g_P)(U_A + A L_1 + U_{ch}) \quad \ldots \ldots \quad (d)$$

Am Schluß der Ausdehnung wird der Energievorrat gleich sein:

$$(G_A + g_B + g_P)(A L_2 + U_4) \quad \ldots \ldots \quad (e)$$

Da der Prozeß in diesem Zwischenraum adiabatisch verläuft, so erhalten wir durch Vergleich (f) und (d):

$$A L_2 - A L_1 = (U_{ch} + U_{\nu/L/T_1} - U_{\nu/1\,V/T_1}) - (U_{\nu/1\,V/T_4} - U_{\nu/1\,V/T_1}),$$

und in ähnlicher Weise, wie bei der Ausführung der Formel (120):

$$\eta_t = 1 - \frac{U_{v/1\,V/T_4} - U_{v/1\,V/T_1}}{Q_{\text{kg/Verb.}}} \quad \ldots \ldots \quad (125)$$

oder

$$\eta_t = 1 - \frac{m_4\,U_4 - m_4\,U_1}{m_4\,Q_{\text{kg/Verb.}}} \quad \ldots \ldots \quad (126)$$

Mittlerer indizierter Druck. Nach Feststellung des thermischen Wirkungsgrades können wir auch den mittleren theoretischen Druck des Prozesses p_t bestimmen,

$$p_t = \eta_t \cdot \frac{Q}{A\,V_h},$$

hier bedeutet Q die in den Zylinder eingeführte Wärmemenge und V_h das Hubvolumen.

Für Motoren mit Brennstoffeinfuhr beim Saughub haben wir:

$$p_t = \eta_t \cdot \frac{G_1 \cdot Q_{\text{kg/Arb.-Lad.}}}{A \cdot V_h}$$

oder mit (107) und (112)

$$p_t = \eta_t \cdot \frac{Q_{\text{kg/Arb.-Lad.}}}{A} \cdot \frac{\vartheta_1\,V_{abg} \cdot \dfrac{273}{T_f} \cdot \dfrac{p_f}{1\,\text{at}} \cdot \dfrac{m_1}{22,4}}{(\varepsilon - 1)\,V_{abg}},$$

und ferner mit (103)

$$p_t = \eta_t \cdot \frac{m_{v/1\,V} \cdot Q_{\text{kg/Arb.-Lad.}}}{22,4\,A} \cdot \frac{\varepsilon}{\varepsilon - 1} \cdot \frac{p_1}{1\,\text{at}} \cdot \frac{273}{T_1} \cdot \frac{m_1}{m_{v/1\,V}}.$$

Bezeichnen wir kurz:

$$\frac{\varepsilon}{\varepsilon - 1} \cdot \frac{p_1}{1\,\text{at}} \cdot \frac{273}{T_1} \cdot \frac{m_1}{m_{v/1\,V}} = \xi \quad \ldots \ldots \quad (127)$$

so erhalten wir:

$$p_t = \xi \cdot \frac{\eta_t\,(m_{v/1\,V}\,Q_{\text{kg/Arb.-Lad.}})}{22,4\,A} = \xi \cdot \eta_t \cdot \frac{Q_{\text{cbm/Verb.}}}{A} \quad (128)$$

wo $Q_{\text{cbm/Verb.}}$ den Heizwert auf 1 cbm Auspuffgase, auf normale Bedingungen bezogen, bedeutet.

Für Motoren mit Brennstoffeinführung am Schluß der Verdichtung haben wir:

$$p_t = \eta_t \cdot \frac{g_B \cdot W}{A\,V_h}$$

oder mit (124), (107) und (112)

$$p_t = \eta_t\,(1 + \beta)\left(1 + \frac{1}{n\,L}\right)\frac{\varepsilon}{\varepsilon - 1} \cdot \frac{p_A}{1} \cdot \frac{273}{T_A} \cdot \frac{m_A}{m_{v/1\,V}} \cdot \frac{m_{v/1\,V} \cdot Q_V}{22,4\,A}.$$

Führen wir die Bezeichnung:

$$\xi' = \xi\,(1 + \beta)\left(1 + \frac{1}{n\,L}\right) \quad \ldots \ldots \quad (129)$$

ein, wo ξ aus Formel (127) zu bestimmen ist, so finden wir:

$$p_t = \xi' \cdot \eta_t \cdot \frac{m_{\nu/1V}\,Q_{\nu/1V}}{22,4\,A} = \xi' \cdot \eta_t \cdot \frac{Q_{\text{cbm/Verb.}}}{A} \quad \ldots \quad (130)$$

Schlußfolgerungen. Der eben untersuchte adiabatische Prozeß der theoretischen Verbrennung halbidealer Gase zeigt, wie es ohne weiteres aus einer Reihe von Diagrammen ersichtlich ist, dieselbe Abhängigkeit des thermischen Wirkungsgrades von dem Verdichtungsgrade (ε) und von der auf 1 kg Ladung, bzw. auf 1 kg Verbrennungsgase eingeführten Wärmemenge Q, wie der ideale Prozeß eines halbidealen Gases (vgl. Abschnitt 2). Auch die Schlußfolgerungen in bezug auf den wirtschaftlichen Wirkungsgrad, nämlich daß letzterer mit Steigerung des Verdichtungsgrades (ε) und der eingeführten Wärmemenge (Q) (Steigerung der Belastung) zunimmt, sind auch hier gültig.

Die in den Zylinder des Motors eingeführte Gesamtwärme Q hängt einerseits von der Beschaffenheit und andererseits von der Menge der Arbeitsladung ab. Erstere steht wiederum in Abhängigkeit von der Sorte des Brennstoffs und bei demselben Brennstoff von dem Luftüberschußgrad ν. Je größer ν ist, desto weniger Wärme wird aus 1 kg Ladung entwickelt. Die größte Wärmeentwickelung entspricht dem Wert $\nu = 1$. Die Menge der Ladung ist durch das Verhältnis der frischen Ladung zu der Arbeitsladung bestimmt: je größer dieses ist, desto mehr Wärme kann bei Verbrennung entwickelt werden. Das Gewicht der frischen Ladung, auf 1 kg Arbeitsladung bemessen, ist gleich, vgl. (105) und (113),

$$\frac{G_f}{G_1} = \left(1 - \frac{1}{\varepsilon} \cdot \frac{T_1}{T_{abg}} \cdot \frac{p_{abg}}{p_1}\right)\frac{m_f}{m_1},$$

woraus zu ersehen ist, daß die Wärmeentwickelung steigt:

mit Zunahme des Verdichtungsgrades ε,

mit Zunahme des Druckes am Anfange der Verdichtung (beim Schluß des Saughubes) p_1,

mit Abnahme der Temperatur am Schluß des Saughubes T_1,

mit Abnahme des Auspuffdruckes p_{abg}.

Insofern als die Ladung nicht unter künstlichem Druck eingeführt, sondern eingesaugt wird und keine ergänzende Entfernung der Verbrennungsprodukte stattfindet, hängen die Werte p_1 und p_{abg} nur von dem Widerstand der Durchgänge ab. Die Temperatur T_1, die von den Temperaturen T_{abg} am Ende der Ausdehnung und derjenigen der äußeren Atmosphäre abhängig ist, wird um so kleiner, je kleiner letztere ist. Diese aber ist, falls von der künstlichen Kühlung der Ladung abgesehen wird, im Durchschnitt gleich 288^0. Wir haben also bei Normalbedingungen für Erhöhung der Menge der Ladung nur den Wert ε frei, der möglichst hoch gewählt sein muß.

Ziehen wir auch den mittleren theoretischen Druck in Betracht (128 und 130), so ergibt sich, daß derselbe nicht nur mit der Steigerung des Wirkungsgrades, sondern auch mit Zunahme der Wärmezufuhr Q zunimmt. Die Steigerung des mittleren Druckes erhöht aber auch bei denselben Abmessungen die Leistung der Maschine.

Somit haben wir bei denselben Abmessungen und gegebenem Brennstoff zur Steigerung der Leistung des Motors sowie auch seines wirtschaftlichen Wirkungsgrades nur zwei Größen frei: Luftüberschußgrad ν und Verdichtungsgrad ε. Vergrößern wir den Verdichtungsgrad und vermindern wir den Luftüberschußgrad, so erhöhen wir damit sowohl die Leistung des Motors, als auch seinen wirtschaftlichen Wirkungsgrad. Bevor wir die Grenzwerte von ν und ε feststellen, besprechen wir noch kurz die Zweitaktmotoren.

Zweitaktmotoren. Der Ausschub der Verbrennungsprodukte und das Ansaugen der frischen Ladung findet in Zweitaktmotoren am Schluß des Ausdehnungs- und am Anfang des Verdichtungshubes statt. Der Auspuff erfolgt meistens durch Schlitzen am Zylinderkranz, die sich gegenüber dem Hubende des Kolbens befinden. Die Einsaugung geschieht ebenfalls durch ähnliche Schlitzen oder Ventile.

Der Auspuff und das Aussaugen geht folgendermaßen vor sich (vgl. Abb. 49). Am Ende des Ausdehnungshubes (i) öffnet der Kolben die Auspuffschlitzen, und die Verbrennungsprodukte strömen nach außen, wobei ihr Druck augenblicklich bis zum Atmosphärendruck sinkt; am Ende des Druckausgleiches befinden sich im Zylinder die Verbrennungsprodukte unter dem Atmosphärendruck. Bei weiterem Gang des Kolbens öffnen sich die Eingangsschlitzen, durch welche Luft und Gasluftgemisch, die mit

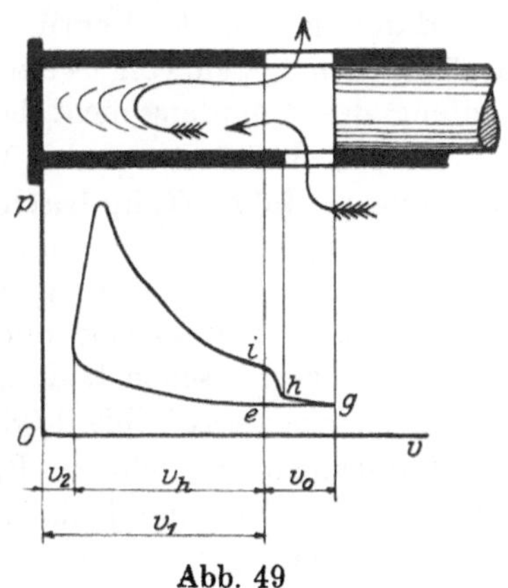

Abb. 49

besonderen Pumpen hereinbefördert sind, eindringen. Diese Spülluft bzw. das Gasluftgemisch muß einen höheren Druck als der im Zylinder herrschende haben, um die noch im Zylinder übrig gebliebenen Verbrennungsprodukte herauszustoßen. Die Spülung muß zugleich nach Möglichkeit ruhig vor sich gehen, um keine Wirbelbewegungen der

Gase im Zylinder hervorzurufen, da diese Bewegungen die Vermischung der noch aus dem Zylinder nicht ausgeschiedenen Verbrennungsprodukte mit der hereinkommenden frischen Ladung begünstigen, so daß zusammen mit den Verbrennungsprodukten ein Teil der frischen Ladung aus dem Zylinder herausgestoßen werden kann. Zur Vermeidung dessen muß der Überdruck des Gasluftgemisches möglichst klein und nur für die Ausspülung genügend sein.

Die Ausspülung des Zylinders und die Einführung der frischen Ladung erfolgt während der Kolbenbewegung von i bis g und zurück von g bis h, wo die Einführung der Ladung aufhört, aber das Ausstoßen der Verbrennungsprodukte noch fortdauert, bis der Kolben im Punkt e angelangt ist.

Nach Schluß des Ausstoßens, d. h. zu Anfang der Verdichtung ist im Zylinder noch die Arbeitsladung mit dem Druck $p = 1,05$ bis $1,08$ at vorhanden.

Es ist schwer vorauszusetzen, daß es mit Hilfe dieses Verfahrens der Spülung des Zylinders gelingen könnte, die Verbrennungsprodukte ganz zu entfernen. Die kurze Zeit der Spülung, der komplizierte Gang, durch den die Ladung während der Spülung durchzugehen hat, die unvermeidliche Vermischung derselben mit den Verbrennungsprodukten und eine ganze Reihe von Nebenursachen spricht dafür, daß die Spülung des Zylinders nicht vollständig sein kann, auch wenn besondere Maßnahmen, wie z. B. eine ergänzende Spülung, Auspuff durch gesteuerte Ventile usw. getroffen worden sind. In den gewöhnlichen Typen von Zweitaktmotoren wird angenommen, daß die Spülung des Zylinders nicht besser als bei den Viertaktmotoren ist.

Es soll bei Anfang der Verdichtung im Zylinder G_{abg} kg Verbrennungsprodukte, G_f kg frische Ladung und folglich $G_1 = G_{abg} + G_f$ Arbeitsladung vorhanden sein. Die Temperatur T_{abg} der gebliebenen Verbrennungsprodukte ist gleich der Temperatur der Ausdehnung bis zum Atmosphärendruck, und der Druck der Verbrennungsprodukte sowie auch der frischen Ladung und der Arbeitsladung kann gleich $p_1 = p_{abg} = p_f = 1,05$ bis $1,08$ at angenommen werden.

Bezeichnen wir durch V_h die Differenz zwischen dem Hubvolumen (V_h) und demjenigen Teil V_0 des Hubvolumens, der den Schlitzen entspricht, so ist

$$(V_h) = V_h + V_0.$$

Ferner ist aus (Abb. 49)

$$V_1 = V_2 + V_h, \qquad V_1 = \varepsilon V_2,$$

wo V_2 das Volumen des Verdichtungsraumes und ε den Verdichtungsgrad bedeutet.

Das Volumen des Verbrennungsrestes ist

$$V_{abg} = \frac{1}{\delta} V_2,$$

.wo δ den Spülungsgrad bezeichnet.

Wiederholen wir dieselben Beweisführungen wie bei den Viertaktmotoren, so ist:

$$T_1 = \frac{m_f U_f}{a\left(1 - \frac{\mu}{\delta\,\varepsilon}\right)} \quad \ldots \ldots \ldots \quad (131)$$

wo μ aus Formel (100) zu bestimmen ist. Ferner unter Beibehaltung der früheren Bezeichnungen und angenommen:

$$\vartheta_2' = \frac{1}{\delta} \cdot \frac{p_{ab}}{p_f} \cdot \frac{T_f}{T_{ab}} \quad \ldots \ldots \ldots \quad (132)$$

finden wir:

$$\frac{\vartheta_2'}{\vartheta_1} = \frac{1}{\delta\,\varepsilon} \frac{T_1}{T_{ab}} \frac{p_{ab}}{p_1} \quad \ldots \ldots \ldots \quad (133)$$

Mit diesen beiden Änderungen sind alle übrigen Formeln dieses Abschnitts auch auf die Zweitaktmotoren anwendbar.

Außer den für die Viertaktmotoren angegebenen Größen hängt die auf 1 kg Arbeitsladung eingeführte Wärmemenge noch von dem Spülungsgrade δ ab und nimmt mit Steigerung der letzteren zu. Das Diagramm des Prozesses für Zweitaktmotoren wird in ähnlicher Weise wie für die Viertaktmotoren mit Verdichtungsgrad ε entworfen. Ebenso wird der Wirkungsgrad und der mittlere indizierte Druck, auf das scheinbare Hubvolumen bezogen, berechnet.

Da zur Berechnung der Hauptdimensionen der Maschinen der mittlere indizierte Druck (p_t), auf das wirkliche Hubvolumen (V_h) bezogen, maßgebend ist, so finden wir diesen aus Gleichung:

$$A L = p_t V_h = (p_t)(V_h).$$

Bezeichnen wir durch γ das Verhältnis der Schlitzenlänge zum Hubvolumen, so erhalten wir:

$$V_0 = \gamma \cdot (V_h)$$

und ferner mit

$$(V_h) = V_h + V_0 \quad \text{erhalten wir} \quad (V_h) = \frac{V_h}{1 - \gamma},$$

und folglich:

$$(p_t) = p_t(1 - \gamma) \quad \ldots \ldots \ldots \quad (134)$$

d. h. der auf das wirkliche Hubvolumen bezogene mittlere Druck ist kleiner als der wirkliche, was beim Vergleich mit Viertaktmotoren nicht zu vergessen ist.

Der Wert γ schwankt bei den Maschinen mit Auspuff durch Schlitzen zwischen 0,15 bis 0,25.

Abhängigkeit des Luftüberschusses und Verdichtungsgrades vom Materialwiderstand. Der Wirkungsgrad des Prozesses und damit des Motors hängen, wie hingewiesen ist, wesentlich von dem Verdichtungsgrad ε und dem Luftüberschußgrad ν ab: je größer der Verdichtungsgrad und je geringer der Luftüberschuß ist, um so ökonomischer arbeitet der Motor. Allein die Vergrößerung des ersteren und die Verminderung des letzteren hat jedoch ihre Grenzen, die einerseits durch den Widerstand des Materials, aus dem die Motoren gebaut sind, und anderseits durch die Erscheinungen bei der wirklichen Verbrennung bedingt sind.

Vom Standpunkt des Materialwiderstandes ist als maximal nur ein derartiger Verdichtungs- und Luftüberschußgrad zulässig, bei dem der Maximaldruck des Prozesses nicht eine gewisse Höhe übersteigt. Bei den üblichen Materialien für Verbrennungsmotoren wird der Druck zur Zeit mit 40—50 Atmosphären angesetzt. Es ist jedoch ohne weiteres verständlich, daß der angegebene Maximaldruck bei Materialien, die eine größere Beanspruchung erlauben, höher sein kann, dagegen bei geringerem Widerstand entsprechend herabgesetzt werden muß. Dabei ist zu beobachten, daß auch die hohen Temperaturen des Prozesses ergänzend eine nicht unbedeutende Beanspruchnahme des Materials hervorrufen können.

Was die Maximaltemperaturen anbetrifft, so kann das Material der Motoren dauernd nicht einmal die hohen Temperaturen aushalten, und es ist deshalb zur Verminderung des Einflusses derselben nötig, eine Kühlung der Zylinderwände, der Deckel und der übrigen mit den heißen Gasen in Berührung kommenden Teile vorzusehen. Damit wird der wirkliche Prozeß in keinem Fall adiabatisch verlaufen.

Indem wir von einer weiteren Behandlung des Materialwiderstandes absehen, gehen wir zu der Erklärung des Zusammenhanges der Erscheinungen der wirklichen Verbrennung mit den Grenzen des Verdichtungsgrades einerseits und des Luftüberschußgrades andererseits über.

Entflammungstemperatur und Grenze des Verdichtungsgrades. Die Verbindung von Sauerstoff mit Brennstoff ist auch bei gewöhnlichen Temperaturen möglich und wird als Oxydation bezeichnet. Diese Reaktionen sind jedoch von langsamer und relativ geringer Wärmeentwickelung begleitet, so daß sie für Verbrennungsmaschinen, wo eine rasche Reaktion mit größerer Wärmeentwickelung (intensive Verbrennung) erforderlich ist, nicht angewandt werden können.

Eine intensive Verbrennung beginnt, wie Versuche gezeigt haben, und wie es häufig beobachtet worden ist, erst bei verhältnismäßig hoher Temperatur. Dabei ist es nicht erforderlich, daß die ganze Menge der in die Reaktion eintretenden Körper bis zu einer bestimmten Temperatur erwärmt ist: eine örtliche Erwärmung auf einem verhältnismäßig kleinen Teile und die hier beginnende Verbrennung mit Wärmeentwickelung genügt meistenteils für die Erwärmung benachbarter Gebiete und somit für einen ununterbrochenen Verlauf der Verbrennung.

Die niedrigste zur Verbrennung erforderliche Temperatur heißt Entflammungstemperatur. Diese darf nicht mit der Temperatur der Verbrennung, die höher als die Entflammungstemperatur ist, verwechselt werden. Wenn die Temperatur bei der Verbrennung aus irgend welchen Gründen unter die Entflammungstemperatur fällt, so hört die Verbrennung damit auf.

In Motoren mit Verbrennung bei konstantem Volumen wird die Entzündung der Arbeitsladung zum Schluß des Verdichtungshubes durch elektrische Funken, durch Glühkörper oder durch eine örtliche Erwärmung der Ladung vollzogen. Bei dieser Art der Entzündung muß die Temperatur am Ende der Verdichtung der Ladung niedriger als die Entflammungstemperatur sein. Im entgegengesetzten Fall, d. h. wenn der Verdichtungsgrad $\varepsilon = \dfrac{v_1}{v_2}$ so hoch ist, daß die Temperatur am Schluß der Verdichtungs-T_2 höher als die Entflammungstemperatur ist, entsteht eine Selbstentzündung der Ladung etwa im Punkt 2′ (Abb. 50), noch bevor der Kolben in den linken toten Punkt trifft.

Mit der Entzündung der Ladung zeigt sich eine Temperatur- und Druckerhöhung. Letztere ist im allgemeinen äußerst gefährlich, da sie einen vorzeitigen Rückgang des Kolbens hervorrufen und damit eine unzulässige Änderung der Drehrichtung verursachen kann. Trifft das nicht ein, so verläuft der Prozeß doch nach

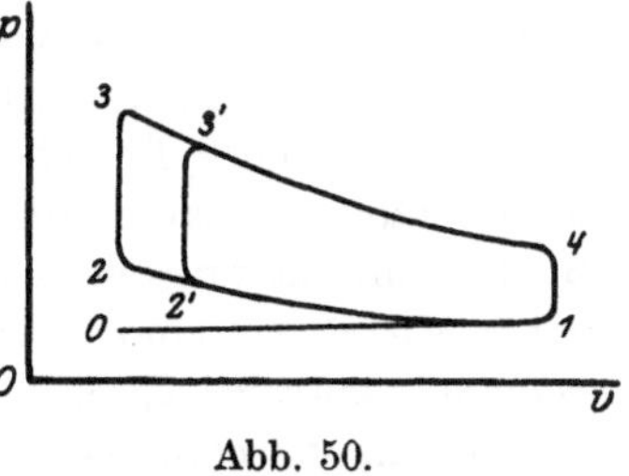

Abb. 50.

$0-1-2'-3'-3-4$ mit einem Verdichtungsgrad $\varepsilon' < \varepsilon$ (vgl. Abb. 50) und somit genügt es, den Verdichtungsgrad von vornherein gleich ε', nicht aber gleich ε zu wählen.

Auf diese Weise darf in Verpuffungsmotoren die Endtemperatur der Verdichtung die Entzündungstemperatur nicht übersteigen. Die Endtemperatur der Verdichtung T_2 wird bestimmt aus:

$$T_2\, e^{\zeta T_2} = T_1 \cdot e^{\zeta T_1} \cdot \varepsilon^{k-1}.$$

Ist T_E der Entzündungstemperatur, so finden wir den höchsten Wert für den Verdichtungsgrad:

$$\varepsilon \leqq \left(\frac{T_E\, e^{\zeta T_E}}{T_1\, e^{\zeta T_1}}\right)^{\frac{1}{k-1}} \quad \ldots \ldots \quad (135)$$

Was die Entzündungstemperatur anbetrifft, so steht sie, wie es gezeigt wird, im Zusammenhang mit dem Bestand der Ladung.

Die Versuche Falks über die Entzündungstemperatur von Wasserstoff mit Sauerstoff führten ihn zu dem Schluß, daß sich die Entzündungstemperatur mit der Veränderung des Verhältnisses von Sauerstoff- und Wasserstoffmenge verändert. Wie aus der beigelegten Tabelle X zu ersehen, ist die Entzündungstemperatur bei minimaler Sauerstoffmenge gleich 814^0, bei Sauerstoffüberschuß $\nu = 2$ fällt sie auf 785^0, während eine weitere Zunahme von Sauerstoffüberschuß wiederum die Entzündungstemperatur steigert. Ähnliche Versuche von Maillard und Lechatelier unterscheiden sich kaum von denjenigen Falks. Es bestätigt sich, daß bei Sauerstoffzunahme die Entzündungstemperatur fällt.

Tabelle X.

Falk						Maillard & Lechatelier			
H_2	O_2	T_{abs}	CO	O_2	T_{abs}	H_2 (CO)	O_2	T_{abs} (H_2, O_2)	T_{abs} (CO, O_2)
67%	33%	814^0	67%	33%	824^0	85%	15%	838^0	918^0
50%	50%	785^0	33%	67%	993^0	70%	30%	833^0	938^0
20%	80%	843^0				35%	65%	805^0	

Für die Mischungen von Wasserstoff und Luft, wie das in den Verbrennungsmaschinen vorkommt, weichen die Resultate der Versuche verschiedener Forscher erheblich ab. Durch eine Beimischung von Stickstoff zu Sauerstoff und Wasserstoff hat Falk festgestellt, daß die Entzündungstemperatur mit der Zunahme neutraler Gase steigt. Maillard und Lechatelier finden dagegen, daß die Anwesenheit neutraler Gase die Entzündungstemperatur kaum ändert.

Was die Mischungen von Kohlenoxyd und Sauerstoff anbetrifft, so bestätigten sich dieselben Feststellungen in bezug auf Sauerstoffüberschuß und die Anwesenheit neutraler Gase. Bei 67% Volumen von Kohlenoxyd und 33% Sauerstoff hat Falk (vgl. Tab. X) eine Entzündungstemperatur von 824 abs., Maillard und Lechatelier jedoch von 918 abs. gefunden; für 33% Kohlenoxyd und 67% Sauerstoff ist die Entzündungstemperatur nach Falk 993 abs., nach Maillard und Lechatelier 938 abs.

Nach Angaben von Maillard und Lechatelier kann man die Entflammungstemperatur für Methan mit 923^0 ansetzen.

In den Verbrennungsmaschinen besteht die Ladung hauptsächlich aus Wasserstoff, Kohlenoxyd und Methan. Die Entzündungstemperatur T_E, welche für die Berechnung des höchsten Verdichtungsgrades nach (135) maßgebend ist, muß entsprechend der niedrigsten Entflammungstemperatur gewählt werden.

Nehmen wir für wasserstoffreiche Gase eine Anfangstemperatur $T_1 = 400^0$ abs., und eine Entzündungstemperatur $T_2 = 750^0$ abs. an und für wasserstoffarme Gase entsprechend $T_1 = 375^0$ abs. und $T_2 = 800^0$ abs., so finden wir, daß der Verdichtungsgrad bei wasserstoffreichen Ladungen 6,6 nicht übersteigen darf, dagegen bei wasserstoffarmen Ladungen bis etwa 8 steigen kann.

Anders ist es in den Gleichdruckmotoren, da in denselben flüssiger Brennstoff in den Zylinder eingeführt wird, nachdem die Luft die höchste Temperatur der Verdichtung erreicht hat. Hier kann von einer Selbstentzündung keine Rede mehr sein. Die Entzündung des Brennstoffes geschieht in diesen Motoren nicht durch elektrische Funken oder Glühkörper, sondern dadurch, daß die Luft durch Verdichtung soweit erwärmt ist, daß ihre Temperatur gleich oder höher der Entzündungstemperatur des später eingeführten Brennstoffes ist.

Die Entflammungstemperatur der verschiedenen Arten von flüssigem Brennstoff ist in Tabelle XI angeführt:

Tabelle XI.

Petroleum	650^0 abs.
Rohnaphtha	660 bis 785^0
Teeröl aus Braunkohle	670 „ 825^0
„ „ Steinkohle	860 „ 920^0
Benzin	690 „ 730^0

Diese Zahlen beziehen sich nur auf eine Verbrennung mit Luft, für eine Verbrennung mit Sauerstoff beträgt die Entzündungstemperatur für Rohnaphtha und Teeröl aus Braunkohle 620^0 bzw. 820^0 abs.

Für eine sichere Entzündung muß die Temperatur am Schluß der Verdichtung jedenfalls größer als die obengenannten gewählt sein, daher kann sie für Petroleum, Benzin und Rohnaphtha gleich ca. 900^0 abs. sein.

Sollte für diesen Fall die Anfangstemperatur der Verdichtung gleich 325^0 abs. sein, so finden wir nach Formel (135), daß der Verdichtungsgrad für die Gleichdruckmotoren mit Rohnaphtha und ihre Destillate nicht niedriger als 11,1 und für die Kohlendestillate nicht niedriger als 15,5 gewählt sein muß.

In den Dieselmotoren, die als Haupttypus der Gleichdruckmotoren gelten, sind dementsprechend als Enddruck der Verdichtung 32 bis 35 at gewählt. In letzter Zeit wird der Druck allerdings bis auf 40 at erhöht, in einzelnen Fällen (in Junkers Motoren) sogar bis auf 50 at.

Dissoziation und Grenze des Luftüberschußgrades. Gehen wir auf die graphische Darstellung des Zustands zurück, so beobachten wir, daß die Ladung ihren Zustand bis zur Entzündungstemperatur auf einer bestimmten Zustandsfläche, die der Gaskonstante R der Ladung entspricht, ändert. Die der Entflammungstemperatur entsprechende Isotherme stellt auf der Zustandsfläche eine Grenzkurve dar. Wie sich auch der Zustand der Ladung ändern möge, gelangen wir zu der Grenzkurve, so beginnt die Verbrennung — oder geometrisch ausgedrückt — der Übergang der anfänglichen Zustandsfläche in eine andere der Gaskonstante R_x, bzw. der Verbrennung des x-ten Teiles des Brennstoffes entsprechend.

Fällt die Temperatur während der Verbrennung unter die Entzündungstemperatur, so wird der Verbrennungsvorgang unterbrochen, wobei die Verbrennungsprodukte auf ihrer Zustandsfläche R_x verschiedene Zustandsänderungen erfahren können. Allein auch hier besteht eine bestimmte Grenzkurve, und zwar die Isotherme mit derselben Entzündungstemperatur T_E, soweit letztere trotz der Änderung des Verhältnisses von Brennstoffmenge, Sauerstoff und neutralen Gasen dieselbe bleibt, oder im entgegengesetzten Fall — die Isotherme mit einer höheren Temperatur. Ist diese erreicht, so setzt der Verbrennungsvorgang wieder ein und schließt mit einer vollständigen Verbrennung ab. Auf der Zustandsfläche R_1, die den Produkten der vollständigen Verbrennung entspricht, gibt es in diesem Sinne keine Entzündungs-Grenzkurve mehr. Die Verbrennungsprodukte können ihren Zustand ändern, wobei sie eine weit höhere Temperatur als die angegebene Entzündungstemperatur erhalten können.

Versuche haben jedoch gezeigt, daß auch für die Produkte vollständiger Verbrennung eine Grenzkurve besteht — eine Isotherme mit sehr hoher Temperatur, über die hinaus sich eine Dissoziationserscheinung geltend macht. Letztere besteht in einem Zerfall der Verbrennungsprodukte in die früheren Bestandteile. So dissoziiert z. B. Kohlensäure in Kohlenoxyd und Sauerstoff, Wasserdämpfe in Wasserstoff und Sauerstoff usw.

Die Dissoziation von Kohlensäure ist schon bei 1500^0 abs. bemerkbar, jedoch ist der Dissoziationsgrad bei dieser Temperatur, d. h. das Verhältnis des Gewichtes der dissoziierten Gase zu dem Gesamtgewicht der Gase — sehr gering, und zwar kleiner als $0,1\,^0/_0$. Von 2000^0 abs. erweitert sich die Dissoziation und erreicht bei dieser Temperatur $2,1\,^0/_0$ und bei 3000^0 abs. — $50\,^0/_0$. Bei Wasserdämpfen wird die Dissoziation bei 2300^0 abs. bemerkbar — und ist bei dieser Temperatur gleich $2,2\,^0/_0$, bei 3000^0 — $13\,^0/_0$.

Bei der Dissoziation wird soviel Wärme verbraucht, als sie sich bei der Verbrennung entwickelt hat. Auf diese Weise wird, sobald die Temperatur während der Verbrennung fortlaufend steigt, bei einer bestimmten Temperatur ein Zustand eintreten, bei dem die Menge der in die Verbrennung eintretenden Körper der Menge der dissoziierten entspricht. Es tritt in diesem Fall ein sog. chemisches Gleichgewicht ein: als ob weder eine Verbrennungsreaktion, noch eine Dissoziation mehr besteht. Der Bestand des Gemisches bleibt, solange die Temperatur nicht wechselt, unveränderlich.

Jeder Temperatur des Dissoziationsgebietes entspricht ein bestimmtes Verhältnis zwischen dem Brennstoff, dem Sauerstoff und den Verbrennungsprodukten. Hat sich z. B. bei der Verbrennung eine Temperatur von 2000^0 abs. eingestellt, und bestand die Ladung hauptsächlich aus Kohlenoxyd und Luft, so findet sich bei dieser Temperatur als Verbrennungsresultat außer den Verbrennungsprodukten, den neutralen Gasen und dem freigewordenen Sauerstoff noch $2{,}1\,{}^0/_0$ Kohlenoxyd. Sinkt weiterhin die obengenannte Temperatur, sei es durch die Wärmeabgabe nach außen, wie es in den kalorimetrischen Bomben der Fall ist, oder durch Wandlung der Wärme in Arbeit bei der Ausdehnung der Gase, wie in den Verbrennungsmaschinen, bis zu einer Temperatur von 1900^0 abs., so wird ein Teil freien Kohlenoxyds verbrennen; bei einem weiteren Sinken der Temperatur von ca. 1800^0 abs. wird das freie Kohlenoxyd restlos verbrennen. Die Kurve der Zustandsänderung dieser Nachverbrennung befindet sich zwischen der Isotherme und Adiabate, die vom Punkte $T = 2000^0$ ausgehen.

Zeichnen wir das entsprechende Diagramm auf, so ist es leicht zu sehen, daß der Wirkungsgrad des Prozesses unter dem Einfluß dieser Nachbrennung abnimmt. Diese Abnahme ist um so bedeudender, je größer der Dissoziationsgrad oder die Endtemperatur ist. Bei sehr hohen Temperaturen kann es sogar vorkommen, daß sich die Temperatur am Ende der Ausdehnung noch höher erweist als die Temperatur am Anfang der Dissoziation. In dem Falle tritt am Schlusse der Ausdehnung noch keine vollkommene Verbrennung ein, und die aus dem Zylinder ausströmenden Gase führen die noch nicht verbrannten Bestandteile des Brennstoffes mit sich. Diese Erscheinung ist in den Verbrennungsmaschinen nicht zulässig, da eine möglichst ökonomische Ausnutzung des Brennstoffes und die Vermeidung unnötiger Verluste im Auge behalten werden muß.

Selbst in geringem Grade hat die Dissoziation eine schädliche Wirkung; sie setzt den thermischen Wirkungsgrad des Motors herab und verlangt eine intensivere Abkühlung, da sie in Begleitung andauernder hoher Temperaturen auftritt, was wiederum einen größeren Wärmeverlust zur Folge hat.

Schlußfolgerungen. Wir kommen daher zu dem Schluß, daß die maximale Temperatur des Prozesses 1800^0 bis 1900^0 abs. nicht übersteigen darf. Dieser Maximaltemperatur entsprechend wird dann der minimale Wert des Luftüberschußgrades bestimmt.

Fassen wir das bisher Gesagte zusammen, so finden wir, daß:

1) der Verdichtungsgrad a) in Verpuffungsmotoren bei wasserstoffreichen Gasen nicht höher als 6,5, bei wasserstoffarmen Gasen nicht höher als 9 und b) in Gleichdruckmotoren bei Naphtha und seinen Destillaten nicht niedriger als 11,1 und bei Teerölen nicht niedriger als 15,5 betragen darf,

2) der Luftüberschuß so gewählt werden muß, daß die Endtemperatur 1800^0 abs. und der Maximaldruck den angegebenen Wert 33 bis 40—50 at nicht übersteigt.

Verbrennungsdauer und ihre Wirkung auf den Prozeß. Wir haben bisher die Zustandsänderung der Gase, sowie auch die Verbrennungsvorgänge als von der Zeit unabhängig angesehen. Die Zustandsänderungen und die Verbrennungsvorgänge in der Wirklichkeit sind jedenfalls von der Zeit nicht unabhängig. So ist z. B. eine adiabatische Zustandsänderung nur bei sehr schnellem Vorgang der Änderung möglich, eine isothermische dagegen — nur bei sehr langsamem Vorgang usw. Der Einfluß der Zeit erstreckt sich ebenfalls auf den Verbrennungsvorgang.

Wir hatten darauf hingewiesen, daß die Verbrennung in dem Augenblick und an der Stelle beginnt, wo das Gasgemisch die Entzündungstemperatur erreicht hat; die dabei freigewordene Wärme teilt sich durch Leitung von einer Schicht an die andere mit und erwärmt wiederum diese letzte bis zur Entzündungstemperatur. Es ist klar, daß vom Anfang bis zum Schluß der Verbrennung eine bestimmte Zeit verläuft, die wir als Verbrennungsdauer bezeichnen.

Die Verbrennung durchläuft somit in dieser Zeit eine gewisse Strecke vom Anfangs- bis zum Endpunkte. Den Quotienten dieser Strecke und Zeit nennen wir die Verbrennungsgeschwindigkeit.

Die Versuche über die Bestimmung der Verbrennungsgeschwindigkeit, die von Lechatelier und Maillard in von einer Seite offenen Röhren angestellt wurden, zeigten, daß:

1) die verschiedenen Brennstoffe verschiedene Verbrennungsgeschwindigkeiten haben: die größte Geschwindigkeit hat der Wasserstoff H_2, ferner — Kohlenoxyd CO, die kleinste — Methan CH_4,

2) die Verbrennungsgeschwindigkeit mit Steigerung des Sauerstoffüberschusses steigt,

3) bei reichen Ladungen (Clerk und Kerting) die Verbrennungsgeschwindigkeit größer als bei armen Ladungen ist.

Was die Verbrennung in geschlossenen Gefäßen anbetrifft, so hat es sich erwiesen, daß:

1) die Verbrennungsgeschwindigkeit in geschlossenen Gefäßen größer als in offenen ist und

2) die Verbrennungsgeschwindigkeit von der Form der Gefäße abhängt.

Alle diese Schlußfolgerungen beziehen sich auf Verbrennung mit Gasen in anfänglich ruhigem Zustande und sind auf die Verbrennungsmaschinen kaum anwendbar, da sich die Ladung in ihnen im Augenblick der Verbrennung nicht in ruhigem Zustande befindet: in diesem Augenblick setzt nämlich eine Änderung der Bewegungsrichtung ein, so daß die Ladung, die mit einer Geschwindigkeit von 30 bis 40 Metern in der Sekunde in den Zylinder getreten ist und sich noch nicht beruhigt hat, wiederum eine Bewegungsänderung, die einen stärkeren Wirbel erzeugt, erfährt. Diese Bewegung hat einen wesentlichen Einfluß auf die Verbrennungsgeschwindigkeit.

Der Verbrennungsvorgang wäre in den Verbrennungsmaschinen, wie Clerk es zeigt, unmöglich, wenn ihre Verbrennungsgeschwindigkeit derjenigen in geschlossenen Gefäßen bei ruhigem Zustand des Gemisches entspräche. In der Tat braucht der ganze Kolbengang bei 150 Touren des Motors in der Minute 0,2 Sekunden — ungefähr soviel Zeit, als bei der Verbrennung in der Bombe (in ruhigem Zustand) notwendig ist. Wenn die Verbrennungsgeschwindigkeit im Motor derjenigen in der Bombe gleich wäre, so wäre für die Verbrennung die Zeit des ganzen Hubes notwendig. In Wirklichkeit jedoch wird der Maximaldruck schon nach 0,005 bis 0,03 Sekunden eintreten. Dieses erklärt sich durch die sich bei dem Saughub und während der Verdichtung geltend machende Wirbelbewegung, da die Wärme sich nicht nur durch Leitung von Schicht zu Schicht, sondern auch durch die Eigenbewegung der Schichten durch Wirbelung verbreitet.

Clerk hat seine Annahme durch Versuche bestätigt, die darin bestanden, daß er diese Wirbelbewegung aufhob, indem er für eine Zeit die Zündung ausschaltete und nach dem Saughub das Saug und Auspuffventil geschlossen hielt. Nach dieser Beruhigung der Ladung ließ er die Entzündung eintreten, wobei die erhaltenen Diagramme eine erhebliche Verspätung der Verbrennung zeigten.

Das bestätigten auch die Versuche von Hopkinson, der zur Verstärkung der Wirbelung einen Ventilator anwandte. Ohne Ventilator war die Dauer der Verbrennung bei einem Gemisch von 1 Volumen Leuchtgas und 9 Volumen Luft gleich 0,13 Sekunden, bei 2000 Touren des Ventilators gleich 0,03 und bei 4500 Touren — 0,02 Sekunden.

Nachbrennen. Bei der Untersuchung des Verbrennungsprozesses gingen wir von der Voraussetzung aus, daß die Verbrennung momentan vor sich geht, d. h. der Prozeß bei konstantem Volumen einem Prozeß mit momentaner Verbrennung gleichkommt. Jetzt dagegen sehen wir, daß die Verbrennung eine bestimmte Zeit braucht, und da der Kolben in den Verbrennungsmaschinen seine Bewegung ununterbrochen fortsetzt, so ist es klar, daß von einer Verbrennung bei konstantem Volumen keine Rede sein kann. Wenn die Verbrennung in Punkt 1 beginnt (Abb. 51), so wird zum Schluß der Verbrennung der Kolben schon in Punkt 2 sein. Geht die Verbrennung langsamer vor sich, so gelangt der Kolben in Punkt 3.

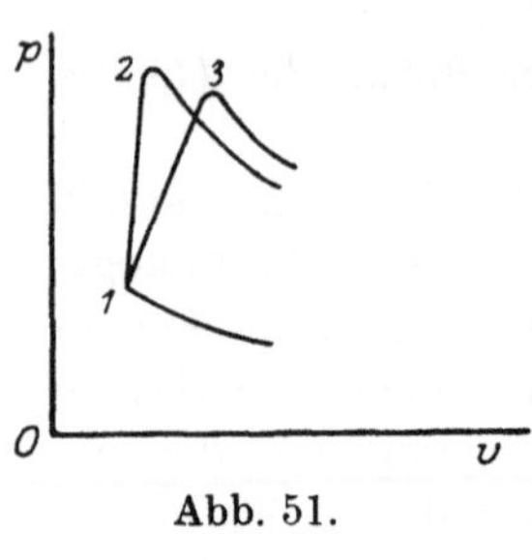

Abb. 51.

Es läßt sich leicht beweisen, daß der Prozeß mit einer Verbrennung bei konstantem Volumen, d. h. bei momentaner Verbrennung, der günstigste ist. Es ist deshalb notwendig, die Verbrennungsgeschwindigkeit möglichst zu beschleunigen. Als ein gutes Mittel zur Abschwächung des Einflusses der langsamen Verbrennung erscheint die Vorzündung, d. h. die Entzündung der Ladung vor dem Eintreffen des Kolbens in den linken toten Punkt, allein auch dadurch sind die oben besprochenen Erscheinungen des sog. „Nachverbrennens" nicht zu vermeiden.

Die Wirkung der langsamen Verbrennung läßt sich auch bei Gleichdruckmotoren dadurch nachweisen, daß der Gleichdruckgrad (ϱ) in Wirklichkeit kleiner ist, als derjenige, der der eingeführten Wärmemenge entspricht, und daß die Ausdehnungskurve nach „scheinbar" beendigter Verbrennung nicht nach oder unterhalb, sondern oberhalb der Adiabate verläuft. Es findet auch hier eine Nachverbrennung statt.

Verbrennungsvorgang in Verbrennungsmaschinen. Der Verbrennungsvorgang in den Verbrennungsmaschinen geht somit nicht so einfach vor sich, wie er der Vereinfachung wegen in Abschnitt 3 erklärt worden ist. Von einer momentanen, als auch von einer gleichmäßigen Verbrennung, d. h. von einer, bei der in jedem Zeitaugenblick alle Bestandteile des Brennstoffes zu gleichen Teilen verbrannt werden, kann keine Rede sein. Umgekehrt gilt vielmehr, daß die Verbrennung ungleichmäßig vor sich geht, da verschiedene Brennstoffe verschiedene Verbrennungsgeschwindigkeiten haben.

Zur näheren Erklärung verfolgen wir z. B. den Verbrennungsvorgang in einer Verpuffungsmaschine, und nehmen an, daß der gasförmige Brennstoff aus H kg Wasserstoff, CO kg Kohlenoxyd,

CO_2 kg Kohlensäure und NG kg anderer neutraler Gase besteht, alles auf 1 kg Gemisch berechnet:

$$H + CO + CO_2 + NG = 1.$$

Beträgt der theoretische Luftbedarf für diesen Brennstoff L kg pro 1 kg Ladung und ist ν der Luftüberschußgrad, so kommt auf 1 kg Brennstoff $1 + \nu L$ kg frischer Ladung.

Nach Entzündung der Ladung fängt der Wasserstoff, da seine Entflammungstemperatur niedriger ist, zuerst, und alsdann das Kohlenoxyd, zu brennen, auch geht die Verbrennung von Wasserstoff viel schneller als die des Kohlenoxyds vor sich. In einem Zeitpunkt noch nicht abgeschlossener voller Verbrennung soll ein x-ter Teil von Wasserstoff zu Wasserdampf und ein y-ter Teil von Kohlenoxyd zu Kohlensäure verbrennen, wo $x < 1$ und $y < 1$ ist.

Die Bestandteile, die die Verbrennungsprodukte in diesem Zeitmoment haben, lassen sich wie folgt ausrechnen. Die Verbrennungsgase von 1 kg Brennstoff und $\nu \cdot L$ kg Luft bestehen aus:

$(1 - x) \cdot H$ unverbranntem Wasserstoff,

$(1 - y) \cdot CO$ unverbranntem Kohlenoxyd,

$9 x \cdot H$ Wasserdampf (aus der Verbrennung des x-ten Teiles von H),

$\dfrac{11}{7} y \cdot CO + CO_2$ Kohlensäure (aus der Verbrennung des y-ten Teiles von CO und aus dem im Brennstoff vorhandenen),

$0{,}23 \nu L - 8 x H - \dfrac{4}{7} y\, CO$ freiem Sauerstoff,

$NG + 0{,}77 \nu L$ neutralen Gasen und Stickstoff der Luft.

Dazu kommt noch ein Teil der Abgase, die im Verbrennungsraum von der früheren Verbrennung nachgeblieben sind. In der Annahme vollständiger Verbrennung noch vor dem Öffnen des Auspuffventils — was bei wirtschaftlichen Motoren auch unbedingt geschehen muß — erhalten wir die Menge der Kohlensäure und des freien Sauerstoffs der Abgase, indem wir x und y gleich 1 setzen:

$$\frac{11}{7} CO + CO_2 \quad \text{Kohlensäure,}$$

$$0{,}23 \nu L - 8 H - \frac{4}{7} CO \quad \text{freien Sauerstoff}$$

auf $1 + \nu L$ kg Abgase, oder

$$\frac{\dfrac{11}{7} CO + CO_2}{1 + \nu L} \quad \text{Kohlensäure,}$$

$$\frac{0{,}23\,\nu L - 8\,\mathrm{H} - \dfrac{4}{7}\,\mathrm{CO}}{1 + \nu L} \quad \text{freien Sauerstoff}$$

auf 1 kg Abgase; andere Bestandteile der Abgase interessieren uns an dieser Stelle nicht.

Aus Formeln 110, 111 folgt, daß sich der Zusammenhang zwischen dem Gewicht der frischen Ladung und der Abgase, wie folgt, ausdrücken läßt:

$$G_{abg} = G_{fr} \cdot \frac{m_{abg}}{m_f} \cdot \frac{\vartheta_2}{\vartheta_1 - \vartheta_2} = \vartheta\, G_{fr},$$

so daß mit

$$G_{fr} = 1 + \nu L$$

erhalten wir auf 1 kg eingeführten Brennstoff folgende Bestandteile der Abgase:

$$\frac{m_{abg}}{m_{fr}} \cdot \frac{\vartheta_2}{\vartheta_1 - \vartheta_2} \cdot \left(\frac{11}{7}\,\mathrm{CO} + \mathrm{CO}_2\right) = \vartheta\,\frac{11}{7}\,\mathrm{CO} + \vartheta \cdot \mathrm{CO}_2 \ \text{Kohlensäure,}$$

$$\frac{m_{abg}}{m_{fr}} \cdot \frac{\vartheta_2}{\vartheta_1 - \vartheta_2} \cdot \left(0{,}23\,\nu L - 8\,\mathrm{H} - \frac{4}{7}\,\mathrm{CO}\right) = \vartheta\left(0{,}23\,\nu L - 8\,\mathrm{H} - \frac{4}{7}\,\mathrm{CO}\right)$$
$$\text{freien Sauerstoff.}$$

Es enthalten also die Verbrennungsgase in der Zeit, wenn der x-te Teil von H_2 und der y-te Teil von CO verbrannt ist:

Kohlensäure $\quad = \Sigma\,\mathrm{CO}_2 = \dfrac{11}{7}\,(y + \vartheta)\,\mathrm{CO} + (\vartheta + 1)\,\mathrm{CO}_2,$

freien Sauerstoff $= \Sigma\,\mathrm{O}_2 = 0{,}23\,(\vartheta + 1)\,\nu L - 8\,(x + \vartheta)\,\mathrm{H} - \dfrac{4}{7}\,(y + \vartheta)\,\mathrm{CO},$

Kohlenoxyd $\quad = \Sigma\,\mathrm{CO} = (1 - y)\,\mathrm{CO}.$

Haben wir in diesem Augenblick eine Gasprobe genommen, und durch Analyse festgestellt, daß dieselbe aus $a\,^0/_0$ Kohlensäure, $b\,^0/_0$ Sauerstoff und $c\,^0/_0$ Kohlenoxyd, in Gewichtteilen gerechnet, bestehen, so soll in den Verbrennungsgasen andererseits

$$(1 + \nu L)(\vartheta + 1)\,\frac{a}{100} \quad \text{Kohlensäure},$$

$$(1 + \nu L)(\vartheta + 1)\,\frac{b}{100} \quad \text{Sauerstoff},$$

$$(1 + \nu L)(\vartheta + 1)\,\frac{c}{100} \quad \text{Kohlenoxyd}$$

vorhanden sein.

Durch Vergleich der entsprechenden Werte für Kohlensäure erhalten wir:

$$\frac{11}{7}(y+\vartheta)\,CO+(\vartheta+1)\,CO_2=(1+\nu L)(\vartheta+1)\frac{a}{100},$$

oder
$$y=\frac{(1+\nu L)(\vartheta+1)\dfrac{a}{100}-(\vartheta+1)\,CO_2}{\dfrac{11}{7}\,CO}-\vartheta.$$

Aus den entsprechenden Werten für Sauerstoff erhalten wir:

$$0,23\,(\vartheta+1)\,\nu L-8\,(x+\vartheta)\,H-\frac{4}{7}(y+\vartheta)\,CO=(1+\nu L)(\vartheta+1)\frac{b}{100}$$

und mit dem Wert y:

$$x=\frac{-(11b+4a)(1+\nu L)(\vartheta+1)\dfrac{1}{100}+4(\vartheta+1)\,CO_2+11\cdot 0,23\,(\vartheta+1)\nu L}{88\,H}-\vartheta.$$

Ein Vergleich der Werte von Kohlenoxyd dient zur Prüfung des Wertes y.

Sind auf diese Weise die Werte x und y gefunden, so können wir die bis zu diesem Augenblick entwickelte Wärmemenge finden:

$$WE=x\cdot H\cdot 28350+y\cdot CO\cdot 2430.$$

Besteht der Brennstoff außer aus Wasserstoff und Kohlenoxyd noch aus Methan und soll bis zu einem bestimmten Augenblick ein x-ter Teil von Wasserstoff, ein y-ter Teil von Kohlenoxyd und ein z-ter Teil von Methan verbrennen, so finden sich in den Verbrennungsprodukten:

$$\text{Kohlensäure}=\Sigma CO_2=\frac{11}{7}(y+\vartheta)\,CO+\frac{11}{4}(z+\vartheta)\,CH_4+(1+\vartheta)\,CO_2,$$

$$\text{freier Sauerstoff}=\Sigma O_2=0,23\,(\vartheta+1)\,\nu L-8\,(x+\vartheta)\,H-$$
$$-\frac{4}{7}(y+\vartheta)\,CO-4\,(z+\vartheta)\,CH_4,$$

$$\text{Kohlenoxyd}=\Sigma CO=(1-y)\,CO.$$

Vergleichen wir die ausgerechneten Werte mit denjenigen der Gasanalyse, so erhalten wir:

$$\Sigma CO_2=\frac{a}{100}(\vartheta+1)(1+\nu L),$$

$$\Sigma O_2=\frac{b}{100}(\vartheta+1)(1+\nu L),$$

$$\Sigma CO=\frac{c}{100}(\vartheta+1)(1+\nu L)$$

drei Gleichungen zur Ermittlung der drei Unbekannten x, y und z.

Besteht endlich der Brennstoff, wie es bei den flüssigen Brennstoffen der Fall ist, aus Wasserstoff (H) und Kohlenstoff (C) und nehmen wir an, daß bis zu einem gewissen Augenblick der x-te Teil von Wasserstoff zu Wasserdampf und von Kohlenstoff der y-te Teil zu Kohlenoxyd und der z-te Teil zu Kohlensäure verbrannt ist, so finden wir in den Verbrennungsprodukten:

$$\Sigma\, CO_2 = \frac{11}{3}\,(z+\vartheta)\,C + (\vartheta+1)\,CO_2,$$

$$\Sigma\, O_2 \;\; = 0{,}23\,(\vartheta+1)\,\nu L - 8\,(x+\vartheta)\,H - \frac{8}{3}\,(z+\vartheta)\,C,$$

$$\Sigma\, CO \;\; = \frac{7}{3}\,y\,C.$$

Andererseits erhalten wir aus der Gasanalyse:

$$\Sigma\, CO_2 = (1+\nu L)\,(\vartheta+1)\,\frac{a}{100},$$

$$\Sigma\, O_2 \;\; = (1+\nu L)\,(\vartheta+1)\,\frac{b}{100},$$

$$\Sigma\, CO \;\; = (1+\nu L)\,(\vartheta+1)\,\frac{c}{100}.$$

Damit sind die drei Unbekannten x, y und z zu berechnen.

Wir müssen jedoch darauf hinweisen, daß der flüssige Brennstoff nicht aus freiem Wasserstoff und freier Kohlensäure besteht, sondern sich vielmehr aus verschiedenen Arten von Kohlenwasserstoffen, bei denen Wasserstoff und Kohlenstoff gebunden sind, zusammensetzt. Es müssen daher die Kohlenwasserstoffe zuerst zersetzt und alsdann verbrannt werden.

Der Vorgang in der Verbrennungsmaschine mit flüssigem Brennstoff läßt sich in der Weise vorstellen, daß der letztere in pulverisiertem (fein zerstaubtem) Zustande in den Zylinder, der mit heißer Luft gefüllt ist, eingespritzt wird. Der eingespritzte flüssige Brennstoff wird zuerst verdampft und mit der Luft fein vermischt. Bei weiterem Erwärmen der dampfförmigen Brennstoffmoleküle muß sich zuerst der Wasserkohlenstoff in Wasserstoff und Kohlenstoff zersetzen; alsdann nur findet die Verbrennung des Wasserstoffes und Kohlenstoffes mit dem Sauerstoff der Luft zu Wasserstoff bzw. Kohlensäure oder Kohlenoxyd statt. Da sich einige Kohlenwasserstoffe leichter zersetzen und verbrennen lassen als die anderen, so ist es klar, daß die ersteren rascher verbrennen werden wie die anderen. Wie der wirkliche Vorgang der Verbrennung von flüssigem Brennstoff vor sich geht, welcher Teil von den verschiedenen Kohlenstoffen des Brennstoffes in einem bestimmten Augenblick verbrennt, ist vermutlich eine schwer lösbare Frage, doch kann man für praktische Zwecke mit ziemlich ausreichender Genauigkeit annehmen, wie wir es bereits getan haben, daß der Brennstoff aus freier Kohlensäure und freiem Kohlenstoff besteht. Bei dieser Voraussetzung können wir schon durch Gasanalyse feststellen, welcher Teil von Wasserstoff, bzw. Kohlenstoff bis zu einem bestimmten Augenblick verbrannt ist.

Es ist selbstverständlich, daß diese Art der Gasanalyse in verschiedenen Zeitpunkten der Verbrennung in den Verbrennungsmaschinen im Zusammenhang mit der Entnahme des entsprechenden Indikatordiagramms und der Bestimmung der auf die Kühlung der Wände verlorengehenden Wärme ein unersetzliches Material zur Beurteilung des wirklichen Verbrennungsvorganges böte.

Solange jedoch diese Angaben fehlen, versuchen wir, aus anderen Überlegungen ausgehend, den theoretischen Prozeß soweit zu verbessern, daß er sich mehr oder weniger dem wirklichen Prozeß der Verbrennung mit Kühlung annähert.

Abkühlung des Prozesses. Vergleichen wir das Indikatordiagramm des Motors mit einem theoretisch gezeichneten Diagramm, so sehen wir, daß der größte Druck des theoretischen Diagramms höher als der des Indikatordiagramms ist.

Erklären wir diese Tatsache bloß durch Wirkung der Nachbrennung, so müßte die Ausdehnungskurve nach Verbrennung stets oberhalb der Adiabate liegen, was aber nicht der Fall ist, da die Ausdehnungskurve auf dem Indikatordiagramm in der Nähe des höchsten Punktes auf einem kleinen Gebiete außerhalb der Adiabate, weiterhin fast nach der Adiabate verläuft.

Ziehen wir aber in Betracht, daß die Verbrennungsmaschinen, wie später gezeigt wird, nicht ohne Kühlung arbeiten können, und daß auch die Verbrennung keinesfalls adiabatisch verläuft, so ist es selbstverständlich, daß auf Grund der unvollkommenen Verbrennung einerseits und des Wärmeverlustes auf Kühlung andererseits der höchste Druck niedriger als der theoretische sein muß. Bei weiterer Ausdehnung verläuft die Ausdehnungskurve außerhalb der Adiabate, falls die durch das Nachbrennen entwickelte Wärme größer als die Abfuhr durch das Kühlwasser ist, ferner verläuft die Ausdehnungskurve fast nach der Adiabate, da die Wärmezufuhr bei der weiteren Nachverbrennung ein wenig kleiner als die Wärmeabfuhr bei Kühlwasser ist.

Mit einer für praktische Zwecke ausreichenden Genauigkeit können wir annehmen, daß die Wärmemenge des normal nachbrennenden Brennstoffes (nach stattgefundener intensiver Verbrennung) gleich derjenigen Wärme ist, die bei diesem Hub durch das Kühlwasser abgeführt ist.

Bezeichnen wir diesen Wärmeverlust mit Q' (auf 1 kg Arbeitsladung oder Verbrennungsprodukte) und subtrahieren wir ihn aus der Heizkraft des Brennstoffes (auf 1 kg Verbrennungsprodukte), so können wir bei dem Entwurf des Diagramms des Prozesses annehmen, daß wir im Augenblick der Verbrennung eigentlich über eine Wärmemenge $Q_2 - Q_2'$ verfügen, und daß bei dieser Voraussetzung die Verbrennung bei konstantem Volumen oder konstantem Druck eine vollkommene ist, und die weitere Ausdehnung nach der Adiabate verläuft.

Ist die Wärmemenge am Schluß der adiabatischen Ausdehnung gleich U_4, so ist der Wirkungsgrad gleich:

$$\eta = 1 - \frac{Q' + U_4 - U_1}{W} \qquad \ldots \ldots \quad (136)$$

Um diesen Wert Q' feststellen zu können, wenden wir uns der Frage der Kühlung des Motors zu.

Kühlwasser. Wir gingen davon aus, daß der Prozeß in den Verbrennungsmaschinen adiabatisch verläuft, d. h. daß außer dem Wärmeverlust bei Auspuff kein weiterer Verlust stattfindet. In Wirklichkeit jedoch ist ein adiabatischer Prozeß in der Verbrennungsmaschine nicht ausführbar.

Das Material derjenigen Teile des Motors, die von heißen Gasen umspült werden, hält die hohen Temperaturen nicht aus, da diese eine zu große zusätzliche Beanspruchung des Materials hervorrufen. Noch ungünstiger ist die Wirkung hoher Temperaturen auf Schmiermaterial.

Die Kühlung der Wände der Verbrennungsmaschinen wird meistens durch Wasser bewirkt. Die durch Gas umspülten Teile haben zwei Wände, zwischen denen sich ein Zwischenraum zur Zirkulation des Kühlwassers befindet. Die von den heißen Gasen den Wänden mitgeteilte Wärme wird von diesen dem Wasser weitergegeben.

Die Menge des zirkulierenden Wassers muß genügen, um diejenige Wärmemenge fortzuführen, die eine Temperaturerhöhung der Wände zur Folge haben konnte. Praktisch wird die Frage wie folgt entschieden. Beginnt die Temperatur des Kühlwassers zu steigen, so vermehrt man den Zufluß des Wassers; dieser dauert so lange an, bis das Kühlwasser die gewünschte Temperaturhöhe erreicht hat. Bei der eingestellten Arbeit des Motors wird diese Temperatur sehr rasch bestimmt, da auf jede Belastung des Motors — d. h. auf jede auf den Prozeß verwandte Wärmemenge — eine bestimmte Wärmequantität durch Kältewasser abzuführen ist, um die Zylinderwände in den zulässigen Grenzen der Temperaturschwankungen halten zu können und die Schmierung zu sichern.

Um die Wärmemenge zu bestimmen, die auf Kühlwasser abzuführen ist, müssen die Gesetze der Wärmeabgabe der Gase an die Wände, durch dieselben und weiterhin von den Wänden aus an das Kühlwasser in Betracht gezogen werden. Es dürfen ferner diejenigen höchsten Temperaturen, bei denen sich noch keine auf den Motor schädlichen Wirkungen geltend machen, nicht außer acht gelassen werden usw. Leider ist letzteres noch nicht mit Genauigkeit festgestellt worden, daher kann die abzuführende Wärme nur annähernd geschätzt werden, indem man sich mit den in der Praxis festgesetzten Zahlen begnügt. Vielfache Versuche haben gezeigt, daß etwa gegen $30\,{}^0/_0$ der ganzen eingeführten Wärme durch das Kühlwasser abgeführt werden.

Stationäre Wärmeleitung. Wir setzen diesen Wert als Grundlage und verfolgen nun, wie sich diese Wärmeabfuhr in den verschiedenen Stadien des Prozesses bestimmen läßt. Zur Vereinfachung der Aufgabe gehen wir davon aus, daß jedem Hub eine bestimmte mittlere Temperatur entspricht, und daß der Wärmeübergang während des Hubes als stationär angesehen werden kann.

Wir bezeichnen als Koeffizient der Wärmeleitung eines Körpers diejenige Wärmemenge, die bei stationärem Übergang durch eine 1 qm Fläche pro 1 Stunde bei einem Temperaturunterschied von $1\,{}^0$ C auf die Länge von 1 m durchgeht.

Bezeichnen wir in diesem Fall mit:

k = den Koeffizient der Wärmeleitung der Wand,

l = die Dicke derselben in Metern.,

T_1 = die Temperatur auf der Seite, die durch das Gas umspült ist,

T_2 = die Temperatur auf der Seite, die durch Wasser umspült ist,

t = die Zeit des Wärmeübergangs in Stunden,

F = Fläche des Wärmeübergangs (die gasumspülte Fläche),

so finden wir die Wärmemenge Q, die der Wand mitgeteilt wird:

$$Q = k \cdot F \cdot \frac{T_1 - T_2}{l} \cdot t \quad \ldots \ldots (137)$$

Die Temperatur der heißen Gase, die wir mit Θ_1 bezeichnen, ist augenscheinlich größer als T_1, ebenso wie T_2 größer als die Temperatur des Kühlwassers Θ_2 ist.

Bezeichnen wir mit α_1 den Koeffizient des Wärmeübergangs des Gases zu den Wänden und mit α_2 den Koeffizient des Wärmeübergangs von der Wand zum Wasser, so können wir erfahrungsgemäß folgende Gleichung setzen:

$$Q = \alpha_1 F (\Theta_1 - T_1) t, \quad \ldots \ldots \ldots \quad (138)$$

$$Q = \alpha_2 F (T_2 - \Theta_2) t \quad \ldots \ldots \ldots \quad (139)$$

Bestimmen wir aus (137), (138) und (139) entsprechend

$$Q \frac{k}{l}, \quad Q \frac{1}{\alpha_1} \quad \text{und} \quad Q \frac{1}{\alpha_2},$$

so finden wir durch Summierung:

$$Q = \lambda F (\Theta_1 - \Theta_2) t, \quad \ldots \ldots \ldots \quad (140)$$

wo
$$\lambda = \frac{1}{\dfrac{1}{\alpha_1} + \dfrac{l}{k} + \dfrac{1}{\alpha_2}} \quad \ldots \ldots \ldots \quad (141)$$

Der Koeffizient des Wärmeübergangs von Gas oder Flüssigkeit an die Wand und umgekehrt hängt wesentlich, wie Versuche gezeigt haben, von der Geschwindigkeit des Gasstromes oder der Flüssigkeit längs den Wänden ab und kann ungefähr durch folgende Formel ausgedrückt werden:

$$\alpha_n = \alpha_0 (1 + \beta_0 \sqrt{\overline{U}}), \quad \ldots \ldots \ldots \quad (142)$$

wo α_0 und β_0 die verschiedenen Koeffizienten für verschiedene Flüssigkeiten und Gase und U die Strömungsgeschwindigkeit bedeuten.

Für Wasser kann man $\alpha_0 = 300$ und $\beta_0 = 6$, für Luft $\alpha_0 = 2$ und $\beta_0 = 5$ annehmen.

Was die Wärmeleitung metallischer Wände (Gußeisen oder Stahl) anbetrifft, so ist hier $k = 40$.

Die Strömungsgeschwindigkeiten des Wassers werden $\frac{1}{2}$ bis 2 m pro Sekunde angenommen, für die Verbrennungsprodukte 20 bis 200 m und höher.

Nehmen wir als mittlere Werte die Strömungsgeschwindigkeit für Wasser 1 m und für Gase 50 m und die Dicke der Wände 0,03 m an, so erhalten wir:

$$\alpha_1 = 72; \quad \frac{k}{l} = 1335; \quad \alpha_2 = 2100 \quad \text{und} \quad \lambda = 65,$$

woraus zu ersehen ist, daß λ fast gleich α_1 ist, d. h. daß im gegebenen Fall die Hauptbedeutung in der Wärmeabgabe dem Koeffizienten der Wärmeabgabe der Gase an die Wände zukommt.

Wie aus Formel (140) zu ersehen ist, hängt die Wärmemenge, die durch die Gase dem Kühlwasser mitgeteilt wird, bei den anderen gleichbleibenden Bedingungen von der Temperatur desselben ab. Selbstverständlich geht der allergrößte Teil der Wärme während der Verbrennung und Ausdehnung ab, ein nicht unbedeutender Teil ferner während des Ausschubes der Gase, und endlich ein ganz geringer Teil während des Verdichtungshubes. In der Zeit des Saughubes zeigt sich eine entgegengesetzte Erscheinung: es findet eine Wärmeabgabe von den heißen Wänden an die eintretende frische Ladung statt. Die Wärmemenge, die dem kalten Wasser während der Verdichtung zugeführt und bei dem Saughub abgeführt wird, ist im Vergleich mit der durch die Kühlung bei Verbrennung, Ausdehnung und Ausschub verloren gehende Wärmemenge klein, daher sehen wir in unserer Berechnung von ihr ab.

Wärmeverlust auf Kühlung. Bezeichnen wir:

mit Θ_v . . . die mittlere Temperatur des Verbrennungs- und Verdichtungshubes,

„ Θ_A . . die mittlere Temperatur des Auspuffhubes,

„ Θ_w . . die mittlere Temperatur des Kühlwassers,

„ Q_v, Q_A . die dem Kühlwasser mitgeteilte Wärmemenge bei entsprechendem Verbrennungs- und Verdichtungshub, bzw. Auspuffhub,

so finden wir auf Grund von (140):

$$Q_v = \lambda F \left(\Theta_v - \Theta_w\right) t,$$
$$Q_A = \lambda F \left(\Theta_A - \Theta_w\right) t.$$

Da die Verbrennungs- und Ausdehnungsperiode t gleich der Periode des Auspuffes und Ausschubes ist, die mittlere Fläche der Wärmeabgabe F bei dem einen und anderen Hub gleich sind, so ist unter der Voraussetzung, daß λ von der Temperatur und dem Druck unabhängig ist:

$$Q_v : Q_A = \left(\Theta_v - \Theta_w\right) : \left(\Theta_A - \Theta_w\right).$$

Setzen wir für die mittlere Temperatur der Verbrennung und Ausdehnung $\Theta_v = 1500^0$, für die mittlere Temperatur des Auspuffes $\Theta_A = 1100^0$ und für die mittlere Temperatur des Kühlwassers $\Theta_w = 315$, so erhalten wir:

$$Q_v : Q_A \sim 1{,}5.$$

Nehmen wir an, daß auf Kühlung $30^0/_0$ der für den Prozeß notwendigen Wärme gebraucht wird, d. h.:

$$Q_v + Q_A = 30^0/_0\, Q,$$

so finden wir, daß bei den von uns gesetzten Bedingungen des Verbrennungshubes und der Verdichtung gegen $18^0/_0$ der in den Prozeß eingeführten Wärme verloren gehen.

Bei einem 2-Takt-Prozeß muß dieser Wert größer sein.

Diese Wärmemenge entspricht dem oben angeführten Wert Q' (vgl. (136)), die wir zur Vereinfachung der Berechnungen bei Nachbrennen des Brennstoffs als verloren gesetzt haben; zeichnen wir daraufhin ein Diagramm, so stimmt es mit dem wirklichen Diagramm überein.

Wir betonen jedoch, daß diese Übereinstimmung nicht absolut ist, da sich die von uns angewandte Formel (137) auf stationäre Wärmeübergabe bei konstanten Wasser- und Gastemperaturen bezieht. In der Wirklichkeit ändert sich die Temperatur in den Verbrennungsmaschinen periodisch. Außerdem haben wir den Wert λ weder von Druck noch von Temperatur abhängig, also als unveränderlich angenommen, während zur Zeit meist davon ausgegangen wird, daß die Größe α und damit λ mit steigendem Druck zunimmt.

Die Anwendung der angeführten Formeln sowie der graphischen Methoden für die Berechnung von Verbrennungsmaschinen werden im nächsten Abschnitt an einzelnen Beispielen veranschaulicht werden.

5. Beispiele des Berechnens der Verbrennungsmaschinen.

Beispiel 1. Verpuffungsmotor. Als Brennstoff soll ein Generatorgas aus Koks (vgl. Tabelle IX) gewählt werden.

Wir berechnen zuerst das Molekulargewicht (m_g) und den Temperaturkoeffizient der spezifischen Wärme (ζ_g) des Brennstoffes. Diese Berechnung ist am einfachsten wie folgt auszuführen:

	(v)	m	$m\,(v)$	$\zeta : 225 \cdot 10^{-6}$	$(v)\,\zeta : 225 \cdot 10^{-6}$
H_2 . .	0,070	2	0,140	1	0,070
CO . .	0,276	28	7,728	1	0,276
N_2 . .	0,586	28	16,408	1	0,586
CO_2 . .	0,048	44	2,112	5	0,240
CH_4 . .	0,020	16	0,320	10	0,200

$$m_g = 26{,}708 \qquad \zeta : 225 \cdot 10^{-6} = 1{,}372$$

(Vgl. Abschnitt 1, Formeln 18 bis 22.)

Die Gaskonstante des Brennstoffes ist gleich:

$$R_g = \frac{848}{26{,}708} = 31{,}8\,.$$

Ferner berechnen wir den Heizwert $(W_{\mathrm{cal/1\ cbm}})$ von 1 cbm Brennstoff bei Normalzustand, den minimalen Luftbedarf bzw. Sauerstoffbedarf O_2 und die Volumenkontraktion der Verbrennungsgase (α).

	(v)	W	$W(v)$	O_2	$O_2(v)$	α	$\alpha(v)$
H_2	0,070	2530	177	0,5	0,035	0,5	0,035
CO	0,276	3050	842	0,5	0,138	0,5	0,138
N_2	0,586	—	—	—	—	—	—
CO_2	0,048	—	—	—	—	—	—
CH_4	0,020	8550	171	2,0	0,040	—	—

$$W_{cbm} = 1190 \text{ WE} \qquad O_2 = 0,213 \text{ cbm} \qquad \alpha = 0,173 \text{ cbm}$$

Der minimale Luftbedarf ist:

$$L_{cbm} = 0,213 \cdot 4,76 \sim 1 \text{ cbm}.$$

(Vgl. Abschnitt 3, Formeln 51 bis 56.)

Schließlich berechnen wir den Bestand der Verbrennungsgase bei minimalem Luftbedarf sowie das Molekulargewicht $(m_{1/1V})$, den Temperaturkoeffizient der spez. Wärme $(\zeta_{1/1V})$ und der Gaskonstante $(R_{1/1V})$ der Verbrennungsgase:

$$
\begin{array}{lllcc}
 & & V & \zeta & V\zeta \\
H_2O = 0,070 + 2 \cdot 0,020 & = 0,110 & 4 & 0,440 \\
CO_2 = 0,276 + 0,020 + 0,048 & = 0,344 & 5 & 1,720 \\
N_2 = 0,586 + 0,790 & = 1,376 & 1 & 1,376 \\
& \Sigma V = 1,830 & & \Sigma V \zeta = 3,536
\end{array}
$$

Mit dem Molekulargewicht der Luft $m_L = 29$ erhalten wir für sog. theoretische Verbrennungsgase:

$$m_{1/1\,V} = \frac{1 \cdot 26,708 + 1 \cdot 29}{1,830} = 30,5 \,,$$

$$\zeta_{1/1\,V} : 225 \cdot 10^{-6} = \frac{3,536}{1,830} = 1,93 \,,$$

$$R_{1/1\,V} = \frac{848}{30,5} = 27,8 \,.$$

(Vgl. Abschnitt 4, Formeln 51 bis 56.)

Nach Feststellung dieser Werte läßt sich das Diagramm für Molekulargewicht, Heizwert und Temperaturkoeffiziente bei verschiedenen Luftüberschüssen, wie es in Abschnitt 3 gezeigt ist, zeichnen. Da das Diagramm, Abb. 46, für Generatorgas aus Koks gezeichnet ist, so können wir es für dieses Beispiel ohne weiteres benutzen.

Nun müssen die zwei Hauptgrößen für das Verfahren ermittelt werden: der höchste Verdichtungsgrad und der niedrigste Luftüberschußgrad.

Zu der Ermittelung des ersteren wenden wir uns den Versuchen von Falk zu. Für ein Brennstoffgemisch aus 0,21 cbm Sauerstoff und 0,276 cbm Kohlenoxyd ist die Entflammungstemperatur gleich ca. 850° abs. Ziehen wir aber die unregelmäßige Erwärmung der Zylinderwände, die Möglichkeit einer örtlichen Überhitzung und andere Zufälligkeiten in Betracht, so wäre es sicherer als Höchsttemperatur der Verdichtung 800° abs. zu wählen.

Der Anfangstemperatur 400° abs. (angenommen) entspricht auf der ersten Stufe der normalen thermodynamischen Tafel (Kurve $\zeta = 1{,}2 \cdot 225 \cdot 10^{-6}$, eine Ladung mit minimalem Luftbedarf $\nu = 1$), $v_1 = 0{,}47$ und der Endtemperatur 800° — auf der zweiten Stufe $v_2'' = 0{,}7$, d. h. $v_2 = 0{,}07$ auf der ersten, so daß der höchste Verdichtungsgrad gleich ist:

$$\varepsilon = \frac{0{,}47}{0{,}07} = 6{,}7\,.$$

Zu demselben Schluß kommen wir auch mit Hilfe der logarithmischen thermodynamischen Tafel.

Wir runden den Wert ε ab und nehmen ihn gleich

$$\varepsilon = 6\,.$$

Den niedrigsten Luftüberschuß ν wählen wir in der Voraussetzung, daß die höchste Temperatur der Verbrennung nicht über 1800° abs. steigen soll.

Bei einer Anfangstemperatur von 400° abs., einem Verdichtungsgrad $\varepsilon = 6$ und $\zeta = 1{,}2 \cdot 225 \cdot 10^{-6}$ erhalten wir für die Endtemperatur der Verdichtung:

$$T_2 = 765°\ \text{abs.}\quad \text{und}\quad mU_2 = 4000\ \text{WE.}$$

Für eine Endtemperatur der Verbrennung $T_3 = 1800°$ abs. und $\zeta_{v/1\,\nu} = 1{,}75 \cdot 225 \cdot 10^{-6}$ entnehmen wir aus dem Wärmediagramm

$$mU_3 = 11500\ \text{WE.}$$

Somit kann die bei der Verbrennung entwickelte Wärme höchstens gleich $11\,500 - 4000 = 7500$ WE sein; oder in Anbetracht dessen, daß $20°/_0$ dieser Wärme auf Kühlung der Zylinderwände abgeht, ist

$$(m\,Q) = 7500 : 0{,}8 \sim 9400\ \text{WE,}$$

oder auf 1 cbm bei normalem Zustand:

$$W_{\text{cbm}} = 9400 : 22{,}4 = 420\ \text{WE.}$$

Es entspricht diesem Wert auf dem Diagramm Abb. 46 ein Luftüberschuß $\nu = 1{,}8$. Wir wählen also für Vollbelastung:

$$\nu = 1{,}8$$

Bei einer Anfangstemperatur der Ausdehnung gleich 1800°, erhalten wir aus dem Zustandsänderungsdiagramm (vgl. normale oder logarithmische Tafel) für $\zeta = 1{,}75 \cdot 225 \cdot 10^{-6}$ und für einen Ausdehnungsgrad $\varepsilon = 6$ die Endtemperatur $T_4 = 1120^0$. Diesen Wert nehmen wir als Temperatur der Abgase im Verbrennungsraum an.

Wir erhalten also unter Beibehaltung der Bezeichnungen von Abschnitt 4:

$$T_{abg} = 1120^0 \qquad p_{abg} = 1{,}1\,,$$
$$T_f = 300^0 \qquad p_f = 1\;,$$
$$p_1 = 0{,}9\,.$$

Ferner finden wir aus Diagramm Abb. 46 für Luftüberschuß $\nu = 1{,}8$:

$$\zeta_{abg} = 1{,}60 \qquad m_{abg} = 29{,}9 \qquad W_{cbm} = 420 \text{ WE},$$
$$\zeta_f = 1{,}12 \qquad m_f = 28{,}2\,.$$

Mit den Formeln (100), (102), (105), (108) und (109) erhalten wir:

$$\mu = \frac{1{,}1}{0{,}9} \cdot \frac{6360 - 1450}{1120} \cdot \frac{1}{4{,}67} \sim 1{,}15,$$

$$T_1 = \frac{1450}{4{,}67 \left(1 - \dfrac{1{,}15}{6}\right)} \sim 375^0,$$

$$\frac{\vartheta_2}{\vartheta_1} = \frac{1}{6} \cdot \frac{375}{1120} \cdot \frac{1{,}1}{0{,}9} \sim 0{,}07,$$

$$m_1 = 28{,}2 + 0{,}07\,(29{,}9 - 28{,}2) = 28{,}3,$$

$$\zeta_1 = 1{,}12 + 0{,}07\,(1{,}60 - 1{,}12) = 1{,}15.$$

Ferner aus (118) ist:

$$Q_{\text{kg/Ar.Lad.}} = (1 - 0{,}07) \cdot \frac{22{,}4}{28{,}3} \cdot 420 = 310 \text{ WE}.$$

Es wird also auf 1 Mol. (29,9 kg) Verbrennungsprodukte:

$$(m\,Q) = 310 \cdot 29{,}9 = 9270 \text{ WE}$$

eingeführt. Davon gehen $20^0/_0$ während der Verbrennung und Ausdehnung auf das Kühlwasser ab, die wir als Verlust bei der Verbrennung betrachten, so daß wir für den adiabatischen Prozeß mit:

$$(m\,Q)_{ad} = 9270 \cdot 0{,}8 = 7415 \text{ WE}$$

rechnen werden.

Mit Hilfe der thermodynamischen Tafeln läßt sich der Verlauf des Prozesses aufzeichnen und zwar in T/v- oder $\log T/\log v$-Diagramm. Alsdann erhalten wir durch die erste graphische Transformation das Arbeitsdiagramm in p/v-Kurven von der ersteren direkt, von der zweiten aber, indem wir die $\log p/\log v$-Diagramme in p/v-Diagramme übertragen.

Ist nur der Wirkungsgrad des Prozesses zu berechnen, so läßt sich das, wie schon früher erwähnt, mit Hilfe des logarithmischen Verfahrens (vgl. Tafel II S. 91) leicht durchführen.

Abb. 52 zeigt den Gang der graphischen Berechnung. Punkt 1 entspricht dem Volumen $v_1 = 6$ und der Temperatur $T_1 = 375^0$, woraus

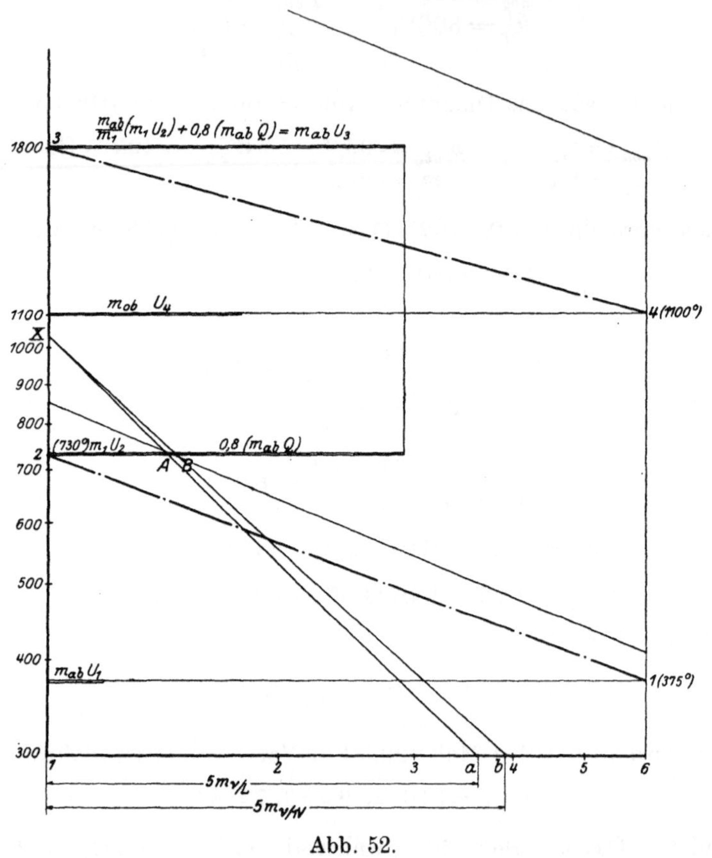

Abb. 52.

mit $\zeta_1 = 1{,}15 \cdot 225 \cdot 10^{-6}$ der Punkt 2 mit Volumen $v_2 = 1$ und Temperatur $T_2 = 730^0$ ermittelt wird. Aus dem Wärmediagramm entsprechend der U/T-Kurve $\zeta_1 = 1{,}15$ finden wir $m_1 U_2$, den Wärmeinhalt auf 1 Mol der Arbeitsladung. Legen wir $\overline{1\,a} = 5\,m_1\ (5\,m_{v/L})$ und $\overline{1\,b} = 5\,m_{abg}\ (5\,m_{v/1V})$ ab und ziehen erstens $\overline{a\,A}$ bis X und dann $\overline{X\,b}$, so erhalten wir den Punkt B, wovon wir $0{,}8 \cdot (m_{abg}\,Q)_{ad} = 7415$ WE ablegen und den Wert $\dfrac{m_{abg}}{m_1} \cdot (m_1 U_2) + 0{,}8 \cdot (m_{ab}\,Q)$ finden. Diesem Wert entspricht auf der U/T-Kurve für Verbrennungsprodukte

$(\zeta = 1{,}65 \cdot 225 \cdot 10^{-6})$ eine Temperatur $T_3 = 1800^0$. Von hier aus finden wir den Endpunkt der Ausdehnung mit Volumen $v_4 = 6$ und Temperatur $T_4 = 1100^0$.

Wir erhalten nun aus dem Wärmediagramm:

$$m_{abg} U_4 = 6300 \text{ WE},$$
$$m_{abg} U_1 = 1800 \text{ WE},$$
$$\overline{m_{abg} U_4 - m_{abg} U_1 = 4500 \text{ WE}.}$$

Hierzu kommt noch der Verlust auf Kühlung gleich

$$9270 \cdot 0{,}2 = 1855 \text{ WE},$$

so daß der ganze Betrag:

$$4500 + 1855 = 6355 \text{ WE}$$

gleich ist und damit der indizierte Wirkungsgrad

$$\eta_t = 1 - \frac{6355}{9270} = 0{,}32.$$

Den mittleren indizierten Druck erhalten wir laut Formel (127) und (128):

$$\xi = \frac{6}{5} \cdot \frac{0{,}9}{1{,}0} \cdot \frac{273}{375} \cdot \frac{28{,}3}{29{,}9} = 0{,}74$$

und

$$p_t = \frac{0{,}74 \cdot (9270 - 6355)}{22{,}4 \cdot A} = 4{,}1 \text{ at}.$$

Mit einem mechanischen Wirkungsgrad $\eta_m = 0{,}85$ erhalten wir schließlich den sog. mittleren Arbeitsdruck (mittlerer gebremster Arbeitsdruck)

$$p_\omega = 0{,}85 \cdot 0{,}41 = 3{,}5 \text{ at},$$

was mit den praktischen Werten gut übereinstimmt.

Hauptdimensionen der Verbrennungsmotoren. Ist uns die Aufgabe gestellt, eine Verbrennungsmaschine zu entwerfen, so muß nicht nur der Brennstoff, mit dem die Maschine zu arbeiten hat, sondern auch die Leistung der Maschine und die Tourenzahl angegeben sein. Diese letzteren können auch indirekt gegeben sein und zwar dadurch, daß die Anwendung der Maschine bekannt gegeben ist, z. B. für eine Transmission, die eine Anzahl von Arbeitsmaschinen mit bestimmtem Kraftverbrauch zu treiben und mit n Touren pro Minute zu laufen hat, oder für direkte Kuppelung mit einer Dynamomaschine, die KW Kilowatt pro Stunde bei n Touren pro Minute leisten muß, oder für eine Schiffsanlage zum Antrieb eines Propellers mit n Touren bei Kraftbedarf N Pferdestärke ($N \times 75$ kgm pro Sekunde) usw.

Haben wir den Prozeß gewählt (in Beispiel 1 den Verpuffungsprozeß), so können wir bei angegebenem N (in PS) und einer

Tourenzahl n pro Minute, das Gesamthubvolumen der Maschine ausrechnen.

Es bedeute:

N_ω die gebremste Arbeit des Motors in PS,

N_i die indizierte Arbeit des Motors in PS,

n die Tourenzahl pro Minute,

D den Kolbendurchmesser in cm,

S den Kolbenhub in cm,

V_h das Gesamthubvolumen in dcm $\left(V_h = \dfrac{S}{1000} \times \sum \dfrac{\pi D^2}{4} \right)$.

Ist p_ω der mittlere Arbeitsdruck in Atmosphären oder — was dasselbe ist — in Kilogramm pro 1 cm², so ist der mittlere Druck auf den ganzen Kolben gleich

$$p_\omega \cdot \frac{\pi D^2}{4} \, \mathrm{kg}$$

und die wirklich geleistete Arbeit pro 1 Prozeß:

$$p_\omega \cdot \frac{\pi D^2}{4} \cdot \frac{S}{100} \, \mathrm{kgm}.$$

Bei einem **Viertaktmotor** wiederholt sich der Prozeß jede zweite Tour, so daß bei n Touren pro Minute der Prozeß sich $\dfrac{n}{2}$ mal pro Minute wiederholt, damit ist die Arbeit pro 1 Minute gleich:

$$p_\omega \cdot \frac{\pi D^2}{4} \cdot \frac{S}{100} \cdot \frac{n}{2} \, \mathrm{kgm} = 5 \, p_\omega \cdot n \cdot V_h \, \mathrm{kgm}.$$

Andererseits ist die Arbeit von N_ω Pferdestärken gleich:

$$75 \cdot 60 \, N_\omega \, \mathrm{kgm} \text{ pro Minute},$$

so daß:

$$5 \cdot p_\omega \cdot n \cdot V_h = 75 \cdot 60 \cdot N_\omega$$

oder

$$V_h \cdot p_\omega = 900 \frac{N_\omega}{n} \quad \dotfill \quad (143)$$

Aus dieser Formel kann das Gesamthubvolumen V_h berechnet werden.

Wiederholen wir dieselbe Beweisführung für den mittleren indizierten Druck, so erhalten wir ähnlich:

$$V_h \cdot p_i = 900 \frac{N_i}{n} \quad \dotfill \quad (143\,\mathrm{a})$$

Wir verfolgen nun das Beispiel 1 weiter und nehmen an, daß der Motor für eine gebremste Leistung von 100 PS bei $n = 150$ berechnet werden soll.

Für einen Viertakt-Einzylindermotor mit $p_\omega = 3,5$ erhalten wir

$$V_h = 900 \cdot \frac{100}{150} \cdot \frac{1}{3,5} = 170 \text{ dm}^3.$$

Wird das Verhältnis $S : D = 1,5$ gewählt, dann ist:

$$\frac{\pi D^2}{4} \cdot S = \frac{\pi \cdot 1,5 \cdot D^3}{4} = 170 \text{ dm},$$

$$D^3 = 145 \text{ dm}^3, \qquad\qquad D = 525 \text{ mm},$$
$$S = 780 \text{ mm}.$$

Für einen Zweizylindermotor von derselben Leistung wird das Gesamthubvolumen auf zwei Zylinder verteilt, so daß $(V_h)_1$ von jedem Zylinder gleich:

$$(V_h)_1 = 170 : 2 = 85 \text{ dm}.$$

Bei demselben Verhältnis $S : D = 1,5$ erhalten wir:

$$D = 420 \text{ mm}, \qquad S = 630 \text{ mm}.$$

Für einen Zweitaktmotor von derselben Leistung ist:

$$V_h \cdot p \cdot (1 - \gamma) = 450 \frac{N}{n} \quad \ldots \ldots \ldots \quad (143\text{b})$$

da der Prozeß in 1 Minute sich n-mal wiederholt. Mit $\gamma = 0,15$ (vgl. 140), erhalten wir:

$$V_h = 100 \text{ dm},$$

also bei $S : D = 1,5$:

$$D = 435 \text{ mm}, \qquad S = 650 \text{ mm}.$$

Der Durchmesser D, der Hub S und die Tourenzahl n sind die Hauptdimensionen der Verbrennungsmaschine.

Es machen sich nun folgende Fragen geltend: 1) wie hoch die Tourenzahl gewählt sein kann; 2) ob ein Vier- oder Zweitaktprozeß vorzuziehen ist, 3) welche Verhältnisse von Hub zum Durchmesser festzustellen sind, 4) welche Zylinderanordnung: Ein-, Zwei- oder Mehrzylinderanordnung besser ist usw.

Alle diese Fragen können jedoch ausschließlich mit Hilfe der Thermodynamik nicht beantwortet werden. Eine nicht unbedeutende Rolle spielen hier die rein mechanischen, sowie auch die konstruktiven Verhältnisse, die Materialsorten und deren Widerstand den mechanischen Kräften und der Temperatur gegenüber, Betriebssicherheit usw. Formeln können deshalb nicht festgestellt werden, allein es lassen sich einige Richtlinien ziehen. Wir erwähnen dieselben kurz, wenn wir dabei auch zum Teil aus dem Gebiet der Berechnung heraustretend in das des Konstruierens übergehen.

Tourenzahl. Bisher haben wir die Tourenzahl als von vornherein gegeben angenommen. Es fragt sich aber, ob beliebig große oder kleine Tourenzahlen für einen Verbrennungsmotor angesetzt werden können und bei welcher Umdrehungszahl der Motor ökonomischer und betriebssicherer arbeiten wird.

Die Tourenzahl steht im Zusammenhang mit der Dauer des Prozesses. Bei einem Viertaktmotor z. B. mit 180 Touren pro Minute ist die Dauer einer Umdrehung $^1/_3$ Sekunde und die eines Hubes $^1/_6$ Sekunde, je größer die Tourenzahl, desto kleiner ist die Hubdauer. Wir haben auch darauf hingewiesen, daß der Wärmeverlust auf Kühlung der Zeit proportional ist. Es folgt hieraus, daß wir nicht ohne weiteres die Tourenzahl herabsetzen können, da sich bei einem sehr kleinen Wert derselben der Wirkungsgrad des Prozesses sehr verkleinern wird, weil eine große Wärmemenge nach außen durch die Wände verloren geht.

Mit Tourenvergrößerung wird der Wärmeverlust verhältnismäßig kleiner, jedoch macht sich ein anderer Umstand auf dem Wege der Tourenerhöhung geltend. Die Verbrennung braucht nämlich eine gewisse Zeit. Bei unseren Untersuchungen des Prozesses haben wir vorausgesetzt, daß sich der Kolben in der Weise bewegt, daß er Zeit genug läßt, um die Verbrennung bei konstantem Volumen oder sehr nahe dazu, bzw. bei konstantem Druck, verlaufen zu lassen. Ist aber die Kolbengeschwindigkeit größer als die Verbrennungsgeschwindigkeit, so findet eine Nachbrennung statt, die auf den Prozeß schädlich wirkt.

Damit sind die Grenzen für die Tourenzahl bestimmt, und zwar darf sie nicht geringer sein, als es für einen adiabatischen Prozeß, und nicht höher, als es für eine Verbrennung ohne schädliches Nachbrennen erforderlich ist.

Die Wahl der Tourenzahl hängt außerdem noch von den Massenwirkungen ab, die auf dem Kolbenzapfen, auf der Welle usw. große Zusatzkräfte hervorrufen. Je größer der Durchmesser des Kolbens ist, desto größer ist sein Gewicht pro Einheit der Kolbenfläche und damit sind auch die Massenwirkungen größer. Es folgt hieraus, daß bei kleineren Maschinen die Tourenzahl größer und bei größeren Maschinen kleiner gewählt sein muß, und ferner, daß ein mehrzylindriger Motor bei derselben Leistung mehr Touren als ein einzylindriger machen kann.

Bei denselben gleichen Bedingungen muß in einem Zweitaktmotor die Tourenzahl kleiner als bei einem Viertaktmotor gewählt sein, da bei dem ersteren die Entladung und Ladung während eines ziemlich kleinen Teils des Hubes vor sich geht. Die Ladung aber und die Entladung erfordern eine gewisse Zeit, die nicht ohne weiteres unbegrenzt vermindert werden kann. Durch Drucksteigerung der Spülluft kann keine Abhilfe geschaffen werden, da, wie früher erwähnt, die Einführung der frischen Ladung möglichst ruhig und ohne Wirbel vor sich zu gehen hat, damit eine Vermischung mit Abgasen vermieden werde.

Hubverhältnisse. Aus dem berechneten Hubvolumen ist der Durchmesser bzw. der Hub des Motors nur dann zu ermitteln, wenn das Hubverhältnis $S:D$ direkt oder indirekt angegeben ist.

Für die Bestimmung dieses Verhältnisses können verschiedene Bedingungen gelten. Wir können etwa als Forderung stellen, daß der Wärmeverlust (bei Kühlung) möglichst klein ausfällt. Letzterer ist der Fläche proportional und damit ist die obengenannte Bedingung der Forderung gleichwertig, daß die wasserumspülende Fläche minimal sei. Bei der Annahme, daß der Hauptverlust der Wärme während der Verbrennung stattfindet, kommen wir zum Schluß, daß

$$S : D \sim 1{,}5$$

gleich sein muß.

Allein es finden sich andere und vielleicht nicht weniger wichtige Forderungen, welchen dieses Hubverhältnis entsprechen muß, nämlich: Konstruktionsformen, Gewichtsverhältnisse, zulässige Kolbengeschwindigkeit usw. Die meisten ausgeführten Motoren haben ein Hubverhältnis, das zwischen 1 bis 1,5 liegt.

Wichtig ist ferner der Umstand, daß die Verbrennungsmaschinen so konstruiert sind, daß derselbe Zylinder nicht nur dem eigentlichen Prozeß, sondern auch der Ladung oder Entladung dient. Der Motor ist also zugleich Luftpumpe. Deshalb müssen in bezug auf die Wahl des Hubverhältnisses und der Tourenzahl die speziellen Forderungen der Berechnung und Konstruktion der Luftpumpe in Betracht gezogen werden. Gerade hier wird allgemein die Forderung gestellt, die Kolbengeschwindigkeit nicht groß zu halten. Daher müssen weder Hub- noch Tourenzahl hoch angesetzt sein.

Obgleich wir die Fragen nur oberflächlich berührt haben, so geht dennoch hervor, daß die Bestimmung der Tourenzahl oder des Hubverhältnisses eine schwierige Frage in sich darstellt, die nur für einzelne Fälle unter Angabe aller speziellen Bedingungen gelöst werden kann.

Zylinderwahl. Die Bestimmung der Zylinderzahl oder des 2- bzw. 4-Takt-Systems ist noch verwickelter, da hier die Auseinandersetzung mit konstruktiven Fragen, Betriebssicherheit, Gewicht, Abmessungen (Raumbedarf), Gleichförmigkeitsgrad, Massenwirkungen, Verbrennungsverhältnissen usw. in Betracht kommt.

Ein mehrzylindriger Motor kann schneller als ein einzylindriger laufen; das Hubvolumen des ersteren ist damit kleiner als das des zweiten. Daher ist ein mehrzylindriger Motor (für dieselbe Leistung N PS) leichter als der einzylindrige.

Einen besseren Gleichförmigkeitsgrad ergibt ein Mehrzylindermotor, so daß er für den Betrieb der Dynamomaschine und hauptsächlich für 3-Phasenstrom am geeignetsten ist. Auch die Massenwirkungen werden bei mehrzylindrigen Motoren kleiner.

Nun aber haben die mehrzylindrigen Motoren auch große Nachteile: ihre Betriebssicherheit ist niedriger als bei den einzylindrigen, da die Anzahl der beweglichen Teile der Maschine, wie Saug- oder Auspuffventile, Einspritzventile, Steuerscheiben, Kolben, Zapfen usw. proportional der Zylinderzahl ist.

Regulierung. Die Regulierung eines Motors hat die Erhaltung des Gleichgewichts zwischen seiner Arbeitsleistung und den äußeren Kräften, die er zu überwinden hat, zum Zweck. Wird dieses Gleichgewicht nicht erzielt, so kann der Motor die Tourenzahl entweder vergrößern, in manchen Fällen sogar gefahrdrohend, oder umgekehrt verkleinern, sogar bis zu einem Stillstand des Motors.

Sowohl der erste wie der zweite Fall ist für eine praktisch arbeitende betriebssichere Maschine nicht zulässig; deshalb ist eine Regulierung der Maschine unbedingt notwendig. Sie besteht im allgemeinen aus einer Vorrichtung zur selbsttätigen Erhöhung oder Verminderung der Arbeitsleistung der Maschine ohne bedeutende Änderung der Tourenzahl. Die Änderung der Arbeitsleistung kann aber nur durch eine Änderung der Wärmezufuhr (Brennstoffzufuhr) erzielt werden.

Wie mannigfach auch die Regulierungsverfahren sein mögen, so lassen sie sich dennoch auf zwei Grundverfahren zurückführen; nämlich:

1) Veränderung der Wärmezufuhr (Brennstoffzufuhr) durch Veränderung des Luftüberschusses (ν) und

2) Veränderung der Wärmezufuhr (bei unveränderlichem ν) durch Veränderung des Gewichtes des eingeführten Brennstoffes, entweder durch Drosselung des Ansauges (Verkleinerung von p_1) oder durch Ausstoßen der eingesaugten Ladung beim Anfang des Verdichtungshubes.

Beide Verfahren können auch selbstverständlich gemeinsam verwandt werden.

Wir werden an einigen Beispielen zeigen, wie die Belastung des Motors (sein mittlerer Druck) durch dieses Regulierverfahren abnimmt. Es sei dabei angenommen, daß der Motor mit demselben Brennstoff wie in Beispiel 1 arbeitet.

Beispiel 2. Regulierung durch Veränderung des Luftüberschusses.

Nehmen wir an, daß

$$\nu = 4$$

ist.

Wir finden dann aus Diagramm Abb. 46:

$$W = 240 \text{ WE}$$

$$m_{abg} = 29{,}6 \qquad\qquad \zeta_{abg} = 1{,}36$$
$$m_f = 28{,}5 \qquad\qquad \zeta_f = 1{,}07 \, .$$

Ferner nehmen wir an:

$$T_{abg} = 800^0 \qquad\qquad p_{abg} = 1{,}1$$
$$T_f = 300^0 \qquad\qquad p_f = 1$$
$$\qquad\qquad\qquad p_1 = 0{,}9 \, .$$

Es folgt also:

$$\mu = \frac{1{,}1}{0{,}9} \cdot \frac{4170 - 1450}{800} \cdot \frac{1}{4{,}67} = 0{,}9$$

$$T_1 = \frac{1450}{4{,}67 \left(1 - \dfrac{0{,}9}{6}\right)} \sim 350^0$$

$$\frac{\vartheta_2}{\vartheta_1} = \frac{1}{6} \cdot \frac{1{,}1}{0{,}9} \cdot \frac{350^0}{800} \sim 0{,}09$$

$$m_1 = 28{,}5 + 0{,}09 \cdot 1{,}1 = 28{,}6$$

$$G_1 = 1{,}07 + 0{,}09 \cdot 0{,}29 = 1{,}1$$

$$Q_{\text{kg/Arb.Lad.}} = (1 - 0{,}09)\frac{22{,}4}{28{,}6} \cdot 240 = 170 \text{ WE}$$

$$(m\,Q)_w = 170 \cdot 29{,}6 = 5032 \text{ WE} \, .$$

Mit $20^0/_0$ Verlust auf Kühlwasser finden wir:

$$(m\,Q)_{ad} = 5032 \cdot 0{,}8 = 4026 \text{ WE} \, .$$

Aus der thermodynamischen Tafel erhalten wir alsdann:

$$T_1 = 350^0 \quad T_2 = 700^0 \quad T_3 = 1350^0 \quad T_4 = 750^0$$

und

$$m_{abg} U_4 - m_{abg} U_1 = 3920 - 1730 = 2190 \text{ WE} \, .$$

Der gesamte Verlust mit demjenigen auf Kühlwasser miteinberechnet ist:

$$2190 + 0{,}2 \cdot 5032 = 3200 \, ,$$

so daß:

$$\eta_t = 1 - \frac{3200}{5032} = 0{,}36 \, .$$

Für die Berechnung des mittleren indizierten Druckes ist:

$$\xi = \frac{6}{5} \cdot \frac{0,9}{1} \cdot \frac{273}{350} \cdot \frac{28,5}{29,6} \sim 0,80$$

und

$$p_t = \frac{0,80 \cdot 1832}{22,4\,A} = 2,80 \text{ at.}$$

Beispiel 3. Regulierung durch Drosselung. Wir nehmen an, daß die frische Ladung gedrosselt wird, so daß der Enddruck des Einsaugens $p_1 = 0,7$. Der Luftüberschuß bleibt wie in Beispiel 1, so daß:

$$T_{abg} = 1120^0 \qquad p_{abg} = 1,1 \qquad W = 420 \text{ WE}$$
$$T_f = 300^0 \qquad p_f = 1$$
$$p_1 = 0,7$$

und

$$\zeta_{abg} = 1,6 \qquad m_{abg} = 29,9$$
$$\zeta_f = 1,12 \qquad m_f = 28,2$$

Alsdann:

$$\mu = \frac{1,1}{0,7} \cdot \frac{6360 - 1450}{5250} = 1,5$$

$$T_1 = \frac{1450}{4,67\left(1 - \dfrac{1,5}{6}\right)} \sim 400^0$$

$$\frac{\vartheta_2}{\vartheta_1} = \frac{1}{6} \cdot \frac{1,1}{0,7} \cdot \frac{400}{1120} \sim 0,10$$

$$m_1 = 28,2 + 0,10 \cdot 1,7 = 28,4$$

$$\zeta_1 = 1,12 + 0,10 \cdot 0,48 = 1,17$$

$$Q = (1 - 0,10)\frac{22,4}{28,4} \cdot 400 = 300 \text{ WE}$$

$$(mQ)_w = 300 \cdot 29,9 = 8970 \text{ WE}$$

$$(mQ)_{ad} = 0,8 \cdot 8970 = 7180 \text{ WE.}$$

Aus der thermodynamischen Tafel folgt:

$$T_1 = 400^0 \qquad T_2 = 760^0 \qquad T_3 = 1800^0 \qquad T_4 = 1100^0$$

und

$$m\,U_4 - m\,U_1 = 6200 - 2000 = 4200 \text{ WE}$$

und mit Verlust auf Wasserkühlung

$$4200 + 0,2 \cdot 8970 = 5990 \text{ WE,}$$

so daß

$$\eta_t = 1 - \frac{5990}{8970} = 0,33$$

$$\xi = \frac{6}{5} \cdot \frac{0{,}7}{1{,}0} \cdot \frac{273}{400} \cdot \frac{28{,}4}{29{,}9} = 0{,}54$$

$$p_t = \frac{0{,}54 \cdot 2980}{22{,}4\,A} = 3{,}1 \text{ at.}$$

Beispiel 4. Regulierung durch Ausstoßen eines Teiles der Ladung. In diesem Falle verläuft der Prozeß nach Abb. 41, indem ϱ und ι gleich 1 und $\mu > 1$ ist. Wir nehmen an, daß $^1/_3$ der Arbeitsladung bei Rückgang des Kolbens in den Behälter zurück ausgestoßen wird. Das anfängliche Ansaugen der frischen Ladung verläuft hier ebenso wie in Beispiel 1, so daß die dort gefundenen Zahlen auch hier ihre Gültigkeit behalten. Da bei Rückgang des Kolbens $^1/_3$ Teil der Ladung ausgestoßen wird, so bleibt im Zylinder bei Beginn der Verdichtung:

$$(mQ) = 9270 \cdot 0{,}67 = 6200 \text{ WE.}$$

Der Verdichtungsgrad ist gleich:

$$\varepsilon_1 = \frac{6 \cdot 2}{3} : 1 = 4.$$

Mit $T_1 = 375^0$, Verdichtungsgrad $\varepsilon_1 = 4$, Wärmezufuhr, abzüglich Verlust auf Wasserkühlung, $0{,}8 \cdot 6200 \sim 5000$ WE und Ausdehnungsgrad $\varepsilon = 6$, erhalten wir aus der thermodynamischen Tafel bei $\zeta : 225 \cdot 10^{-6} = 1{,}15$ und bzw. $= 1{,}60$:

$$T_1 = 375^0, \quad T_2 = 650^0, \quad T_5 = 1530^0, \quad T_6 = 860^0, \quad T_7 = 525^0$$

Bei Berechnung des Wärmeverlustes ist in Betracht zu ziehen, daß der Verdichtungsgrad dem Ausdehnungsgrade nicht entspricht. Für diesen Fall ist die geleistete Arbeit gleich (auf 1 kg Gas)

$$(U_5 - U_6) - (U_2 - U_1) - (A\,p_1\,v_7 - A\,p_1\,v_1)$$

und da die zugeführte Wärme (auf 1 Mol. Gas)

$$0{,}8\,(mQ) = (m\,U_5 - m\,U_2)$$

ist, so folgt, daß

$$\eta_t = 1 - \frac{(m\,U_6 - m\,U_1) + m\,A\,R\,(T_7 - T_1) + 0{,}2\,mQ}{mQ} = 0{,}25$$

und

$$p_t = 2{,}2 \text{ at.}$$

Beispiel 5. Gleichdruckmotor. Als Brennstoff soll Naphtha (vgl. Tabelle IX) gewählt werden. Die Einspritzung des Brennstoffs geht nach der Verdichtung vor sich.

Die Berechnung des Luftverbrauchs, des Molekulargewichts m_{abg} und des thermischen Koeffizienten ζ_{abg} der Verbrennungsprodukte ist in Abschnitt 3 ausgeführt:

$$m_L = 29 \qquad\qquad m_{1/1\,V} = 29$$
$$\zeta_L = 1 \qquad\qquad \zeta_{1/1\,V} = 1{,}9 \,.$$

Mit $\zeta = 14{,}52$ minimalem Luftbedarf ist:

$$W = \frac{10\,800}{1 + 14{,}52} = 700 \text{ WE.}$$

Wir zeichnen wie früher das Diagramm Abb. 53, für Molekulargewicht, Heizwert und Temperaturkoeffizient für verschiedenen Luftüberschuß:

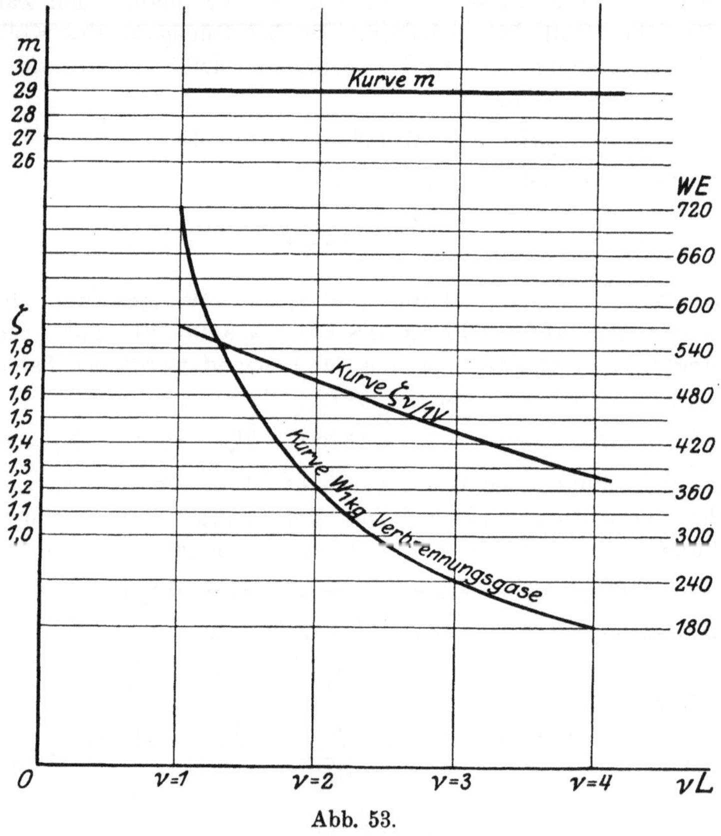

Abb. 53.

Den Verdichtungsgrad wählen wir (mit Hilfe der thermodynamischen Tafel) so, daß die Endtemperatur der Verdichtung ca. 800° abs.
sein [soll, was für die Entflammung von Naphtha nötig ist. Die
Anfangstemperatur nehmen wir mit 300° an. Dieser und der Endtemperatur 800° entspricht:

$$\varepsilon = 13{,}67 \,.$$

Den niedrigsten Luftüberschuß wählen wir, indem wir davon ausgehen, daß die höchste Temperatur der Verbrennung nicht über 1800^0 abs. steigen soll.

Mit der Anfangstemperatur der Verbrennung 800^0 ist:

$$m\,I_2 = 5650 \text{ WE}.$$

Für die Endtemperatur 1800^0 mit $\zeta = 1{,}75 \cdot 225 \cdot 10^{-6}$ ist

$$m\,I_4 = 15\,000 \text{ WE},$$

so daß die bei der Verbrennung entwickelte Wärme höchstens gleich $15\,000 - 5650 = 9350$ WE ist.

In Anbetracht dessen, daß $20^0/_0$ dieser Wärme auf Kühlung der Zylinderwände abgeht, erhalten wir:

$$(m\,Q)_{ad} = 9350 : 0{,}8 = 11\,700 \text{ WE}$$

oder auf 1 kg Verbrennungsprodukte

$$W \text{ kg} = 11\,700 : 29 = 405 \text{ WE}.$$

Es entspricht diesem Wert auf Diagramm Abb. 54 ein Luftüberschuß

$$\nu = 1{,}8$$

und

$$\zeta_{1{,}8/1}\,\nu = 1{,}5 \cdot 225 \cdot 10^{-6}.$$

Bei einer Anfangstemperatur der Ausdehnung gleich 1800^0 erhalten wir aus dem Zustandsdiagramm für $\varepsilon = 13{,}67$ und $\zeta_0 = 1{,}5$, angenommen $\varrho = 2$, die Endtemperatur $T_4 = 1000^0$, die wir als Temperatur der Gase im Verbrennungsraum annehmen.

Wir erhalten also:

$$T_{abg} = 1000^0 \qquad p_{abg} = 1{,}1 \qquad \zeta_{abg} = 1{,}5$$
$$T_f = 300 \qquad\qquad p_f = 1 \qquad\qquad \zeta_f = 1$$
$$p_1 = 0{,}95$$

und wie früher

$$\mu = \frac{1{,}1}{0{,}9} \cdot \frac{5480 - 1450}{1000} \cdot \frac{1}{4{,}67} = 1{,}05$$

$$T_1 = \frac{1390}{4{,}67\left(1 - \dfrac{1{,}05}{13{,}67}\right)} \sim 320^0,$$

$$\frac{\vartheta_2}{\vartheta_1} = \frac{1}{13{,}67} \cdot \frac{320}{1000} \cdot \frac{1{,}1}{0{,}95} \sim 0{,}03,$$

$$\zeta_1 = 1 + 0{,}03\,(1{,}5 - 1{,}0) \sim 1{,}015,$$

$$Q = (1 - 0{,}03)\,405 \sim 400 \text{ WE}.$$

Es wird also auf 1 Mol. (29 kg) Verbrennungsgase

$$(mQ)_w = 400 \cdot 29 = 11600 \text{ WE}$$

eingeführt. Davon gehen $20^0/_0$ während der Verdichtung und Ausdehnung auf Wasserkühlung ab, die wir als Verlust bei der Verbrennung betrachten, so daß

$$(mQ)_{ad} = 11600 \cdot 0,8 = 9280 \text{ WE}.$$

Verfolgen wir den Prozeß mit Hilfe der logarithmischen Tafel (vgl. Abb. 54), so erhalten wir:

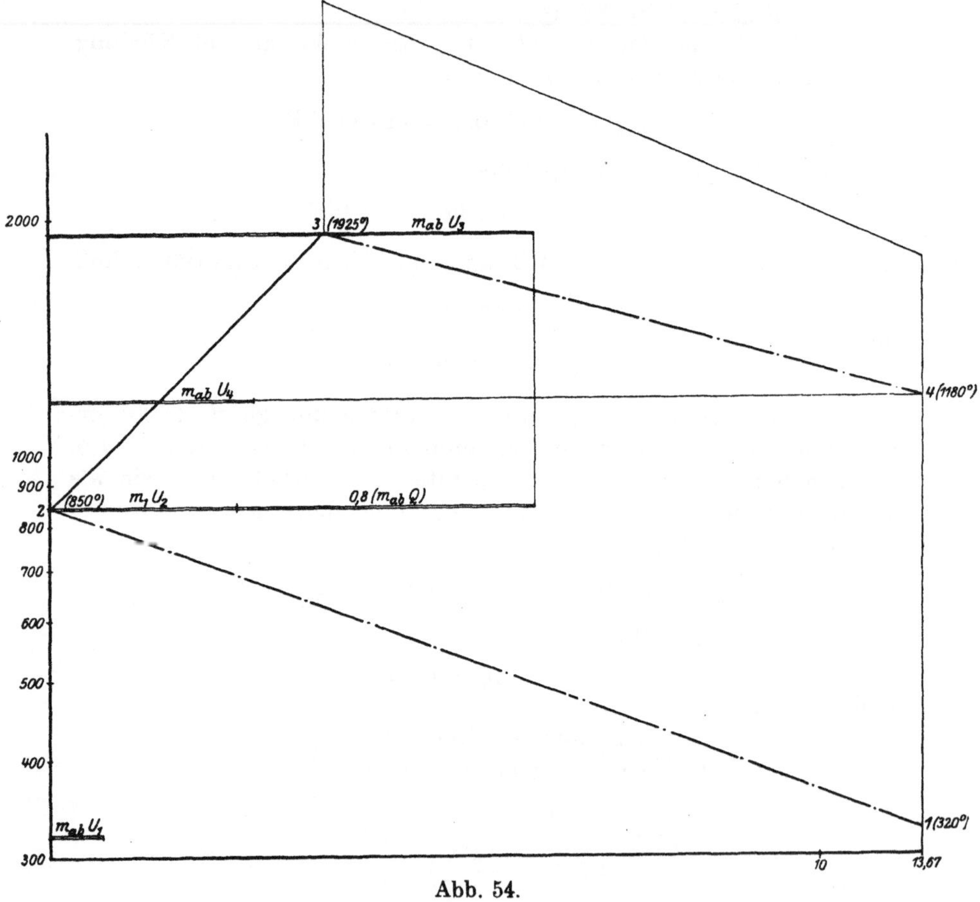

Abb. 54.

$$T_1 = 320^0, \quad T_2 = 850^0, \quad T_3 = 1925^0(!), \quad \varrho = 2,27 \text{ und}$$

$$T_4 = 1180^0$$

und

$$m U_4 = 6600 \text{ WE}, \qquad m U_1 = 1600 \text{ WE},$$

so daß

$$\eta_t = 1 - \frac{6600 - 1600 + 0,2 \cdot 11\,600}{11\,600} = 0,38 \, .$$

Wir bemerken, daß die Endtemperatur T_3 höher als 1800^0 ist, es muß also für den normalen Betrieb der Luftüberschuß größer als $\nu = 1,8$, etwa $\nu = 2$ sein. Die oben ausgeführte Arbeit kann nur als Überlastungsarbeit des Motors, die nur vorübergehend zulässig ist, betrachtet werden.

In Anbetracht dieser Bemerkung verfolgen wir das Beispiel weiter.

$$\xi = \frac{13,67}{12,67} \cdot \frac{0,95}{1,0} \cdot \frac{273}{325} = 0,86 \, ,$$

$$\xi' = \left(1 + \frac{1}{15}\right) \cdot \left(1 + \frac{1}{1,8 \cdot 14,52}\right) \cdot 0,86 = 0,95 \, ,$$

$$p_t = \frac{0,95 \cdot 4280}{22,4 \cdot A} = 7,8 \text{ at} \, .$$

Für die normale dauernde Belastung mit T_3 gleich ca. 1800^0 abs., was ungefähr $\nu = 2$ entspricht, erhalten wir

$$p_t = 6,5 \text{ at}$$

und mit

$$p_m = 0,77$$

erhalten wir

$$p_\omega = 5 \text{ at}$$

den mittleren Arbeitsdruck, der, wie bekannt, für die Berechnung der Dieselmotoren angenommen wird.

Mit diesem Arbeitsdruck erhalten wir für einen einzylindrigen 4-Takt-Dieselmotor 75 PS mit 180 Umdrehungen pro Minute:

$$V_h \cdot p_\omega = 900 \frac{N_\omega}{n} \, ,$$

$$V_h = 900 \cdot \frac{75}{180} \cdot \frac{1}{5} = 75 \text{ dc}^3$$

und bei

$$S : D = 1,5 \, ,$$

$$D = 400 \text{ mm} \, , \qquad S = 600 \text{ mm} \, .$$

Bei Überlastung bis $p_t = 7,8$ oder $p_\omega = 7,8 \cdot 0,77 = 6$ at wird der Motor:

$$N = \frac{75 \cdot 6 \cdot 180}{900} = 90 \text{ PS}$$

leisten, also ergibt sich eine Überlastung von $20\,^0/_0$ (von der Normallast 75 PS).

Was die Regulierung des Dieselmotors anbetrifft, so kann diese bloß durch das erste Verfahren ausgeführt werden.

6. Verbrennungsturbinen.

Einleitung. Vergleichen wir das bisher erwähnte Arbeitsverfahren der Kolbenverbrennungsmaschinen mit demjenigen der Kolbendampfmaschinen, so ersehen wir daß der Hauptunterschied zwischen ihnen in folgendem besteht.

In den Dampfmaschinen findet die Wärmezufuhr an das Wasser, die Dampfbildung und die Druckerhöhung des Dampfes nicht in dem Zylinder der Dampfmaschine, sondern in einem besonderen Apparat, dem Dampfkessel, statt. In dem Zylinder der Dampfmaschine geht nur die Umwandlung der potentiellen Druckenergie des Dampfes in mechanische Arbeit vor und zwar wird bei Verbindung des Zylinders mit der Dampfquelle eine Einfüllungs-Arbeit bei konstantem Druck (angenommen daß die Dampfquelle im Verhältnis zum Einfüllungsraum sehr groß) und eine Ausdehnungsarbeit, wenn der Zylinder von der Dampfquelle abgeschnitten ist, geleistet.

In den Verbrennungsmotoren dagegen geht nicht nur die Umwandlung der Wärmeenergie in potentielle Druckenergie und letzterer in mechanische Arbeit in dem Inneren des Zylinders vor, sondern auch die Umwandlung der chemischen Energie in Wärmeenergie.

Gehen wir nun zu den Verbrennungsturbinen über und vergleichen dieselben mit den Dampfturbinen, so können wir den obengenannten wesentlichen Unterschied zwischen den beiden Turbinenarten jedenfalls in den bisherigen Konstruktionen nicht feststellen. Die Verbrennung geht nicht in den Laufschaufeln, auch nicht in den Leitschaufeln vor, sondern außerhalb, in besonderen Kammern, die wir den Kesseln völlig gleichsetzen können.

Zwischen dem Arbeitsverfahren der Gas- und Dampfturbinen läßt sich eine völlige Analogie durchführen. In den Dampfkessel wird in einer Zeiteinheit Wasser in der Gewichtsmenge, die der aus der Turbine ausströmenden Abdampfmenge entspricht, eingeführt. Da der Druck in dem Dampfkessel auf einer beständigen Höhe erhalten wird, so arbeitet die Wasserpumpe stets bei diesem Gegendruck. Der aus dem Kessel mit einem konstanten Druck ausströmende Dampf fließt durch die Leitschaufel, wo sich die Druckenergie in Bewegungsenergie umwandelt, und tritt mit einer großen Geschwindigkeit in die Laufschaufel herein, wo er mechanische Arbeit leistet: die Bewegungsenergie wird in mechanische Arbeit umgewandelt. Der von der Turbine austretende Abdampf strömt in die freie Atmosphäre bzw. in den Kondensator aus.

Bei den Turbinen mit Verbrennung bei konstantem Druck wird ein Gasluftgemisch (bzw. nur Luft — bei weiterem Einspritzen von flüssigem Brennstoff) mit Hilfe eines Kompressors verdichtet und in die Verbrennungskammer eingeführt. Der Kompressor entspricht also der Wasserpumpe und die Verbrennungskammer dem Dampfkessel. Die eingeführte Ladung wird bei konstantem Druck verbrannt und die Verbrennungsgase strömen mit konstantem Anfangsdruck in die Expansionsdüse und Turbine: die Bewegungsenergie wird in mechanische Arbeit umgewandelt.

Wenn auch im Arbeitsverfahren kein wesentlicher Unterschied zwischen Dampf- und Verbrennungsturbinen vorhanden ist, so stellt sich doch bei den letzten der Arbeitsverbrauch des Kompressors sehr ungünstig. Nicht weniger als ca. $50\,^0/_0$ der Gesamtarbeit der Turbine sollen theoretisch bei den besten Kompressoren auf die Bewegung letzterer verwandt werden. Es scheint deshalb als ob eine Turbine ohne Kompressor vorteilhafter wäre; zu der Frage, ob es sich theoretisch rechtfertigen läßt, kommen wir später zurück.

Einteilung der Verbrennungsturbinen. Verschiedene Turbinenbauarten, die sich bis heute auf dem Versuchsstand befunden haben oder zurzeit befinden, sind zu einer praktischen und betriebssicheren Form nicht ausgebaut, so daß bei dem jetzigen Stand der Technik von betriebsbrauchbaren Turbinenbauarten noch nicht die Rede sein kann. Da aber die Verbrennungsturbinen jedenfalls theoretisch, wie oben erwähnt war, von den Dampfturbinen nicht weit abweichen, so ist es am zweckmäßigsten, sich an die Einteilung der Dampfturbinen zu halten.

Wir müssen allerdings auf zwei besondere Einteilungen, die nur den Verbrennungsturbinen eigen sind, verweisen, nämlich auf:

a) Turbinen mit Verbrennung bei konstantem Druck und Turbinen mit Verbrennung bei konstantem Volumen,

b) Turbinen mit unveränderlichem Zustand vor der Düse (mit konstantem Einströmungszustand) und Turbinen mit veränderlichem Zustand vor der Düse (mit veränderlichem Einströmungszustand).

In der Einteilung a) werden irrtümlicherweise oft erstere als Gleichdruckturbinen und letztere als Explosionsturbinen bezeichnet. Wir machen darauf aufmerksam, daß nach der Einteilung der Dampfturbinen unter einer Gleichdruckturbine eine solche zu verstehen ist, in der das ganze Wärmegefälle beim Durchgang durch die feststehende Düse (Leitschaufel) in kinetische Energie umgesetzt wird, so daß der Druck in den Laufschaufeln stets konstant bleibt, dagegen eine Überdruckturbine eine derartige ist, in der nur ein Teil des Wärmegefälles in den Düsen, ein anderer aber in den Laufschaufeln umgesetzt wird, so daß der Druck in den Laufschaufeln abnimmt. Es kann also eine Gleichdruckturbine (bzw. eine Überdruckturbine) mit Verbrennung bei konstantem Druck, als auch bei konstantem Volumen (Explosion) oder aber bei anderen Verbrennungsarten arbeiten.

Was die Einteilung b) anbetrifft, so kann bei jeder Verbrennungsart der Ausfluß der Verbrennungsgase aus der Verbrennungskammer so gewählt sein, daß der Zustand $(p\,v\,T)$ der Verbrennungsgase beim Eintritt in die feststehenden Düsen (Leitrad) stets derselbe bleibt. Diese Turbinenart wird unabhängig von der Art der Verbrennung Verbrennungsturbine mit konstantem Einströmungszustand genannt. Wird dagegen der Ausfluß der Gase aus den Verbrennungskammern so geführt, daß der Zustand der Verbrennungsgase vor Eintritt in die Düsen periodissh veränderlich ist, so wird diese Turbinenart als Verbrennungsturbine mit veränderlichem Einströmungszustand bezeichnet.

Wir besprechen zuerst diejenigen Verbrennungsturbinen, die mit Verdichtung der Ladung und mit unveränderlichem Zustand vor der Düse arbeiten, und alsdann diejenigen, die ohne Verdichtung und mit veränderlichem Einströmungszustand arbeiten. Den ersteren entspricht am besten die Turbine mit Verbrennung bei konstantem Druck.

Zustandsänderungsdiagramme für Verbrennungsturbinen. Die Arbeit einer Verbrennungsturbine mit Verbrennung bei konstantem Druck ist im Druckvolumendiagramm auf Abb. 55 dargestellt. Abb. 56 gibt die Anordnung der Hauptteile der Turbine schematisch wieder.

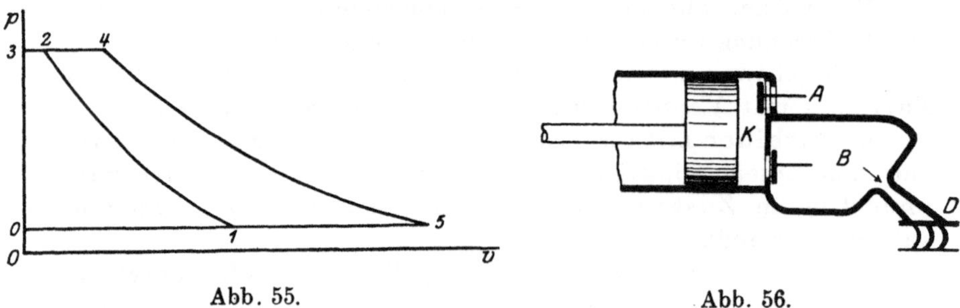

Abb. 55.   Abb. 56.

Durch das Ventil A wird im Kompressor K Luft (bzw. frische Ladung) angesaugt (Linienzug 01 auf dem Druckvolumendiagramm Abb. 55) und bei Rückgang des Kolbens von Zustand $p_1\,v_1\,T_1$ auf den Druck p_2 nach einer Zustandsänderungskurve 1—2 verdichtet $(p_2\,v_2\,T_2)$.

Die Ladung wird dann unter Druck p_2 in einen Zwischenbehälter (B), in welchem stets konstanter Druck herrscht, ausgeschoben. Gleichzeitig wird auch der Brennstoff in den Behälter eingeführt und unter konstantem Druck verbrannt. Damit geht der Zustand $(v_2\,p_2\,T_2)$ in den Zustand $(v_4\,p_4\,T_4)$ — wo $v_4 > v_2$ — über. Der Behälter B muß groß genug gewählt werden, um stets den konstanten Druck $p_2 = p_4$ beizubehalten, damit die Einführung der Ladung in der Weise vor sich geht, daß die Gase vor dem Eintritt in die Düse stets denselben Zustand $v_4\,p_4\,T_4$ haben. Die ausfließenden Verbrennungsgase, deren Gewicht gleich der eingeführten Ladung (bzw. Luft und Brennstoff) ist, werden entweder am Ende der Leitschaufel (Düse D) oder am Ende der Laufschaufel bis zum Druck, der unter der Laufschaufel herrscht, fallen. Ist die Zustandsänderung beim Ausströmen $4-5$ und die Laufschaufel mit der Atmosphäre verbunden ($p_5 = 1$ at), so treten die Verbrennungsgase aus der Turbine mit Zustand $p_5\,v_5\,T_5$ aus.

In $\log T/\log v$-Diagramm wird sich diese Zuständsänderung durch Linienzug 1 2 4 5 Abb. 57 darstellen, wo $1-2$ der isothermischen

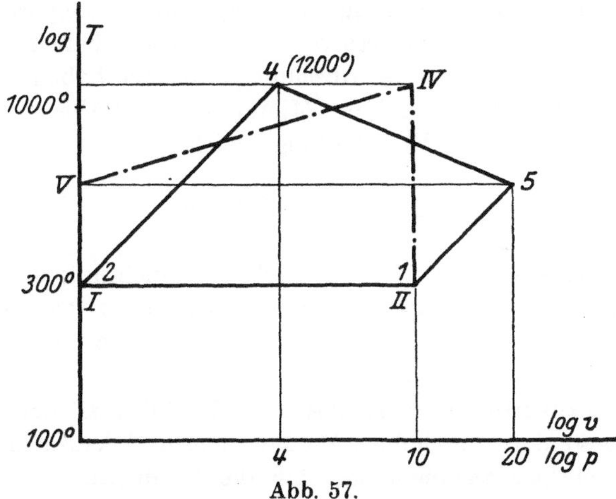

Abb. 57.

Verdichtung, $4-5$ dem adiabatischen Ausströmen und $2-4$ der Isobare entsprechen. In $\log p/\log T$-Diagramm wird dieselbe Zustandsänderung durch den Linienzug I II IV V dargestellt.

Wir haben hingewiesen, daß die Kompressorarbeit einen wesentlichen Teil der Turbinenarbeit in Anspruch nimmt. Es muß also bei der Berechnung der Verbrennungsturbine nicht nur die Turbinenarbeit, sondern auch die Kompressorarbeit verfolgt werden.

Kompressorarbeit. Der Kompressor ist für die Verdichtung der Ladung bzw. der Luft bis zu dem angegebenen Druck bestimmt und wird entweder durch einen besonderen Motor oder durch die Turbine selbst getrieben.

Wir nehmen weiterhin stets an, daß der Kompressor von der Turbine direkt entweder mittels einer Riemen- oder Zahn- oder aber einer anderen Übertragung getrieben wird, nicht aber daß dazu ein besonderer Motor verwandt werden muß. Bei dieser Voraussetzung stellen wir die Turbinenanlage in dieselben Bedingungen, wie die Kolbenmaschinen, da in diesen der Kompressor mit dem Motor organisch gebunden ist.

Ist die theoretische Arbeit des Kompressors in Wärmeeinheiten $-AL_k$, sein Wirkungsgrad $-\eta_k$ (Verhältnis des wirklichen indizierten Diagramms zum theoretischen) und der Wirkungsgrad der Übertragung $-\eta_m$, so ist die Arbeit in WE, die für den Kompressor erforderlich ist, auf ein Mol. gleich:

$$\frac{m\,A\,L_k}{\eta_k \cdot \eta_m} \qquad \ldots \ldots \ldots \quad (144)$$

Für die beste Ausnutzung der Brennstoffes ist es selbstverständlich erwünscht, beide Wirkungsgrade möglichst zu steigern und die theoretische Arbeit des Kompressors so klein wie möglich zu halten. Letztere erreicht, wie wir in Abschnitt I gezeigt haben, für einen angegebenen Verdichtungsgrad ihr Minimum bei isothermischer Verdichtung und ist für ein Mol. Ladung gleich:

$$(m\,A\,L)_{n=1} = (m\,A\,R\,T_0)\ln\frac{p_2}{p_1},$$

wo T_0 die Temperatur der isothermischen Verdichtung und p_2 bzw. p_1 den End- bzw. Anfangsdruck der Verdichtung bedeutet. Die graphische Berechnung der Werte $(m\,A\,L)_{n=1}$ ist bereits früher angegeben worden.

Da eine isothermische Verdichtung in Wirklichkeit bei Turbinenanlagen, insbesondere bei hohem Verdichtungsgrad kaum möglich ist, so wäre es richtiger anzunehmen, daß die Verdichtung nach einer Polytrope mit Exponent n, der nahe zu 1 ist, verläuft. Die Arbeit des Kompressors bei Verdichtung nach einer Polytrope ist dem Wärmegefälle zwischen Anfangs- und Endzustand:

$$(m\,A\,L)_n = \frac{n}{1-n}\cdot m\,A\,R\cdot(T_1 - T_2)$$

gleich.

Die graphische Berechnung der Endtemperatur T_2 bietet bei angegebener Anfangstemperatur T_1 und dem Druckverhältnisse $\frac{p_2}{p_1}$

im besondeien in $\log p/\log T$-Koordinaten keine Schwierigkeiten (vgl. Abb. 35).

Nachdem die Endtemperatur T_2 gefunden ist, können wir dem Wärmediagramm Taf. I oder II den Wert $(m\,A\,L)_n$ entnehmen. Bei einer Anfangstemperatur $T_1 = 300^0$ und $p_1 = 1$ at ergibt sich $(m\,A\,L)_n$ gleich:

Tabelle XII.

Für Verdichtung bis . .	10	15	20	25	30	atm
nach Isotherme	1360	1600	1770	1900	2020	WE
nach Polytrope $n = 1, 1$	1520	1740	2050	2200	2400	WE
Endtemperatur T_2 . . .	370^0	380^0	395^0	400^0	410^0	abs.

Aus dieser Tabelle erhalten wir bei berechnetem Molekulargewicht der Ladung (m) die theoretische Veidichtungsaibeit auf 1 kg Ladung, indem wir die Zahlen der vorliegenden Tabelle durch m dividieren.

Der Einfachheit wegen nehmen wir im weiteren stets eine isothermische Verdichtung an und führen die Abweichung der wirklichen Verdichtung von der theoretischen in den Koeffizienten η_k ein Den letzteren wählen wir dementsprechend gleich 0,85 und η_m gleich 0,95, so daß

$$\eta_k \cdot \eta_m = 0{,}80 \,.$$

Wärmezufuhr. Nach Einführung der verdichteten Ladung in die Verbrennungskammer beginnt die Verbrennung der Ladung. Für einen allgemeinen Fall können wir annehmen, daß die Verbrennung zuerst unter konstantem Volumen und ferner unter konstantem Druck vor sich geht, und daß auf diese Weise auf 1 kg Ladung bei konstantem Volumen Q_1 Wärmeeinheiten und bei konstantem Druck Q_2 Wärmeeinheiten zugeführt sind.

Es bedeuten ferner:

$m_1, \quad \zeta_1, \quad T_1$ Molekulargewicht, Temperaturkoeffizient der spezifischen Wärme und Temperatur der Ladung,

$m_{1/2}, \quad \zeta_{1/2}, \quad T_{1/2}$ Molekulargewicht, Temperaturkoeffizient und Temperatur der Verbrennungsprodukte nach Verbrennung unter konstantem Volumen,

$m_2, \quad \zeta_2, \quad T_2$ Molekulargewicht, Temperaturkoeffizient und Temperatur der Verbrennungsprodukte nach Verbrennung unter konstantem Druck.

Wir erhalten damit:

$$Q_1 = \frac{a}{m_{1/2}} T_{1/2}\left(1 + \frac{\zeta_{1/2}}{2} T_{1/2}\right) - \frac{a}{m_1} T_1\left(1 + \frac{\zeta_1}{2} T_1\right)$$

$$Q_2 = \frac{a}{m_2}\, T_2\left(k + \frac{\zeta_2}{2}\, T_2\right) - \frac{a}{m_{1/2}}\, T_{1/2}\left(k + \frac{\zeta_{1/2}}{2}\, T_{1/2}\right)$$

oder:

$$m_{1/2}\, Q_1 = a\, T_{1/2}\left(1 + \frac{\zeta_{1/2}}{2}\, T_{1/2}\right) - \frac{m_{1/2}}{m_1}\, a\, T_1\left(1 + \frac{\zeta_1}{2}\, T_1\right)$$

$$m_2\, Q_2 = a\, T_2\left(k + \frac{\zeta_2}{2}\, T_2\right) - \frac{m_2}{m_{1/2}}\, a\, T_{1/2}\left(k + \frac{\zeta_{1/2}}{2}\, T_{1/2}\right).$$

Obgleich die graphische Berechnung der Endtemperatur bereits einmal
gegeben worden ist, wiederholen wir sie noch einmal auf Abb. 58, wo

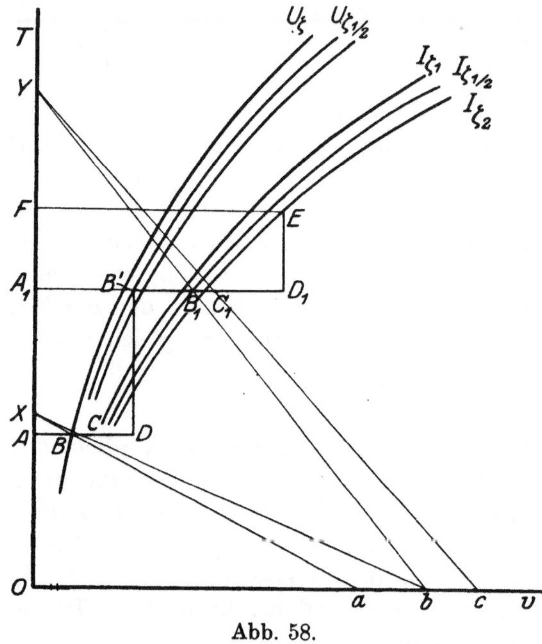

Abb. 58.

die Werte des Wärmeinhalts bei konstantem Druck nicht wie im
Wärmediagramm von der Richtung ART, sondern von der Ordinatenachse abgelegt sind.

Wir legen ab:

$$\overline{AB} = a\, T_1\left(1 + \frac{\zeta_1}{2}\, T_1\right)$$

$$\overline{Oa} = n \cdot m_1; \qquad \overline{Ob} = n \cdot m_{1/2}; \qquad \overline{Oc} = n \cdot m_2,$$

wo n eine ganze Zahl oder einen Bruch bedeutet.

Ziehen wir aBX und dann XCb ab, so erhalten wir:

$$AC = \frac{m_{1/2}}{m_1}\, a\, T_1\left(1 + \frac{\zeta_1}{2}\, T_1\right).$$

Legen wir $CD = m_{1/2} Q_1$ ab und ziehen wir eine Vertikale bis zum Schnitt mit der Kurve $(m\,U_{\zeta_{1/2}})$, so finden wir, daß

$$A_1 B' = a\,T_{1/2}\left(1 + \frac{\zeta_{1/2}}{2}\,T_{1/2}\right),$$

wodurch die Temperatur $T_{1/2}$ bestimmt ist.

Ferner ist:

$$A_1 B_1 = a\,T_{1/2}\left(k + \frac{\zeta_{1/2}}{2}\,T_{1/2}\right),$$

ziehen wir $b\,B_1\,Y$ und dann $Y\,C_1\,c$, so finden wir:

$$A_1 C_1 = \frac{m_2}{m_{1/2}}\,a\,T_{1/2}\left(k + \frac{\zeta_{1/2}}{2}\,T_{1/2}\right).$$

Legen wir ferner $C_1 D_1$ gleich $m_2 Q_2$ ab und ziehen wir eine Vertikale bis zum Schnitt mit der Kurve $(m\,I_{\zeta_2})$, so finden wir

$$FE = a\,T_2\left(k + \frac{\zeta_2}{2}\,T_2\right),$$

wodurch die Endtemperatur der Verbrennung T_2 bestimmt ist.

Turbinenarbeit. Nachdem die Verbrennungsprodukte in dem Verbrennungsraum den Zustand $p_4\,v_4\,T_4$ erreicht haben (vgl. Abb. 55), so strömen sie durch die Düse. Beim Durchgang durch letztere verändert sich ihr Zustand, so daß sie mit einem Zustand $p_5\,v_5\,T_5$ in die Turbinenschaufel gelangen.

Hier bedeutet p_5 den Atmosphärendruck, falls der Ausfluß in die freie Atmosphäre erfolgt, oder im allgemeinen ist p_5 gleich dem Druck in demjenigen Raum, wohin der Ausfluß stattfindet. Die Werte von $v_5\,T_5$ (Volumen und Temperatur) beim Ausgang von dem Turbinenrad hängen von der Zustandsänderung ab, die das Gas beim Übergang von $p_4\,v_4\,T_4$ bis zum Druck p_5 erfährt.

Wie es in Abschnitt 5, Teil I, gezeigt ist, spielt sich der Energieumsatz in der Weise ab, daß das Wärmegefäll in den Düsen eine Erhöhung der Geschwindigkeit hervorruft, und daß das mit großer Geschwindigkeit strömende Gas einen Druck auf die Schaufel ausübt und beim Lauf des Rades mechanische Arbeit leistet. Beim Durchgang durch die Düsen bzw. durch das Leitrad wird vom Gase keine Arbeit geleistet. Zur Erleichterung der Beweisführung werden wir auch vorläufig annehmen, daß die Strömung in den Düsen verlustlos vor sich geht.

Haben wir es mit einer arbeits- und verlustlosen Strömung zu tun, so ist

$$A\,\frac{u_5^{\,2}}{2\,g} = A\,\frac{u_4^{\,2}}{2\,g} + (J_4 - J_5),$$

wo

$$u_4 \quad \text{und} \quad u_5$$

die Gasgeschwindigkeiten beim Ein- bzw. Ausströmen aus der Düse und

$$J_4 \quad \text{und} \quad J_5$$

die entsprechenden Wärmehöhen bedeuten.

Nehmen wir an, wie es in Wirklichkeit in den meisten Fällen bei den Verbrennungsturbinen vorkommt, daß die Geschwindigkeit u_4 im Verhältnis zur Geschwindigkeit u_5 so klein ist, daß sie gleich Null gesetzt werden könnte, so finden wir:

$$A \frac{u_5{}^2}{2\,g} = J_4 - J_5 \,,$$

d. h. die kinetische Energie von 1 kg pro Sekunde ausfließendem Gase ist gleich dem Wärmegefälle zwischen Anfang und Endzustand des Ausströmens. Diese kinetische Energie stellt den Vorrat der absoluten Arbeit dar, über die wir zur Leistung der mechanischen Arbeit verfügen könnten, falls keine Verluste vorhanden wären.

Infolge aber verschiedener Verluste, auf die wir später zurückkommen, ist es unmöglich den ganzen Vorrat der absoluten Arbeit in mechanische Arbeit umzusetzen.

Bezeichnen wir mit η_t den Wirkungsgrad der Turbine, d. h. das Verhältnis der ganzen Ausströmungsenergie zu der Arbeit auf der Turbinenachse (Bruttoarbeit), angenommen, daß weder der Kompressor noch andere Zubehörmechanismen von der Turbinenwelle getrieben sind, so ist die verfügbare Arbeit auf 1 kg Gas pro Sekunde gleich

$$(A\,L)_t = \eta_t (J_4 - J_5)$$

oder auf 1 Mol. pro Sekunde Verbrennungsprodukte

$$(m_v\,A\,L)_t = \eta_t (m_v\,J_4 - m_v\,J_5).$$

Graphische Berechnung des Wärmegefälles. Das Wärmegefäll $m_v\,J_4 - m_v\,J_5$ wird, wie früher gesagt, aus dem Wärmediagramm bestimmt, falls nur der Anfangs- und Endzustand und die Zustandsänderung angegeben sind.

Die graphische Berechnung der Anfangstemperatur des Ausströmens, die der Temperatur am Ende der Verbrennung gleichkommt, ist oben (Abb. 58) gezeigt.

Wir gehen jetzt zu der Bestimmung der Endtemperatur unter Benutzung des logarithmischen Zustandsänderungsdiagramms (Abb. 59) über, wobei wir annehmen, daß die Zustandsänderung und der Enddruck des Ausströmens angegeben sind.

XY stelle in $\log v / \log T$ Koordinaten die Zustandsänderung beim Ausströmen dar. Es sei ferner Punkt A mit Temperatur T_4 als Anfangspunkt des Ausströmens angenommen, d. h. $\overline{Oa} = \log v_4$. Wir legen aA' gleich $\log p_4$ ab, wo p_4 den angegebenen Druck beim Einströmen in die Düse bedeutet, und ferner $\overline{ab}$ gleich $\log p_5$, wo p_5 dem angegebenen Druck beim Ausströmen aus der Düse

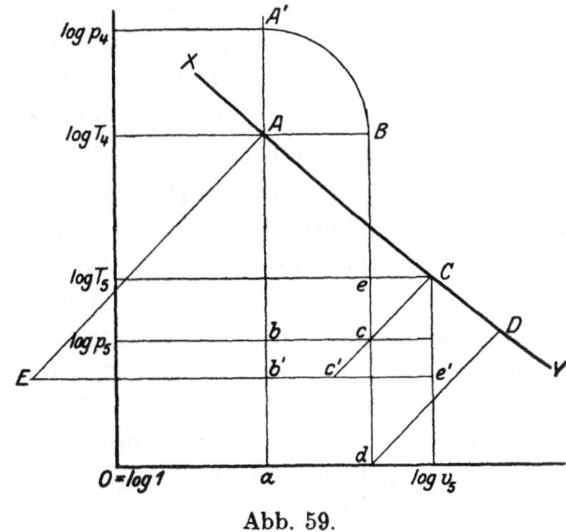

Abb. 59.

entspricht, angenommen, daß der Abszissenachse der Druck $p = 1$ gleichkommt. Ferner legen wir $AB = AA'$ ab, ziehen aus B die Vertikale $\overline{Bc}$ bis zum Schnitt mit der Horizontalen $\overline{bc}$ und aus c den Strahl $\overline{cC}$ unter 45^0. Der Punkt C auf der Zustandsänderungskurve mit $T = T_5$ entspricht dem Enddruck p_5.

In der Tat:

$$T_5 C = T_4 A + AB + eC = T_4 A + AA' + eC =$$
$$= T_4 A + A'a - Aa + ed - cd =$$
$$= \log v_4 + \log p_4 - \log T_4 + \log T_5 - \log p_5$$

oder

$$T_5 C + \log p_5 - \log T_5 = \log v_4 + \log p_4 - \log T_4.$$

Da aber

$$\frac{p_5 v_5}{T_5} = \frac{p_4 v_4}{T_4}$$

und damit

$$\log p_5 + \log v_5 - \log T_5 = \log p_4 + \log v_4 = \log T_4,$$

so folgt, daß:

$$T_5 C = \log v_5,$$

d. h. der Punkt C auf der Zustandsänderungskurve XY entspricht dem Endpunkt des Ausströmens in einen Behälter mit konstantem Druck p_5 und ergibt graphisch die gesuchte Endtemperatur T_5.

Punkt D entspricht der Ausdehnung bis zum Druck $p = 1$ at. Die Gerade AE stellt die Isobare der Verbrennung $Eb'e'$ und die Isotherme der Verdichtung dar.

Ist auf dem Wärmediagramm die Arbeitskurve ($A\,L/T$-Kurve) eingetragen, so ist die Wärmehöhe (J) gleich der Strecke zwischen der I/T-Kurve und der $A\,L/T$-Kurve. Die Differenz zwischen Strecke J_4 entsprechend der Anfangstemperatur T_4 und Strecke J_5 entsprechend der Endtemperatur T_5 bestimmt das Wärmegefäll.

Wirkungsgrad der Turbinenanlage. Der obenerwähnte Wirkungsgrad der Turbine η_t ist aber, insofern eine Verdichtung der Ladung nötig, keinesfalls dem Wirkungsgrad der Turbinenanlage gleich. Unter dem Wirkungsgrad der Turbinenanlage verstehen wir das Verhältnis der Nettoleistung der Turbinenanlage in WE pro Zeiteinheit zu der in dieser Zeiteinheit verbrauchten Wärmemenge Q.

Wird der Kompressor von der Turbinenwelle angetrieben, so ist die geleistete nützliche Nettoarbeit pro 1 kg in 1 Sek. gleich der obengenannten Bruttoarbeit, abzüglich der für den Betrieb des Kompressors erforderlichen Arbeit:

$$\text{Nettoarbeit} = \eta_t (J_4 - J_5) - \frac{1}{\eta_k \, \eta_m} (A\,L)_k$$

und der wirtschaftliche Wirkungsgrad der Turbinenanlage η_ω gleich:

$$\eta_\omega = \frac{\eta_t (J_4 - J_5) - \dfrac{1}{\eta_k \cdot \eta_m} (A\,L)_k}{Q} \quad \ldots \ldots \ (145)$$

Diese Formel bezieht sich eigentlich auf den Fall, daß das Gewicht der Verbrennungsgase gleich dem Gewicht der Kompressorladung ist, was nur bei Einführung des Brennstoffes im Kompressor gilt. Für diejenigen Fälle, wo die Einführung des Brennstoffes nach der Luftverdichtung stattfindet, wird die obengenannte Formel eine andere Gestalt annehmen:

$$\eta_\omega = \frac{\eta_t (J_4 - J_5) - \dfrac{1}{\eta_k \, \eta_m} (1 - G_1)(A\,L)_k - \dfrac{1}{\eta_L} G_1 (A\,L)_L}{Q},$$

wo:

G_1 das Gewicht des durch Einspritzen eingeführten Brennstoffs und Pulverisationsluft auf 1 kg Verbrennungsgase,

$(A\,L)_L$ die theoretische Arbeit des Einspritzens von 1 kg Pulverisationsluft und Brennstoff und

η_L den wirtschaftlichen Wirkungsgrad des Einspritzapparates bedeuten.

Bei der Unbestimmtheit des Koeffizienten können wir annähernd auch für diesen Fall die Formel (145) anwenden. Diese letztere auf 1 Mol. Verbrennungsgas umgerechnet, ergibt:

$$\eta_\omega = \frac{\eta_t\,(m_v\,J_4 - m_v\,J_5) - \dfrac{1}{\eta_k\,\eta_m}\cdot\dfrac{m_v}{m_1}\,(m_1\,A\,L)_k}{m_v\,Q} \qquad . \ (145\,\mathrm{a})$$

wo m_v und m_1 die Molekulargewichte der Verbrennungsgase, bzw. der Ladung bedeuten.

Für die Berechnung des Wirkungsgrades bei angegebenem Brennstoff, Luftüberschuß und Verdichtungsgrad des Kompressors sind alle in Formel (145) eingehenden Werte, wie eben gezeigt, leicht zu bestimmen.

Der Wert η_t kann im Vergleich mit guten Dampfturbinen gleich 0,65 und $\eta_k\cdot\eta_m$, wie früher erwähnt, gleich 0,80 angenommen werden, so daß die Formel (145) in:

$$\eta_\omega = \frac{0{,}65\,(m_v\,J_4 - m_v\,J_5) - 1{,}25\,\dfrac{m_v}{m_1}\,(m_1\,A\,L)_k}{m_v\,Q} \qquad . \ (145\,\mathrm{b})$$

übergeht.

Erfolgt die Zustandsänderung adiabatisch, so ist, wie bekannt, das Wärmegefäll J gleich dem Wärmeinhalt bei konstantem Druck I und

$$(\eta_\omega)_{ad} = \frac{0{,}65\,(m_v\,I_4 - m_v\,I_5) - 1{,}25\,\dfrac{m_v}{m_1}\,(m_1\,A\,L)_k}{m_v\,Q} \qquad (145\,\mathrm{c})$$

Querschnittsermittelung. Ist die Zustandsänderung des Ausströmens angegeben oder gewählt, so läßt sich auch der Gang der Düsenquerschnittsänderung auf Grund der Kontinuitätsgleichung ermitteln.

Um ein ununterbrochenes Ausströmen und eine volle Ausfüllung des Ausströmungsquerschnitts zu erzielen, muß (vgl. Teil I, Abschnitt 5, 29a)

$$G = \frac{F\,u}{v}$$

oder

$$\frac{F}{G} = (F) = \frac{v}{u} \qquad . \ . \ . \ . \ . \ . \ . \ . \ (146)$$

sein, wo (F) den spezifischen Querschnitt, d. h. den Querschnitt auf 1 kg pro Sekunde durchströmendes Gas, bedeutet. Ähnlich bedeutet (G) die spezifische Ausflußmenge.

Bei dem Durchgang durch den Strömungskanal ändert sich der Zustand des Gases von dem Anfangszustand $T_4\,p_4\,v_4$ bis zum Endzustand $T_5\,p_5\,v_5$, wobei diese Änderung auf der ganzen Länge des Kanals allmählich vor sich geht, so daß in jedem Querschnitt ein

anderer Zustand herrscht und jedem Querschnitt eine andere Wärmehöhe sowie Geschwindigkeit zukommt. Wie der Gang der Geschwindigkeit graphisch zu ermitteln ist, haben wir in Teil I gezeigt.

Eine Geschwindigkeitstemperaturkurve für einen adiabatischen
Ausfluß mit einer Anfangstemperatur 1420^0 ist in Annahme einer
Neuströmung (d. h. daß die Anfangsgeschwindigkeit u_4 gleich 0 ist)
auf Abb. 60 (vgl. U) entworfen. Sie entspricht der Gleichung

$$u^2 = \frac{2\,g}{A}\,(I_4 - I) = \frac{2\,g}{A}\,\frac{a}{m}\,(T_4 - T)\left[k + \frac{\zeta}{2}\,(T_4 + T)\right]$$

und stellt also eine Ellipse mit Halbachsen

$$T_4 + \frac{k}{\zeta} \quad \text{und} \quad \left(T_4 + \frac{k}{\zeta}\right)\sqrt{\frac{a}{m}\cdot\frac{g\,\zeta}{A}}$$

dar. Der Mittelpunkt dieser Ellipse liegt auf der Ordinatenachse in
Abstand gleich $\dfrac{k}{\zeta}$ unter der Abszissenachse.

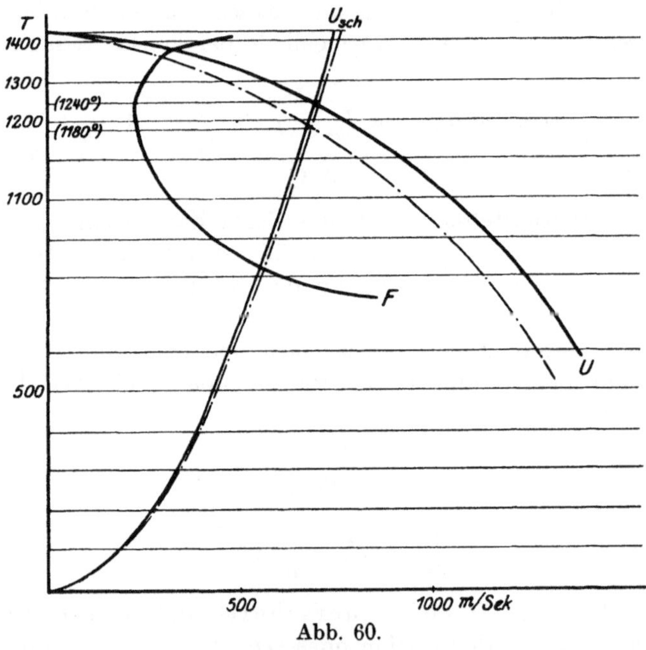

Abb. 60.

Ermitteln wir auf dieser Kurve für einen Wert von T den entsprechenden Wert von Ausflußgeschwindigkeit u und auf der Zustandsänderungskurve den entsprechenden Wert des spezifischen Volumens v, so erhalten wir aus (146) den Wert des spezifischen Quer-
schnitts und können auch die F/T-Kurve zeichnen (Abb. 60, vgl. F).

In der Abb. 60 ist noch die Schallkurve für die adiabatische Zustandsänderung gezeichnet (U_{sch}/T), die der Gleichung:

$$u^2 = g\,\frac{c_p}{c_v}\,RT$$

entspricht.

Die Form der Querschnittskurve zeigt, daß dieselbe den engsten Querschnitt hat, der, wie aus Abb. 60 (vgl. Kurve U_{sch}) folgt, demjenigen Zustand, bei welchem die Ausflußgeschwindigkeit der Schallgeschwindigkeit gleich ist, also dem „kritischen" Zustand entspricht.

Kritischer Zustand. In Abschn. 5, Teil I haben wir gezeigt, daß die idealen Gase einen „kritischen" Ausflußzustand haben. Zur Beantwortung der Frage, ob auch die halbidealen Gase bei adiabatischem Ausfluß diesen „kritischen" Ausflußzustand besitzen, wenden wir uns zu Formel (42) Abschn. 5, Teil I:

$$\frac{d(G_m)}{dT} = (G_m)\,\frac{1}{A}\left(\frac{c_v}{p_m v_m} - \frac{g\,c_p}{u_m^2}\right),$$

welche bei $u^2 = g \cdot \dfrac{c_p}{c_v}\,RT$ gleich 0 ist und untersuchen den Wert $\dfrac{d^2(G_m)}{dT^2}$.
Bei der Differenzierung dieser Gleichung ist zu bemerken, daß bei den halbidealen Gasen auch c_v und c_p Funktionen von T sind, und zwar daß:

$$c_p = \frac{a}{m}(k + \zeta T) \quad \text{und} \quad c_v = \frac{a}{m}(1 + \zeta T),$$

woraus:

$$\frac{dc_v}{dT} = \frac{a}{m}\cdot\zeta \quad \text{und} \quad \frac{dc_p}{dT} = \frac{a}{m}\cdot\zeta \ \ldots\ldots\ldots\ (\text{x})$$

ist. Wir erhalten also:

$$\frac{d^2(G_m)}{dT^2} = \frac{d(G_m)}{dT}\cdot\frac{1}{A}\cdot\left(\frac{c_v}{p_m v_m} - \frac{g\,c_p}{u_m^2}\right) +$$

$$+ (G_m)\,\frac{1}{A}\left[-\frac{c_v}{RT_m^2} + \frac{2\,c_p\,g\,\dfrac{du}{dT}}{u^3} + \frac{a}{m}\,\zeta\left(\frac{1}{RT} - \frac{g}{u^2}\right)\right],$$

was mit

$$u = \sqrt{g\,\frac{c_p}{c_v}\,pv} = \sqrt{g\,\frac{c_p}{c_v}RT}$$

und

$$\frac{du}{dT} = -\frac{c_p}{A}\cdot\frac{g}{u}$$

(vgl. 33c, Abschn. 5, Teil I) ergibt

$$\frac{d^2(G_m)}{dT^2} = -(G_m) \cdot \frac{1}{ART^2} \cdot \left[\frac{c_v(AR + 2c_v)}{AR} - \frac{a}{m} \zeta T \frac{c_p - c_v}{c_p} \right] =$$

$$= -(G_m) \cdot \frac{1}{ART^2} \left[\frac{c_v(c_p + c_v)}{c_p - c_v} - \frac{a}{m} \zeta T \frac{c_p - c_v}{c_p} \right].$$

Mit

$$\frac{a}{m}(k - 1) = AR$$

und (x) erhalten wir:

$$\frac{d^2(G_m)}{dT^2} = -(G_m) \cdot \frac{1}{T^2(k-1)^2(k+\zeta T)}$$

$$[(1 + \zeta T)(k + \zeta T)(\overline{k+1} + 2\zeta T) - (\overline{k-1})^2 \zeta T].$$

Entwickeln wir den Klammerwert, so sehen wir, daß er stets positiv ist (bei positivem T), damit ist $\dfrac{d^2(G_m)}{dT^2}$ stets negativ, also hat die spezifische Durchflußmenge $\dfrac{G}{F}$ bei demjenigen Zustand, bei welchem die Ausflußgeschwindigkeit der Schallgeschwindigkeit gleich ist, ein Maximum.

Die Ermittelung der Temperatur des kritischen Zustands analytisch aus Gleichung:

$$\frac{2g}{A}(I_4 - I) = g \cdot \frac{c_p}{c_v} \cdot RT$$

oder

$$2(T_4 - T) \cdot \left[k + \frac{\zeta}{2}(T_4 + T) \right] = \frac{(k + \zeta T') \cdot (k - 1) \cdot T'}{1 + \zeta T}$$

ist ein wenig kompliziert; daher ist es zu empfehlen, den kritischen Zustand wie oben gezeigt graphisch zu ermitteln.

Endzustand. Der kritische Zustand hat eine große Bedeutung für die Ermittelung des Mündungsquerschnitts, d. h. des kleinsten Ausflußquerschnitts. Bei stationärer Strömung charakterisiert sich der kleinste Ausflußquerschnitt damit, daß ihm die größte spezifische Ausflußmenge zukommt.

Beginnt die Ausströmung mit dem Anfangszustand $p_4\, v_4\, T_4$ und verläuft sie nach der Zustandsänderungskurve $p_4\, p_5$ (Abb. 61), so kann der Endzustand der Ausströmung höchstens den Druck p_5, der dem Außendruck p_{ext} gleich kommt, haben. Damit sind auf der Zustandsänderungskurve das Volumen v_5 und die Temperatur T_5 bestimmt und können sich im allgemeinen auch von Volumen v_{ext} und Temperatur T_{ext} des Außenzustandes unterscheiden. Wir werden darum den Zustand $p_5\, v_5\, T_5$, der auf der gegebenen Zustandsänderung, aus $p_4\, v_4\, T_4$ ausgehend, liegt und den Druck $p_5 = p_{ext}$ hat, als den dem Anfangszustand zugehörigen Endzustand bezeichnen.

Hoch- und Niederdruckgebiet. Nehmen wir an, daß der Ausfluß nach der Zustandsänderungskurve $p_4\, p_5$ im p/T-Diagramm (Abb. 61) vor sich geht und ziehen wir von verschiedenen Anfangspunkten $(p_4)_1/(T_4)_1$; $(p_4)_a/(T_4)_a$; $(p_4)_2/(T_4)_2$ usw. die Geschwindigkeitskurven (u/T), sowie die Schallgeschwindigkeitskurve (u_{sch}/T), so ersehen wir, daß der kritische Zustand (p_{kr}/T_{kr}) in einem Gebiet zwischen dem Anfangs- und dem ihm zugehörigen Endzustand liegt, dagegen in einem anderen Gebiet sich unter dem letzten befindet. Es gibt aber auch (vgl. Abb. 61) einen Anfangszustand $(T_4)_a$, bei welchem der kritische Zustand mit dem Endzustand zusammenfällt, nämlich derjenige Anfangszustand $(T_4)_a$, bei welchem die Ausflußgeschwindigkeit der Schallgeschwindigkeit im Endzustand gleich ist. Diesen Anfangszustand nennen wir gebietteilenden Zustand der Ausflußzustandsänderung.

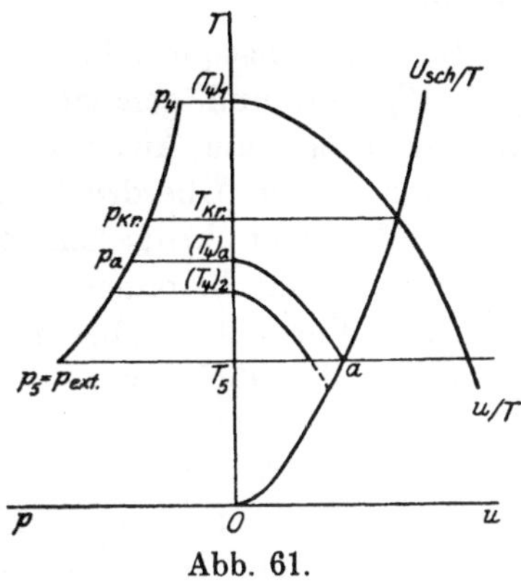

Abb. 61.

Das Gebiet oberhalb dieses Zustands soll als **Hochdruckgebiet** und unterhalb als **Niederdruckgebiet** bezeichnet werden.

Liegt der Anfangszustand im Hochdruckgebiet, so befindet sich der kritische Zustand zwischen dem Anfangszustand und dem ihm zugehörigen Endzustand; liegt dagegen der Anfangszustand im Niederdruckgebiet, so ist der Endzustand zwischen dem Anfangszustand und dem kritischen Zustand zu suchen.

In diesem letzteren Falle ist die Ermittelung des Mündungsquerschnitts einfach. Die spezifische Ausflußmenge steigt vom Anfangszustand bis zum kritischen, und da der letztere unter dem Endzustande liegt, so entspricht die größte spezifische Ausflußmenge dem Endzustand und ist gleich:

$$\frac{G}{F} = \frac{u}{v} = \frac{\sqrt{\dfrac{2g}{A}\left(I_4 - I_{ext}\right)}}{v},$$

damit ist der Mündungsquerschnitt F gleich:

$$F = \frac{G\,v}{\sqrt{\dfrac{2g}{A}\left(I_4 - I_{ext}\right)}}.$$

Lavaldüsen. Anders ist es, falls sich der Anfangszustand im Hochdruckgebiet befindet. In diesem Falle muß in dem Mündungsquerschnitt der kritische Zustand herrschen, da diesem die maximale spezifische Ausflußmenge:

$$ F_m = \cfrac{G\,v}{\sqrt{g\,\dfrac{c-c_p}{c-c_v}\,RT}} $$

zukommt.

Im Mündungsquerschnitt stellt sich also der kritische Zustand $p_{kr}/v_{kr}/T_{kr}$ ein und gelangt die Ausdehnung der Gase in der Mündung nicht bis zum Außendruck. Die Gase stürzen in den Außenraum mit einem Überdruck und verursachen Wirbel, so daß das Wärmegefäll vom kritischen Zustand bis zum Endzustand verloren geht, wenn nicht besondere Vorrichtungen vorgesehen sind.

Diese Vorrichtung besteht aus einem kurzen Aufsatzrohr mit einem sich allmählich erweiternden Querschnitt. Die Aufsatzrohre — Lavaldüsen — oder einfach Düsen müssen höchstens ca. 10^0 Kegelwinkel haben, da sich der Strahl sonst von den Wänden abreißen kann. In den Düsen verläuft die Ausdehnung der Gase von dem kritischen Zustand bis zum Endzustand, so daß das ganze Wärmegefäll von dem Anfangszustand bis zu dem ihm zugehörigen Endzustand ausgenutzt werden kann.

Der engste Querschnitt der Düse ist gleich dem Mündungsquerschnitt und wird aus dem kritischen Ausflußzustand berechnet. Von da ab geht die Düse mit einem erweiterten Querschnitt, so daß in jedem Abstand von dem engsten Querschnitte aus der Querschnitt der Düse oder ihr Verhältnis zum engsten Querschnitt berechnet werden kann. Um die Länge der Düse zu bestimmen, wenden wir uns zur Abb. 60 (Kurve F), wo der Gang des Querschnittsverhältnisses in Zusammenhang mit dem Zustandsänderungsgang eingetragen ist. Aus dieser Kurve finden wir den Querschnitt, der dem Endzustand entspricht, und suchen auf der Düse denselben Querschnitt aus, womit die Länge der Düse bestimmt ist.

Abb. 62 stellt eine Düse dar, welche der Querschnittsänderung Abb. 60 entspricht; der Keilwinkel der Düse ist gleich 10^0, der Querschnitt ist stets rund angenommen.

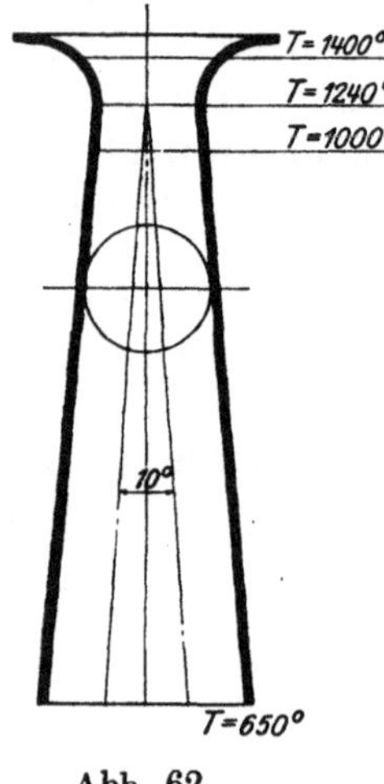

Abb. 62.

Der Querschnitt kann auch andere Formen annehmen, z. B. der ganzen Länge nach eine konstante Höhe haben und nur die Breite wechseln usw.

Ein- und mehrstufige Turbinen. Die Turbinen, in denen die Umsetzung des Wärmegefälles in die Ausflußgeschwindigkeit nur in einem einzigen Leitrad und die Umsetzung der letzteren in kinetische Energie in einem einzigen Laufrad vor sich geht, heißen einstufige Turbinen. In den Laufschaufeln der Turbine (Gleichdruckturbine) herrscht theoretisch ein konstanter Zustand, der dem Ausflußzustand in der Düse gleichkommt; die Geschwindigkeit dagegen nimmt ab.

In dieser einfachsten Form der Turbinen ist die Austrittsgeschwindigkeit der Gase aus den Düsen sehr hoch. Dementsprechend wird auch die Umfangsgeschwindigkeit des Laufrades zu hoch, da die letztere von der ersteren abhängt[1]). Die Verminderung dieser Geschwindigkeit wird durch die Anwendung der mehrstufigen Turbinen erzielt, indem das ganze Wärmegefäll in 2, 3 usw. Teile geteilt wird. Die Gase kommen mit einer Geschwindigkeit, die dem ersten Teil des Wärmegefälls entspricht, in das erste Laufrad, wo diese Geschwindigkeit nach Leistung der äußeren Arbeit abnimmt; der Zustand aber bleibt in dem Rad unveränderlich. Das Gas fließt dann durch ein stillstehendes Leitrad, das aus einer Reihe von Düsen oder Kanälen besteht und wo wieder eine Zustandsänderung eintritt, indem ein weiteres Wärmegefäll ausgenutzt wird, so daß das Gas wieder eine erhöhte Geschwindigkeit erhält und in das zweite Laufrad gelangt usw.

Je ein Leit- und je ein Laufrad bilden eine Stufe.

Die Wärmegefälle können so gewählt sein, daß die Ausflußgeschwindigkeit für jede Stufe gleich oder kleiner als die dem Endzustand entsprechende Schallgeschwindigkeit ist. In diesen beiden Fällen sind die Lavaldüsen unnötig. Soll aber die Ausflußgeschwindigkeit die obengenannte Schallgeschwindigkeit überschreiten, so müssen für die Gleichdruckturbinen Ansatzrohre angebracht sein.

Geschwindigkeitsverluste. Wir haben den wirtschaftlichen Wirkungsgrad der Turbine aus der Praxis der Dampfturbinen als 0,65 angenommen. Ohne diesen Wert weiter zu begründen, zeigen wir, aus welchen Elementen sich der wirtschaftliche Wirkungsgrad einer Gasturbine zusammensetzt.

Bei Berechnung der Ausflußgeschwindigkeit nahmen wir an, daß die Zustandsänderung adiabatisch und der Ausfluß widerstandslos vor sich geht. In Wirklichkeit ist das nicht der Fall, und wenn auch die Zustandsänderung adiabatisch verläuft, so ist der Ausfluß dennoch nicht widerstandslos. Bei dem Durchströmen der Gase durch die Düsen entsteht eine Reibung der Gase mit den Düsenwänden, die zu einem Verlust der Ausflußgeschwindigkeit führt.

---

[1]) Die Umfangsgeschwindigkeit ist etwa der halben Eintrittsgeschwindigkeit im Laufrad gleich.

Ist AB (Abb. 63) die adiabatische Zustandsänderung im p/v-Diagramm, dann ist die Fläche $aABb$ gleich dem Wärmegefälle von A bis B und die Fläche $1AB2$ gleich der Ausdehnungsarbeit. Tritt die Reibung dazu, so erhöht sich die Temperatur der Gase, so daß die Ausdehnung nach der Kurve AC, die oberhalb der Adiabate verläuft, vor sich geht. Die Ausdehnungsarbeit ist in diesem Falle

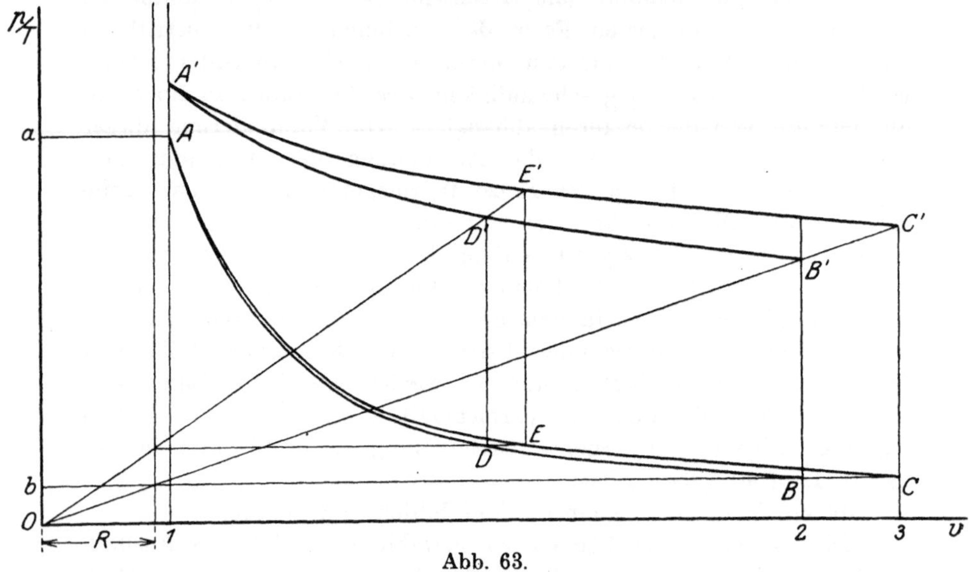

Abb. 63.

$1AC3$ gleich; es ist damit durch die Reibung eine zusätzliche Ausdehnungsarbeit $1AC3 - 1AB2 = 2BAC3$ entstanden und auch die innere Energie im Endpunkt auf $U_C - U_B$ erhöht worden; beides selbstverständlich auf Kosten eines Verlustes der Strömungsenergie. Nun geht aber wieder ein Teil dieses Verlustes, nämlich der Teil ABC, auf Erhöhung des Wärmegefälles, so daß die wirklich verlorene Wärme gleich

$$U_C - U_B + A\,\square\,2BC3 = I_C - I_B$$

ist.

Ist die berechnete adiabatische widerstandsfreie Ausflußgeschwindigkeit gleich u_{ad}, und u die wirkliche, so haben wir

$$A\,\frac{u_{ad}^2}{2g} = I_A - I_B \quad\ldots\ldots\ldots \quad (147)$$

und

$$A\,\frac{u_{ad}^2}{2g} - A\,\frac{u^2}{2g} = I_C - I_B \quad\ldots\ldots \quad (148)$$

also:

$$A \frac{u^2}{2g} = I_A - I_C \quad \ldots \ldots \ldots \quad (149)$$

und

$$\frac{u^2}{u_{ad}^2} = \eta_R = \frac{I_A - I_C}{I_A - I_B} = 1 - \frac{I_C - I_B}{I_A - I_B} = 1 - \xi \quad (150)$$

wo η_R den **Wirkungsgrad der Wärmegefälle in den Düsen**
und ξ den **Widerstandskoeffizient** bedeuten.

Wir sehen also, daß die wirkliche Ausflußenergie in WE (149)
der Differenz des Wärmeinhaltes bei konstantem Druck bei
Anfangs- und Endzustand ohne Beziehung auf den Gang der wirklichen Ausdehnungskurve AC gleichkommt.

Ist der Widerstandskoeffizient ξ uns bekannt, so können wir
den Punkt C finden und auch die Kurve AC — in der Annahme,
daß ξ konstant ist — wie folgt entwerfen: jedem Punkte D' (Abb. 63)
der Temperatur-Volumenkurve entspricht ein Wert $I_A - I_D$ und mit
$$\frac{I_E - I_D}{I_A - I_D} = \xi, \text{ erhalten wir}$$

$$I_E = I_A \xi + I_D (1 - \xi),$$

woraus der Punkt E' auf der Isobare aus D' zu finden ist.

Die graphische Ermittelung der Kurve AC ist auf Abb. 64 gezeigt. $I - I$ ist die I/T-Kurve (die Werte I sind von der Abszisse

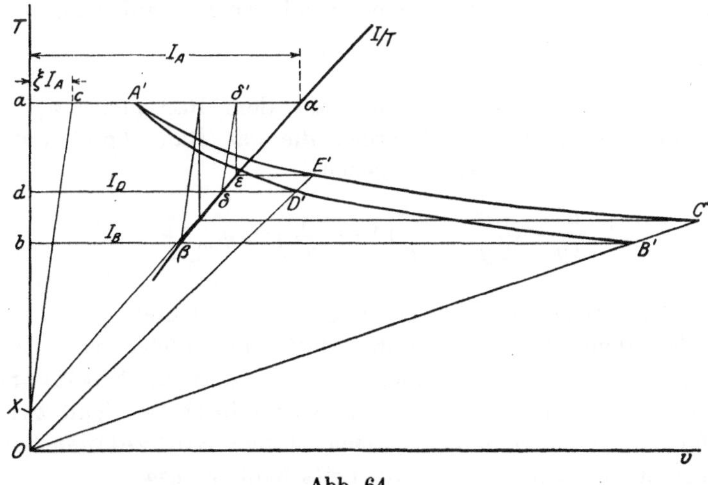

Abb. 64.

abzulegen). Wir ziehen die Adiabate $A'B'$ des reibungslosen Ausflusses von Druck p_a bis Druck p_b. Es entsprechen $a\alpha$, $b\beta$, $d\delta$
den Werten I_A, I_B und I_D für die Punkte A', B', D' der Adiabate

$A'B'$ und αC — dem Werte ξI_A. Ziehen wir $\alpha \delta$ bis zum Schnittpunkt X mit der Ordinatenachse, ferner von X eine Gerade Xc, von δ die Gerade $\delta \delta'$ parallel zu Xc und schließlich eine Vertikale $\delta'\varepsilon$ bis zum Schnitt mit der Kurve I/T, so erhalten wir die Temperatur T_ε, welche der Gleichung

$$I_\varepsilon = I_A \cdot \xi + I_D(1-\xi) \quad \ldots \ldots \quad (151)$$

entspricht.

Ziehen wir aus ε eine Horizontale $\varepsilon E'$ bis zum Schnittpunkt mit dem Strahl aus O durch D' durchgehend (Isobare dem Druck im Punkte D' entsprechend), so finden wir den Punkt E' der wirklichen Ausflußzustandskurve.

Diese Konstruktion ist nur gültig, falls ξ konstant ist; ist es aber veränderlich, so läßt sich die wirkliche Ausflußkurve auf Grund der Formel 151 dennoch rechnerisch oder graphisch konstruieren.

Bezeichnen wir mit $\varphi < 1$ den **Geschwindigkeitskoeffizient**, d. h. das Verhältnis der wirklichen Ausflußgeschwindigkeit zur adiabatischen, so ist

$$\varphi = \frac{u}{u_{ad}} \quad \ldots \ldots \ldots \ldots \quad (152)$$

und

$$\varphi^2 = \eta_R = 1 - \xi \quad \ldots \ldots \ldots \quad (153)$$

Die Gase treten also in das Turbinenrad mit einer Geschwindigkeit $u = \varphi \, u_{ad}$ und haben eine potentiale Energie auf 1 kg Gas pro Sekunde gleich $\dfrac{u^2}{2g} = \eta_R \dfrac{u_{ad}^2}{2g}$.

Ist die Ausflußgeschwindigkeit aus dem Rad gleich u_1, so ist die theoretische kinetische Energie, die das Rad abgibt, auf 1 kg pro Sekunde ausfließendes Gas gleich

$$\frac{u^2}{2g} - \frac{u_1^2}{2g} = \frac{u^2}{2g}\left(1 - \frac{u_1^2}{u^2}\right) = \eta_{kin} \cdot \frac{u^2}{2g},$$

wo η_{kin} den **kinetischen Wirkungsgrad** bedeutet.

Außer dem Geschwindigkeitsverlust, der infolge von Reibung vor sich geht, treten noch andere auf, wie z. B. der Spaltverlust, der dadurch entsteht, daß ein Teil des Gases durch den Spalt zwischen Schaufelende und Trommel entweicht, ferner Stoßverlust bei Eintritt auf die Lauf- sowie auf die Leitschaufeln, usw.

Bezeichnen wir das Verhältnis der Geschwindigkeit bei Ausfluß mit Spaltverlust zu derjenigen bei Ausfluß ohne Spaltverlust durch η_{sp}, ferner ein analoges Verhältnis für Stoßverlust durch η_{st} und schließlich durch η_m den mechanischen Wirkungsgrad der Turbine, d. h. das

Verhältnis der wirklich gebremsten Arbeit zu der theoretischen Arbeit, so erhalten wir:

$$A L_w = A \frac{u_{ad}^2}{2\,g} \cdot \varphi^2 \cdot \eta_{kin} \cdot \eta_{sp} \cdot \eta_{st} \cdot \eta_m = A \frac{u_{ad}^2}{2\,g} \cdot \eta_w,$$

wo
$$\eta_w = \varphi^2 \cdot \eta_{kin} \cdot \eta_{sp} \cdot \eta_{st} \cdot \eta_m.$$

Da es bis heute noch an betriebsfähigen Verbrennungsturbinen fehlt, so können wir die Werte der verschiedenen Koeffizienten, die in den wirtschaftlichen Wirkungsgrad η_w eingehen, noch nicht feststellen. Auch liegen unabhängig davon keine ausreichenden anderen Versuchsergebnisse vor, aus denen wir annähernd die praktischen Werte dieser Koeffizienten bestimmen könnten. Es bleibt daher nichts anderes übrig, als sich an die Versuchsergebnisse der Dampfturbine zu halten, in der Voraussetzung, daß die für die letztere gefundenen Zahlen auch für die Verbrennungsturbinen gelten.

Allein wir müssen darauf aufmerksam machen, daß diese Zahlen für die Verbrennungsturbinen kaum ausreichen, da sich die Temperaturverhältnisse, in denen die Dampfturbinen arbeiten, wesentlich von denen der Verbrennungsturbinen unterscheiden. Im besonderen ist zu beachten, daß infolge der hohen Temperaturen in der letzteren die künstliche Abkühlung eine nicht geringe Rolle spielen muß.

Unter diesen Voraussetzungen nehmen wir $\varphi = 0{,}92$, $\eta_{kin} = 0{,}9$, $\eta_{sp} \cdot \eta_{st} = 0{,}95$ und $\eta_m = 0{,}9$ an, so daß

$$\eta_w = 0{,}92^2 \cdot 0{,}9 \cdot 0{,}95 \cdot 0{,}9 \sim 0{,}65$$

gleichkommt (vgl. Formel 145 b).

Berechnung des Wirkungsgrades einiger Turbinenanlagen. Auf Grund unserer Ausführungen können wir jetzt leicht die Berechnung des Wirkungsgrades einer Turbinenanlage verfolgen. Unserer Untersuchung liegen Gleichdruckturbinen mit Verbrennung bei konstantem Druck vor, die mit Naphtha arbeiten.

Wir nehmen an, wie es in Beispiel 4 des vorigen Kapitels gezeigt worden ist, daß der Heizwert auf 1 kg Naphtha 10 800 WE beträgt. Wir wählen ferner einen solchen Luftüberschuß, daß der Heizwert auf 1 Mol. Verbrennungsgase ($m = 29$) gleich 9000 WE ist.

1 kg Verbrennungsprodukte verfügt somit über $\dfrac{9000}{29} = 310$ WE, was einem Luftüberschuß (vgl. Abb. 54)

$$\nu = 2{,}33$$

entspricht.

Bei diesem Luftüberschuß ist der Temperaturkoeffizient der spezifischen Wärme (vgl. Abb. 54)

$$\zeta = 1{,}6 \cdot 225 \cdot 10^{-6}.$$

2000
1800
1600
1400
1200
1000
900
800
700
600
500
400
300
h
log 1000
log 100
log 10
X
Y
L
L'
M
M'
M_1
D
D'
C
C'
A
A_1
B
B_1
F
F'
N
N'
N_1
(N)
(N')
g
g'
g_1
h
(H)
(H_1)
(H)
H
H'
H_1
E
E'

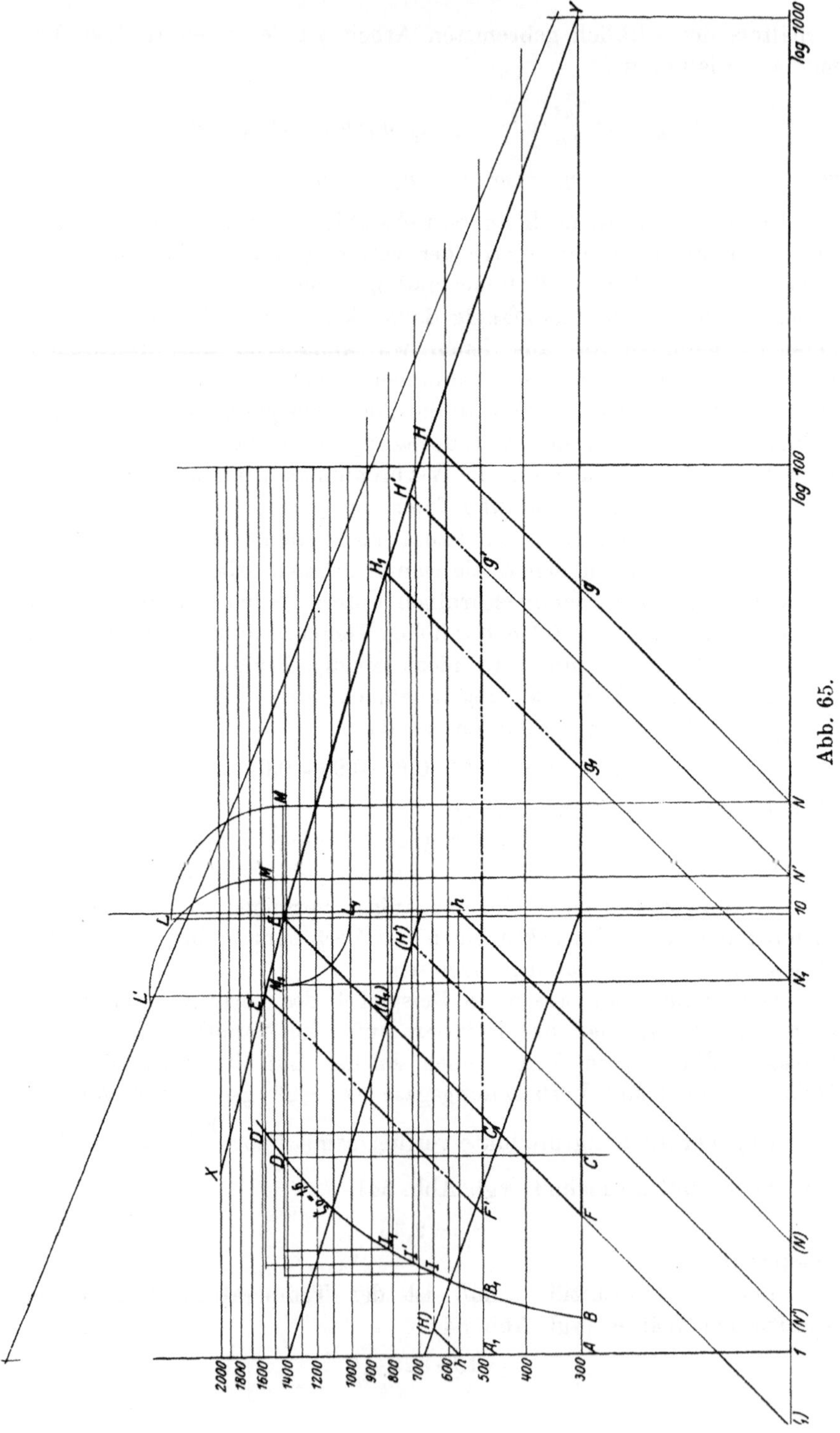

Abb. 65.

Wir nehmen an, daß

die Anfangstemperatur im Kompressor . . . . $T_1 = 300$,

der Anfangsdruck im Kompressor . . . . $p_1 = $ 1 at,

der Enddruck im Kompressor . . . . $p_2 = 25$ at,

der konstante Druck der Verbrennung . . . . p_2 bis $p_4 = 25$ at,

der Ausflußdruck aus der Düse . . . . $p_5 = $ 1 at

beträgt.

Ferner soll die Verdichtung isothermisch und der Ausfluß in der Düse adiabatisch verlaufen.

Da das Molekulargewicht der Luft in diesem Fall (vgl. Beisp. 4 im vorigen Abschnitt) gleich dem Molekulargewicht der Verbrennungsgase ist, so erhalten wir aus (145 c):

$$\eta_w = \frac{0,65\,(m\,I_4 - m\,I_5) - 1,25\,(m\,A\,L)_k}{9000}.$$

Die Verdichtungsarbeit ist gleich:

$$m\,A\,L = m\,A\,R\,T_1 \ln \frac{p_2}{p_1} = 1900 \text{ WE}.$$

Es sei auf Abb. 65:

XY die adiabatische Zustandsänderung entsprechend $\zeta = 1,6 \cdot 225 \cdot 10^{-6}$, im $\log T/\log v$-Diagramm,

BD die I/T-Kurve für denselben Wert von ζ, im $\log T/$WE-Diagramm.

In dieser I/T-Kurve sind die Werte $m\,I = m\,U + m\,A\,R\,T$ von der Ordinatenachse abgelegt.

Die Wärmehöhe am Anfang der Verbrennung ist gleich:

$$A\,B = 2050 \text{ WE}.$$

Legen wir $B\,C = m\,Q = 9000$ WE ab und ziehen wir eine Vertikale $C\,D$ bis zu der Wärmekurve BD, so erhalten wir die Endtemperatur der Verbrennung unter konstantem Druck

$$T_4 = 1425^0 \text{ abs.}$$

und die Wärmehöhe bei dieser Temperatur

$$m\,I_4 = m\,I_3 + 9000 = 11050.$$

Der Temperatur T_4 auf der Adiabate XY entspricht der Punkt E. Ziehen wir nach Verfahren (Abb. 59) $ELMNGH$, so finden wir den Endpunkt der Ausdehnung mit $p_5 = 1$ at:

$$T_5 = 650^0 \quad \text{und} \quad m\,I_5 = 4650 \text{ WE},$$

so daß das Wärmegefälle

$$m\,I_4 - m\,I_5 = 11050 - 4650 = 6400 \text{ WE}$$

und der Wirkungsgrad der Turbine:

$$\eta_w = \frac{0,65 \cdot 6400 - 1,25 \cdot 1900}{9000} \sim 0,20$$

gleichkommt.

Der Linienzug $GFEH$ entspricht dem Prozeß in der Turbinen-anlage; GF ist die isothermische Verdichtung von 1 at bis 25 at (bzw. von Volumen $= 1$ bis Volumen $= {}^1/_{25}$), FE die isobarische Ver-brennung und EH der adiabatische Ausfluß.

Aus diesem Diagramm findet man für verschiedene $T < T_4$ die Werte des Wärmegefälles von T_4 bis T und konstruiert die u/T-Kurve (Abb. 60). Ferner kann man aus Abb. 65 für verschiedene T das spezifische Volumen v und aus Abb. 60 die entsprechenden Werte von u ermitteln, womit die Werte von $\left(\dfrac{F}{G}\right)$ berechnet und in eine Kurve (Abb. 60) eingetragen werden können. Auf diese Weise läßt sich bei gegebenem Kegelwinkel die Länge der Düse bestimmen (Abb. 61).

In Abb. 65 ist auf dem linken Drittel 1 bis 10 die Zustands-änderung auch in stufenartiger Form angegeben. Wünschen wir diese zu benutzen, ohne die lange Kurve XY zu ziehen, so muß der Punkt N nach links geschoben werden, so daß $1\,(N) = 10 - N$. Der Linienzug $(N)h - h(H)$ unter 45^0 bestimmt den Endpunkt (H).

Der Linienzug G_1FEH_1 entspricht einer isothermischen Ver-dichtung bei 300^0 bis 10 at und einer isobarischen Verbrennung unter Einführung derselben Wärmemenge von 9000 WE.

Der Linienzug $G_1F_1E_1H_1$ entspricht einer isothermischen Ver-dichtung bei 500^0 bis 28 at und einer isobarischen Verbrennung unter Einführung derselben Wärmemenge von 9000 WE.

Verhältnis zwischen Wirkungsgrad und Luftüberschuß sowie Verdichtungsgrad.

Sämtliche Angaben aus Abb. 65 sind in Tabelle XIII zusammen-gestellt, außerdem finden sich noch Angaben für Luftüberschuß $\nu = 1,6$.

Aus Tabelle XIII lassen sich einige wichtige Schlüsse über den Zusammenhang zwischen dem Wirkungsgrad einer Turbinenanlage und dem Luftüberschuß sowie dem Verdichtungsdruck ziehen.

Vergleichen wir die Zahlenbeispiele I und II, dann I und III, und schließlich I und IV, so folgt, daß

a) der Wirkungsgrad steigt:

1) mit Zunahme des Verdichtungsdruckes,
2) mit Abnahme der Temperatur der isothermischen Verdichtung,
3) mit Abnahme des Luftüberschußgrades,

b) die Ausflußgeschwindigkeit steigt:
1) mit Zunahme des Verdichtungsdruckes,
2) mit Zunahme der Temperatur der isothermischen Verdichtung,
3) mit Abnahme des Luftüberschußgrades;
c) die Temperatur bei Eintritt auf das Laufrad steigt:
1) mit Abnahme des Verdichtungsdruckes,
2) mit Zunahme der Temperatur der isothermischen Verdichtung,
3) mit Abnahme des Luftüberschußgrades.

Tabelle XIII.

	I	II	III	IV
v	2,33	2,33	2,33	1,6
WE/1 Mol.	9000	9000	9000	13 000
$\zeta : 225 \cdot 10^{-6}$	1,6	1,6	1,6	1,75
T_1	300^0	300^0	500^0 (300^0)	300^0
p_2 . . . at	25	10	28	25
T_4	1425^0	1425^0	1580^0	1800^0
T_5	650^0	825^0	730^0	850^0
$m I_4 - m I_5$ . . . WE	6400	5050	7200	8300
u . . . m/sek.	1360	1180	1450	1550
$(m A L)_{isoth}$ . . . WE	1900	1380	3175 (2000)	1900
η_w	0,20	0,17	0,08 $(0,25)$	0,25

Bei einer genaueren Untersuchung von Beispiel III richten wir die Aufmerksamkeit auf den Umstand, daß die erhaltenen sehr niedrigen Werte des Wirkungsgrades ihre Geltung unter der Voraussetzung behalten, daß wir die Luft vor der Verdichtung erwärmten. Führen wir dagegen den Prozeß in der Weise, daß die Verdichtung der Luft bei 300^0 und alsdann die Erwärmung der verdichteten Luft bei unveränderlichem Druck von 300^0 vor sich geht, so ersehen wir aus den eingeklammerten Werten, daß sich der Wirkungsgrad sogar höher als in Beispiel 1 erweisen wird.

Wir kommen somit zu dem Schluß, daß durch Erwärmung der Verbrennungsluft nach der isothermischen Verdichtung der Wirkungsgrad einer Turbinenanlage gesteigert werden kann. Wir nehmen hier an, daß wir auf diese Erwärmung keinen ergänzenden Brennstoff verwenden dürfen, sondern dazu die Wärme der Abgase, die sonst verloren geht, benutzen.

Explosionsturbinen mit unveränderlichem Einströmungszustand.
Die Arbeit einer Explosionsturbine (Verbrennung bei konstantem Volumen), insofern sie einen unveränderlichen Einströmungszustand hat, unterscheidet sich fast garnicht von der bereits untersuchten Turbinenart mit Verbrennung bei konstantem Druck, so daß wir

auch für diesen Fall für die Anordnung der Hauptteile der Turbine wie früher Abb. 56 benutzen können. Abb. 66 stellt das theoretische Druck-Volumen-Diagramm einer Explosionsturbine dar.

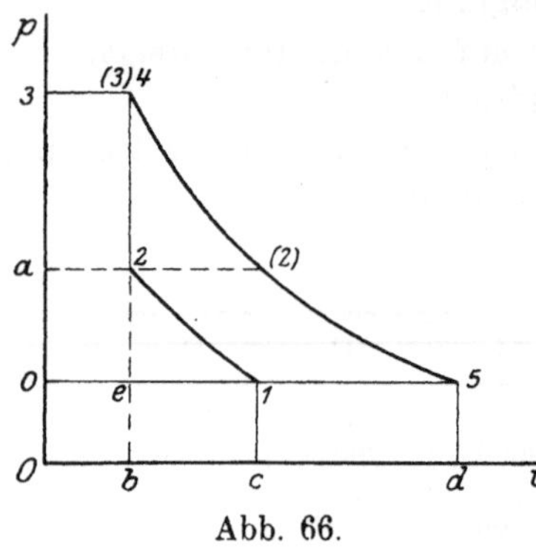

Abb. 66.

Durch das Ventil wird in den Kompressor K frische Ladung angesaugt (Linienzug 0—1 auf dem Druck-Volumen-Diagramm Abb. 66) und bei Rückgang des Kolbens vom Zustande $p_1 v_1 T_1$ auf dem Druck p_2 nach einer Zustandsänderungskurve 1—2 verdichtet ($p_2 v_2 T_2$). Die Ladung wird dann entzündet und bei konstantem Volumen verbrannt, womit der Zustand $v_2 p_2 T_2$ in Zustand $v_4 p_4 T_4$, wo p_4 größer als p_2 ist, übergeht. Von da aus werden die Verbrennungsprodukte bei konstantem Druck in den Zwischenbehälter (B), in welchem stets konstanter Druck herrscht, ausgeschoben. Von dem Behälter strömen die Gase durch die Düse mit einem konstanten Anfangszustande $p_4 v_4 T_4$ aus. Die Zustandsänderung bei Ausströmung ist durch die Kurve 4—5 dargestellt.

Die Turbinenarbeit bleibt hier dieselbe wie in dem früher untersuchten Falle der Verbrennungsturbinen mit konstantem Druck und ist gleich dem Wärmegefälle von Zustand 4 bis Zustand 5, also auf 1 Mol. Verbrennungsprodukte:

$$m_v A L = m_v I_4 - m_v I_5 .$$

Was die Kompressorarbeit anbetrifft, so besteht sie aus zwei Teilen: 1) Verdichtung der Ladung bis zum Druck p_2 und 2) Ausschub mit einem konstanten Druck p_4. In Abb. 66 entspricht diese Arbeit der Summe der Flächen 0—1—2—a und a—2—4—3.

Nehmen wir wie früher an, daß die Verdichtung nach der Isotherme verläuft, so erhalten wir für die Arbeit 0—1—2—a auf 1 Mol. Verbrennungsgase gerechnet:

$$(012\,a) = \frac{m_v}{m_L} (m_L A R_L T) \ln \frac{p_2}{p_1},$$

und für die Arbeit (a 2 4 3), auf 1 Mol. Verbrennungsgase gerechnet:

$$(2\,a\,34) = m_v \cdot (A p_4 v_4 - A p_2 v_2) = m_v A R_v T_4 - \frac{m_v}{m_L} m_L A R_L T_2 ,$$

so daß die ganze theoretische Verdichtungs- und Ausschubarbeit gleich ist:

$$\frac{m_v}{m_L} (m_L A R_L T_1) \ln \frac{p_2}{p_1} + m_v A R_v T_4 - \frac{m_v}{m_L} \cdot m_L A R_L T_2 .$$

Da aber $m_v A R_v = m_L A R_L = 1{,}975$ ist, so finden wir für den wirtschaftlichen Wirkungsgrad der Turbine (vgl. 145):

$$\eta_w = \frac{\eta_t (m_v I_4 - m_v I_5) - \dfrac{1{,}975}{\eta_k \cdot \eta_m} \left[\dfrac{m_v}{m_L} T_1 \lg \dfrac{p_2}{p_1} + T_4 - \dfrac{m_v}{m_L} T_2 \right]}{m_v Q} \qquad (154)$$

wo

m_v, R_v und m_L, R_L . Molekulargewicht und Gaskonstante der Verbrennungsgase bzw. der Arbeitsladung,

η_t . . . . Wirkungsgrad der Turbine,

η_k und η_m . . . . . Wirkungsgrad des Kompressors und der Übertragung von der Turbine zum Kompressor

bedeuten.

Da es sich in diesem Falle nur um eine verhältnismäßig kleine Verdichtung handelt, so kann η_k sehr nahe zu 1 gewählt sein, so daß wir $\dfrac{1}{\eta_k \cdot \eta_m}$ gleich 1,1 setzen können; damit geht die Formel (154) in die nachstehende Formel über:

$$\eta_w = \frac{0{,}65 \, (m_v I_4 - m_v I_5) - 2{,}17 \left[\dfrac{m_v}{m_L} T_1 \ln \dfrac{p_2}{p_1} + T_4 - \dfrac{m_v}{m_L} T_2 \right]}{m_v Q} \qquad (154\,a)$$

Wenden wir uns wieder der Abb. 66 zu, so ersehen wir, daß die Brutto-Turbinenarbeit theoretisch gleich der Fläche 3—4—5—0 ist, so daß mit Abzug der theoretischen Verdichtungs- und Ausschubarbeit 0—1—2—4—3 die Netto-Turbinenanlage-Arbeit theoretisch der Fläche 1—2—4—5 gleich ist.

Beispiel. Wir verfolgen nun ein Beispiel, in dem wir zur Vereinfachung der Berechnung annehmen, daß der Luftüberschuß und der Verdichtungsgrad der Turbine so gewählt ist, daß der Anfangspunkt der Ausströmung demselben Zustand wie auf Beispiel 1, Tabelle XIII, gleichkommt, so daß also:

die Temperatur in Punkt 4 . . $T_4 = 1425^0$ und

der Druck . . . . $p_4 = 25$ at

gleich ist.

Da im Punkt 2, Abb. 66, die Temperatur $T_2 = T_1 = 300^0$ (isothermische Verdichtung), so erhalten wir aus:

$$v_4 p_4 = R_4 T_4 \quad \text{und} \quad v_2 p_2 = R_L T_2,$$

durch Division:

$$\frac{p_4}{p_2} = \frac{R_v T_4}{R_L T_2} = \frac{m_L}{m_v} \cdot \frac{T_4}{T_2} = \frac{1}{\chi} \cdot \frac{T_4}{T_2}.$$

Mit $\chi = 1{,}05$ erhalten wir:

$$p_2 = p_4 \cdot \frac{T_2}{T_4} \cdot \frac{m_v}{m_L} = \frac{25 \cdot 300 \cdot 1{,}05}{1425} \sim 5{,}53 \, .$$

Der Kompressor hat also die Ladung bis zum Druck 5,53 at zu verdichten.

Die Wärmemenge $m_v Q$, die nötig ist, um die Ladung von Temperatur 300^0 bis auf Temperatur 1425^0 zu erhöhen, ist in Annahme $\zeta_0 = 1{,}6$ gleich:

$$m_v Q = m_v U_{1425^0} - \frac{m_v}{m_L} (m_L U_{300^0}) = 6800 \text{ WE} \, .$$

Was das Wärmegefälle anbetrifft, so ist dasselbe, wie in Beispiel 1, Tab. XIII, gleich:

$$m_v I_4 - m_v I_5 = 6400 \text{ WE} \, .$$

Damit erhalten wir:

$$\eta_w = \frac{0{,}65 \cdot 6400 - 2{,}17 \left(1{,}05 \cdot 300 \ln 5{,}53 + 1420 - 1{,}05 \cdot 300\right)}{6800} \sim 0{,}12 \, .$$

Bei einer genauen Berechnung sollte man von dem Bestand der Ladung und dem Luftüberschuß ausgehen; von hier aus lassen sich die genauen Werte m_v und m_L sowie ζ_0 bestimmen. Wir begnügen uns hier aber mit den obengewählten mittleren Werten, da uns nicht der genaue Wirkungsgrad, sondern der annähernde interessiert.

Wir sehen, daß eine Explosionsturbine mit unveränderlichem Einströmungszustande einen sehr ungünstigen Wirkungsgrad im Verhältnis zu der Verbrennungsturbine mit Verbrennung bei konstantem Drucke hat. Das hängt hauptsächlich damit zusammen, daß die Ausschubarbeit a—2—4—3, wie unser Beispiel zeigt, ca. um 2,25 mal größer als die Verdichtungsarbeit ist. Es ist daher leicht verständlich, daß das Bestreben der Erfinder auf die Konstruktion einer Turbine gerichtet ist, die auf diese ungeheuer große Ausschubarbeit verzichtet. Auf diese Weise erklärt sich die Entstehung der Explosionsturbine mit veränderlichem Einströmungzustand.

Explosionsturbinen mit veränderlichem Einströmungszustand. In diesen Turbinen wird die frische Ladung (Abb. 66) in einen Kompressor angesaugt (0—1) und nach Verdichtung bis zum Druck p_2 in den Behälter bei konstantem Druck 2—a hineingeführt. Damit diese Einführung bei konstantem Druck vor sich geht, ist es erforderlich, daß der Druck in dem Behälter zu dieser Zeit bis p_2 herabfällt.

Nach Einführung der Ladung wird das Druckventil geschlossen und die Ladung in dem Zwischenbehälter entzündet, so daß der

Druck bis auf p_4 steigt. Die in dem Zwischenbehälter entstandenen Verbrennungsgase fließen alsdann durch die Düse heraus. Da, solange die Gase in dem Zwischenbehälter einen höheren Druck als p_2 haben, keine neue Ladung eingeführt werden kann, so sinkt in dem Behälter ¯allmählich der innere Druck, bis er endlich dem Druck p_2 gleichkommt. Jetzt öffnet sich das Druckventil, und der Kompressor führt eine neue Ladung ein. Während der Einführung wird eine entsprechende Menge der in dem Zwischenbehälter gebliebenen Gase in die Düsen ausgedrückt, so daß der Ausfluß in diesem kurzen Augenblick so angesehen werden kann, als sei er bei unveränderlichem Einströmungszustande vor sich gegangen.

Nach neuer Einführung der Ladung wird das Ventil wieder geschlossen, wobei in dem Zwischenbehälter (Explosionskammer) wieder eine Explosion erfolgt, und sich die Arbeit wie früher wiederholt. Die Turbine arbeitet somit bei periodisch veränderlichem Druck. Die Zeit von einer Explosion bis zu einer anderen wird Periode genannt.

Das Ausströmen der Gase geht aus dem Zwischenbehälter nicht wie früher stationär vor sich, d. h. der Zustand der Gase ist in jedem Augenblicke nicht derselbe, sondern verändert sich allmählich. Diese Änderung kann nach beliebiger Zustandsänderungskurve geschehen. Ist, wie auf Abb. 67, die Zustandsänderungskurve für die Gase im Inneren des Zwischenbehälters durch $A—B$ dargestellt, so wird im Anfang der Periode der Zustand durch Punkt A, ferner durch a, b usw. bezeichnet sein. In einem gewissen Abstande von dem Mündungs-Querschnitt setzt eine Ausflußzustands-

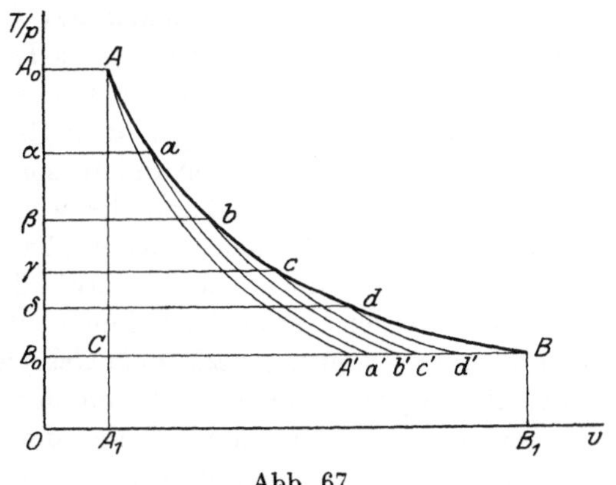

Abb. 67.

änderung ein, indem Druck, Temperatur und spezifisches Volumen von hier aus bis zu der Außenseite der Mündung sich nach einem gewissen Gesetze, der auch von demjenigen im Inneren des Gefäßes verschieden ist, ändern. Der Anfangszustand (im Inneren des Gefäßes von der Mündung) ist in jedem gegebenen Augenblicke gleich dem Zustand in dem ganzen Gefäße in diesem Augenblicke, dagegen entspricht der Endzustand im Mündungsquerschnitt dem Außendruck bzw. dem kritischen Druck und der zugehörigen Temperatur sowie dem zugehörigen spezifischen Volumen. Ist z. B. das Gesetz der Ausflußzustandsänderung durch die Kurven (Abb. 67) $A—A'$, $a—a'$, $b—b'$ bezeichnet, so wird der Endzustand in der Mündung, wenn der Zustand in dem Zwischenbehälter durch A, a, b, c usw. dargestellt ist, den Punkten A', a', b', c' usw. entsprechen.

Es muß also für die Ausströmung nicht nur das Gesetz der Zustandsänderung im Inneren des Gefäßes, sondern auch das Zustandsänderungsgesetz in dem Ausfluß gegeben sein. Das gleiche gilt auch für die stationäre Ausströmung, die auch als ein besonderer Fall der veränderlichen Ausströmung mit angesehen werden kann. In diesem Fall ist der Zustand in dem Gefäß unveränderlich, also p — konstant, v — konstant, T — konstant; die Zustandsänderungen des Ausflusses können aber nach verschiedenen Gesetzen vor sich gehen. Wird dagegen ein Gefäß, in dem der Druck durch periodische Explosionen steigt, noch von außen erwärmt, so verläuft seine Zustandsänderung oberhalb der Adiabate. Trotzdem kann der Ausfluß adiabatisch, oder, falls eine Abkühlung der Düse vorhanden ist, auch unterhalb der Adiabate verlaufen.

Wir gehen nun zur Feststellung der Gesetze der unstationären Strömung über und werden uns bei Ausführung derselben gewissermaßen an die Gesetze der stationären Strömung halten.

Veränderliche Ausströmung der Gase. Unter einer veränderlichen Ausströmung verstehen wir jede Ausströmung, die nicht stationär vor sich geht. In einer solchen Strömung kann sich nicht nur der Zustand des Gases in dem Gefäße zeitlich, d. h. von einem Augenblicke bis zum anderen ändern, sondern auch der Zustand in dem Ausfluß-Querschnitte. Es kann sich weiter auch der Querschnitt selbst zeitlich ändern, desgleichen auch der Inhalt des Gefäßes, und damit selbstverständlich auch die Ausflußgeschwindigkeit sowie die Ausflußmenge.

Wir werden ferner annehmen, daß im Inneren des Gefäßes eine Zustandsänderung nach dem Gesetze $T = f_1(v_i)$ und in dem Ausfluß, also irgendwo nicht weit von der Mündung bis zum Ende der Mündung, bzw. bis zum Ende der Düse, nach anderen Gesetzen $T = f_2(v_m)$ vor sich geht. Ferner nehmen wir an, daß, in welcher Art sich auch der Inhalt des Gefäßes V und der Ausfluß-Querschnitt F ändern mögen, sich doch der Querschnitt zu dem Volumen in jedem Augenblick so verhält, daß wir von einem allmählichen Ausfluß, nicht aber von einem plötzlichen, d. h. momentanen sprechen können. Bei dieser Voraussetzung können wir annehmen, daß in einer kleinen Zeitdauer dt die Zustandsänderung in dem Gefäße so klein ausfällt, daß der Ausfluß in dieser Zeitdauer als stationär angesehen werden kann. Für diesen Fall läßt sich auch eine Kontinuitäts-Gleichung aufstellen.

Hauptgleichungen. In Teil I, Abschnitt 5, ist die Kontinuitäts-Gleichung (29a) für eine stationäre Strömung:

$$G = F \frac{u}{v},$$

angegeben, wobei G die pro 1 sek durchfließende Gewichtsmenge Gas bedeutet. Für eine unendlich kleine Zeitdauer dt wird die durchfließende Menge dG gleich:

$$dG = F \cdot \frac{u}{v} \cdot dt \quad \ldots \ldots \ldots \quad (155)$$

In der Voraussetzung, daß eine veränderliche Strömung in jeder unendlich kleinen Zeitdauer als stationär für diese kleine Zeitdauer angenommen werden kann, ist die Gleichung (155) auch für die veränderliche Ausströmung gültig. Hier bedeutet aber F, u, v, G nicht stationären Querschnitt, Ausflußgeschwindigkeit, spez. Volumen und Gewicht, sondern die für diesen Zeitintervall augenblicklichen Werte von F, u, v, G, die auch als Funktionen der Zeit betrachtet werden können.

Gehen wir zur Untersuchung des Ausströmens aus einem Gefäße über (Explosionskammer), was für uns von besonderer Bedeutung ist, und bezeichnen wir den Inhalt des Gefäßes durch V, wobei V auch zeitlich veränderlich sein kann, so ist in jedem Augenblicke

$$G = \frac{V}{v_i},$$

wo v_i das spez. Volumen im Inneren des Gefäßes bedeutet. Von hier aus erhalten wir:

$$dG = -d\left(\frac{V}{v_i}\right) \quad \ldots \ldots \ldots \quad (156)$$

Das Zeichen minus $(-)$ bedeutet, daß wir von einer Gewichtsmenge dG die von dem Gefäße ausströmt, also von einem in bezug auf das Innere des Gefäßes negativen Zuwachs sprechen.

Vergleichen wir (155) und (156), so erhalten wir:

$$-d\left(\frac{V}{v_i}\right) = F \cdot \frac{u_m}{v_m} \cdot dt, \quad \ldots \ldots \quad (157)$$

eine Gleichung, aus der wir auch die Zeit der Entleerung eines Gefäßes berechnen können.

Was die Arbeit des Ausströmens anbetrifft, so haben wir festgestellt, daß bei einer stationären Strömung die Arbeit pro 1 kg/1 sek durchfließendes Gas gleich:

$$AL = J - J_m$$

ist, wo J und J_m die Wärmehöhe im Anfangspunkt und bzw. in der Mündung bedeuten.

Für eine unendlich kleine Zeitdauer „dt" wird die elementare Arbeit AdL, da in dieser Zeit eine elementare Gasmenge dG ausfließt, gleich:

$$AdL = (J - J_m)\,dG,$$

oder mit (156):

$$AdL = -(J - J_m)\,d\left(\frac{V}{v_i}\right) \quad \ldots \ldots \quad (158)$$

Im weiteren nehmen wir V stets als konstant an.

Die Gleichungen (156) bzw. (157) und (158) sind die Hauptgleichungen der veränderlichen Strömung. Mit Hilfe derselben können wir die Arbeit bei veränderlichem Ausströmen sowie die Zeit des Ausströmens graphisch und rechnerisch ermitteln.

Hier ist besonders zu bemerken, daß v_i im allgemeinen von v_m verschieden ist, und zwar bedeutet v_i das spez. Volumen in dem Inneren des Gefäßes und v_m das spez. Volumen in der Mündung. Das spez. Volumen v_i liegt in jedem Augenblicke auf der Zustandsänderungskurve des Inneren des Gefäßes $T_i = f_1(v_i)$ sowie auch auf der Zustandsänderungskurve des Ausströmens $T_i = f_2(v_i)$, und zwar im momentanen Anfangspunkt dieser letzten Kurve. Das spez. Volumen v_m liegt nur auf der letzteren Zustandsänderungskurve $T_m = f_2(v_m)$, und zwar im momentanen Endpunkt dieser Kurve; v_m und T_m sind die dem momentanen Endzustande zugehörigen Werte (vgl. Abb. 67).

Was den Wert u_m anbetrifft, so entspricht er auch dem Zustand im Mündungsquerschnitt und ist, insofern der Anfangszustand im Hochdruckgebiete liegt, aus der Gleichung:

$$u_m = \sqrt{g\,\frac{c - c_p}{c - v}\,R\,T_{kr}},$$

oder, wenn der Anfangszustand im Niederdruckgebiete liegt, aus der Gleichung:

$$u_m = \sqrt{2\,g \cdot \frac{1}{A}\,(J_i - J_a)}$$

zu berechnen.

Da der Anfangspunkt der Ausströmung binnen einer Periode veränderlich ist, so erfährt auch die kritische Temperatur damit eine Veränderung; sie ist aber für jeden Anfangspunkt gleich der Temperatur desjenigen Punktes, wo sich die Ausflußkurve

$$u = \sqrt{2\,g \cdot \frac{1}{A} \cdot (J_i - J_a)}$$

mit der Schallgeschwindigkeitskurve

$$u = \sqrt{g\,\frac{c - c_p}{c - c_v}\,R\,T_{kr}}$$

schneidet. Beide Geschwindigkeitskurven entsprechen der Ausflußzustandsänderung $T = f_2(v)$.

Gebietteilender Punkt der veränderlichen Strömung. In
Abb. 68 stellt $A_1\,A_a$ die Zustandsänderungskurve $T = f_1(v_i)$ im

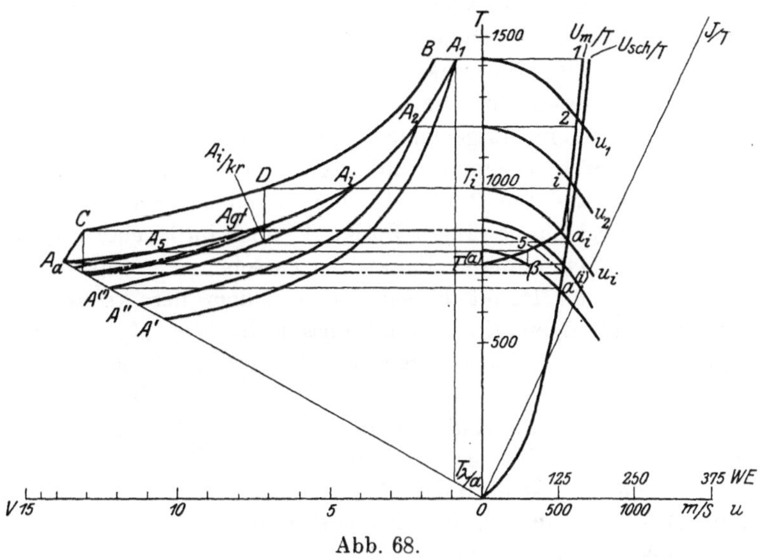

Abb. 68.

Inneren des Gefäßes, $O A_a$ die Isobare, die dem Außendruck p_a
entspricht, $A_1 A'$, $A_2 A'' \ldots$ die Zustandsänderungskurven $T = f_2(v_m)$
des Ausflusses dar.

Ziehen wir die Wärmehöhekurve J/T für die Zustandsänderung
$T = f_2(v)$, so können wir die Schallgeschwindigkeitskurve u für verschiedene Zustände im Inneren des Gefäßes aufzeichnen (vgl. Teil I,
Abschnitt 5).

Jedem Zustand A_i im Inneren des Gefäßes kommt ein ihm zuge-
höriger Endzustand $A^{(i)}$, eine Ausflußgeschwindigkeitskurve u_i, ein
kritischer Punkt $a_i\,(T_{kr})$, ein gebietteilender Punkt $A_{gt}\,(T_{gt})$ usw. zu.

Liegt der Punkt A_i im momentanen Hochdruckgebiet, dann
wird die entsprechende Ausflußgeschwindigkeit gleich der kritischen
sein; ziehen wir aus a_i eine Vertikale $a_i - i$ bis zur Horizontale $A_i T_i$,
so stellt die Strecke $T_i - i$ die momentane Ausflußgeschwindigkeit
im Punkt A_i dar.

Liegt der Punkt, wie z. B. A_5, im Niederdruckgebiete, so ist die momentane Ausflußgeschwindigkeit gleich $T^{(5)}\beta$, so daß der entsprechende Punkt der momentanen Ausflußgeschwindigkeitskurve durch Punkt 5 dargestellt wird.

Die Punkte 1, 2 ... bilden die Kurve der momentanen Ausflußgeschwindigkeiten: die u_m/T-Kurve, welche die Änderung der Ausflußgeschwindigkeit binnen einer Periode wiedergibt, in der Annahme, daß weder Lavaldüsen angebracht, noch zusätzlicher Ausschub vorgesehen ist.

Wie wir bereits gesagt haben, ist der momentane kritische sowie der momentane gebietteilende Punkt veränderlich. Es gibt aber dennoch, wie aus der Konstruktion zu ersehen ist, einen bestimmten gebietteilenden Punkt für die ganze veränderliche Ausströmung. Dieser Punkt wird im allgemeinen graphisch ermittelt, indem wir das Intervall zwischen einem Punkt A_i, der im Hochdruckgebiet liegt, und einem anderen Punkt A_5, der im Niederdruckgebiet liegt, untersuchen. Liegt ein gewählter Punkt A_x noch im Hochdruckgebiet, so wählen wir einen anderen Punkt A_y zwischen A_x und A_5 usw., bis wir endlich den Punkt finden, bei welchem der kritische Zustand dem zugehörigen Endzustand entspricht (vgl. A_{gt}, Abb. 68).

Auf Abb. 68 ist noch die Kurve $BDCA_a$ eingetragen, die den Gang der kritischen Volumina im Hochdruckgebiet (BDC) bzw. denjenigen der zugehörigen Endvolumina im Niederdruckgebiet (CA) wiedergibt. Sie ist wie folgt gezeichnet: für einen beliebigen Zustand A_i ist der kritische Punkt $A_{i/kr}$; ziehen wir von hier aus die Vertikale $A_{i/kr}$ bis zum Schnitt mit der Horizontale aus A_i, so finden wir den Punkt D der Kurve.

In besonderem Falle der polytropischen Zustandsänderung der Gase, die dem Gesetz Boyle-Mariotte-Gay-Lussac folgen, ist die Aufzeichnung der Kurven $A_1\dot{A}_a$, $A_1 A^1$ sowie $A_i A^{(i)}$ mit Hilfe des logarithmischen Koordinatensystems erleichtert (vgl. Abb. 69). Die Kurven der Abb. 68 beziehen sich auf Polytropen im Inneren des Gefäßes mit Exponent $n = 1{,}25$ und im Ausfluß $m = 1{,}4$.

Für eine polytropische Zustandsänderung läßt sich der gebietteilende Punkt der periodisch veränderlichen Strömung auch rechnerisch feststellen.

Für die halbidealen Gase bei einer Zustandsänderung nach Polytrope m ist:

$$c = c_v + g_x = c_v + \frac{AR}{1-m}, \qquad \text{wovon} \qquad c - c_v = \frac{AR}{1-m}$$

und

$$c - c_p = c_v + \frac{AR}{1-m} - c_p = \frac{AR}{1-m} - AR = \frac{AR \cdot m}{1-m},$$

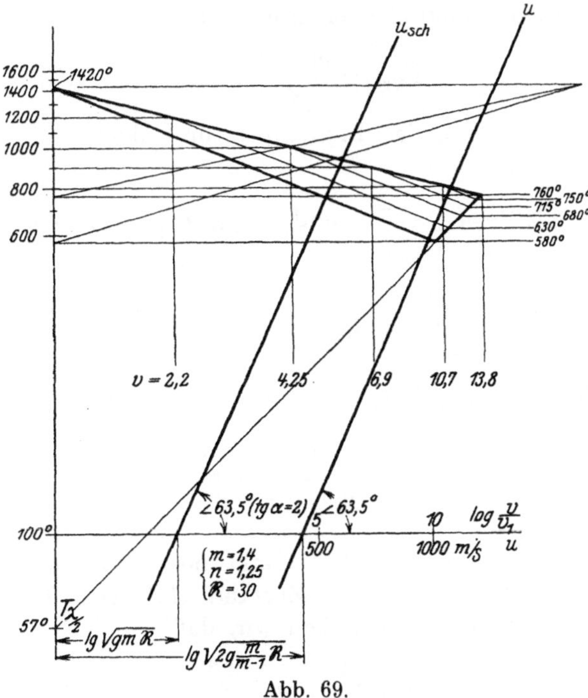

Abb. 69.

also

$$\frac{c - c_p}{c - c_v} = m,$$

folglich

$$u_{sch} = \sqrt{gmRT} \quad \ldots \ldots \ldots \quad (159)$$

Ferner ist:

$$J = I - AL - U = ART - \frac{ART}{1 - m} = \frac{m}{m - 1} \cdot ART,$$

so daß

$$u = \sqrt{\frac{2g}{A} \cdot \frac{m}{m - 1} \cdot AR(T_i - T)} \quad \ldots \ldots \quad (160)$$

Aus Vergleich von (159) mit (160) erhalten wir für den momentanen kritischen Zustand:

$$gm \cdot R \cdot T = \frac{2g}{A} \cdot \frac{m}{m - 1} \cdot AR \cdot (T_i - T),$$

woraus sich ergibt:

$$T_{i/kr} = \frac{2}{m + 1} T_i \quad \ldots \ldots \ldots \quad (161)$$

Dem momentanen gebietteilenden Punkt entspricht:

$$T_{i/gt} = \frac{m+1}{2} T_a, \quad \dots \dots \quad (162)$$

wo T_a die zu T_i zugehörige Endtemperatur bedeutet.

Aus (161) mit

$$T_{i/kr} \cdot v_{i/kr}^{m-1} = T_i \cdot v_i^{m-1} \quad \text{und} \quad T_{i/kr}^m \cdot p_{i/kr}^{1-m} = T_i^m \cdot p_i^{1-m}$$

finden wir:

$$p_{i/kr} = p_i \left(\frac{2}{m+1}\right)^{\frac{m}{m-1}} \quad \text{und} \quad v_{i/kr} = v \left(\frac{m+1}{2}\right)^{\frac{1}{m-1}} \quad (161\,\text{a})$$

Ist der Außendruck gleich p_a, so wird der Druck im momentanen gebietteilenden Punkt gleich

$$p_{i/gt} = p_a \left(\frac{m+1}{2}\right)^{\frac{m}{m-1}} \quad \dots \dots \quad (162\,\text{a})$$

Um nun den gebietteilenden Punkt der Ausströmung bei der gesamten Zustandsänderung von Zustand $A\,A_1\,(p_1\,v_1\,T_1)$ bis zum Außendruck p_a zu finden, bemerken wir, daß:

$$T_i\,p_i^{\frac{1-n}{n}} = T_a\,p_a^{\frac{1-n}{n}}$$

(Änderung im Inneren des Gefäßes) und

$$T_i\,p_i^{\frac{1-m}{m}} = T_m\,p_a^{\frac{1-m}{m}}$$

(Änderung im Ausfluß), von welchen wir durch Division

$$T_i^{\frac{1-m}{m} - \frac{1-n}{n}} = T_a^{\frac{1-m}{m}} : T_m^{\frac{1-n}{n}}$$

erhalten.

Soll T_i der gebietteilende Punkt sein, so muß:

$$T_m = \frac{2}{m+1} T_i,$$

also

$$\frac{T_i^{\frac{1-m}{m}}}{T_i^{\frac{1-n}{n}}} = \frac{T_a^{\frac{1-m}{m}}}{\left(\frac{2}{m+1} \cdot T_i\right)^{\frac{1-n}{n}}}$$

oder

$$T_{at} = T_a \cdot \left(\frac{m+1}{2}\right)^{\frac{1-n}{n} \cdot \frac{m}{1-m}} \quad \dots \dots \quad (163)$$

Aus der letzten Formel können wir leicht den gebietteilenden Punkt der veränderlichen Ausströmung analytisch berechnen, z. B. für $m = 1{,}4$ und $n = 1{,}25$ ist $T_{gt} = 1{,}13\, T_a$ (vgl. Abb. 68).

In dem untersuchten Fall der polytropischen Änderungen wird auch die Aufzeichnung der Schall sowie der Ausflußgeschwindigkeitskurven durch das logarithmische Diagramm sehr erleichtert. Abb. 69 gibt diese beiden Kurven im logarithmischen Diagramm für den Exponenten der Polytrope $m = 1{,}4$ und für eine Gaskonstante $R = 30$ wieder. Die Aufzeichnung der Kurven ist aus den Formeln (159) und (160) und Abb. 69 ersichtlich.

Graphische Darstellung der Arbeit und der Dauer des Ausströmens. Wir kehren nun zu Formel (158) zurück und zeigen, wie die Arbeit des Ausströmens graphisch berechnet werden kann. Die elementare Ausströmensarbeit ist gleich:

$$A \cdot dL = -\,(J_i - J_m)\cdot d\left(\frac{V}{v_i}\right).$$

Für jeden Zustand im Inneren des Gefäßes A_i können wir aus Abb. 68 den Wert $\dfrac{V}{v_i}$ ausrechnen und auf dem Koordinatensystem Abb. 70 als Abszisse ablegen. Für denselben Zustand A_i entnehmen wir dem Wärmediagramm den Wert $J_i - J_m$ und legen ihn als Ordinate ab, dann erhalten wir eine Kurve ABC, bei welcher der Streifen $1-2-3-4$ den Wert $A \cdot dL$ wiedergibt. Damit ist die Fläche zwischen der Kurve ABC, der Abszissenachse und der Vertikalen CE gleich der Arbeit der Entleerung, falls keine Düsen vorgesehen sind.

Werden aber entsprechende Vorrichtungen, wie Lavaldüsen, angebracht, um das ganze Wärmegefäll auszunutzen, so ist der Wert J_m gleich der Wärmehöhe, entsprechend dem zugehörigen Außenzustand, nicht aber, wie früher, dem kritischen. Die Arbeitskurve wird in diesem idealen Falle (vgl. Abb. 70) durch ABD dargestellt sein.

Vergleichen wir Abb. 70 mit einem p/v-Diagramm, so ersehen

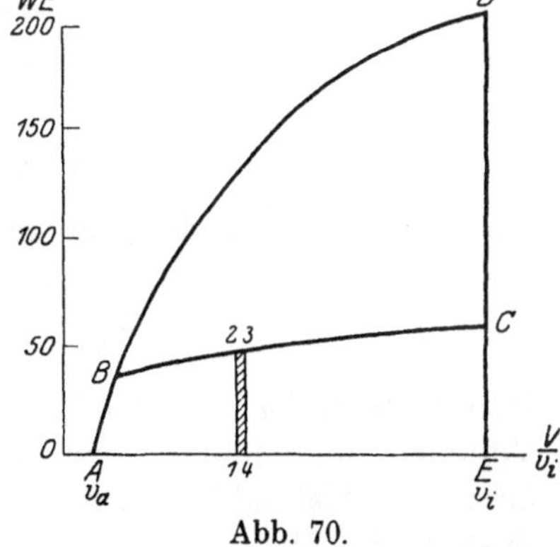

Abb. 70.

wir, daß die Außenarbeit hier und dort ähnlich dargestellt ist. Statt einer Druckkurve haben wir eine Wärmegefällkurve, statt spez.

Volumen das momentane Gewicht $\dfrac{V}{v_i}$. Die Arbeit hier und dort wird durch Flächen dargestellt.

Verfolgen wir nun die Analogie weiter, so können wir die Arbeitsfläche durch $\left(\dfrac{V}{v_i} - \dfrac{V}{v_a}\right)$ dividieren und erhalten dann das mittlere Wärmegefäll, so daß wir die Arbeit in folgender Weise ausdrücken können:

$$A L = \left(\frac{V}{v_i} - \frac{V}{v_a}\right) \cdot p_j .$$

Es bedeutet hier $\left(\dfrac{V}{v_i} - \dfrac{V}{v_a}\right)$ das Gewicht des Gases, das bei Änderung von A_i bis A_a aus dem Gefäß ausgeströmt ist, und p_j das mittlere Arbeitsgefäll.

Bezeichnen wir wie früher mit ε den Ausdehnungsgrad, d. h.

$$\varepsilon = \frac{v_a}{v_i},$$

so erhalten wir

$$\frac{V}{v_i} - \frac{V}{v_a} = \frac{V}{v_i}\left(1 - \frac{v_i}{v_a}\right) = \frac{V}{v_i}\left(1 - \frac{1}{\varepsilon}\right) \quad . \quad . \quad . \quad (164)$$

und damit

$$A L = G \cdot p_j \left(1 - \frac{1}{\varepsilon}\right), \quad . \quad . \quad . \quad . \quad . \quad (165)$$

wo G das Gewicht des Gases im Behälter bei Anfangszustand A_1 bedeutet.

Wir gehen ferner zur Untersuchung der graphischen Darstellung des Zeitverlaufes des Ausströmens aus einem Gefäß über. Die Formel 157 können wir wie folgt schreiben:

$$- \frac{v_m}{F \cdot u_m} \cdot d\left(\frac{V}{v_i}\right) = dt,$$

oder angenommen, daß der Querschnitt konstant bleibt:

$$- \frac{v_1}{F u_1} \cdot \frac{u_1}{u_m} \cdot \frac{v_m}{v_1} \cdot d \cdot \left(\frac{V}{v_i}\right) = dt.$$

Hier bedeutet u_m die Ausflußgeschwindigkeit und v_m das spezifische Volumen im Mündungsquerschnitt, und zwar entsprechend dem kritischen Zustand im Hochdruckgebiet und dem äußeren (zugehörigen) Zustand im Niederdruckgebiet.

Für jeden Zustand im Inneren des Gefäßes A_i können wir u_m aus der u_m/T-Kurve und v_m aus der Kurve $B C A_a$ entnehmen und den momentanen Wert

$$\frac{u_1}{u_m}\cdot\frac{v_m}{v_1} = B_{1m}$$

berechnen. Legen wir im Koordinatensystem (Abb. 71) als Abszissen die Werte
$\dfrac{V}{v_i}$ (vgl. Abb. 70) und als Ordinaten die
entsprechenden Werte B_{1m} ab, so entsteht
die Kurve FGH. Planimetrieren wir
die Fläche $FGKL$ zwischen dieser Kurve,
Ordinatenachse und Vertikalen aus $i = 1$
und $i = i$ und dividieren die erhaltene
Fläche durch KL, so erhalten wir den

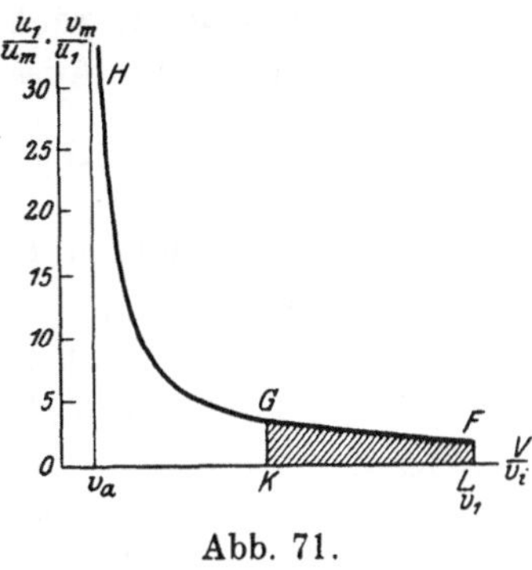

Abb. 71.

mittleren Wert von B_{1m}, den wir mit B_{1-i} bezeichnen. Da B_{1m} eine
abstrakte Zahl bedeutet, so ist auch B_{1-i} eine abstrakte Zahl.

Wir erhalten folglich:

$$\int_1^i \frac{u_1\cdot v_m}{u_m\cdot v_1}\,d\left(\frac{V}{v_i}\right) = -\,B_{1-i}\left(\frac{V}{v_1}-\frac{V}{v_i}\right) = -\,B_{1-i}\cdot\frac{V}{v_1}\left(1-\frac{1}{\varepsilon_i}\right)$$

und damit ist die Zeit der Ausströmung vom Anfangszustand A_1 bis
Zustand A_i gleich:

$$t = B_{1-i}\cdot\frac{V}{F\,u_1}\cdot\left(1-\frac{1}{\varepsilon_i}\right), \quad \ldots \ldots \quad (166)$$

wo $\varepsilon_i = \dfrac{v_i}{v_1}$.

In dieser letzten Formel bedeutet $\dfrac{V}{F\,u_1}$ eine Zeitdauer in Sekunden-
wenn V in Kubikmetern, F in Quadratmetern und u_1 in Meter-
sekunden angegeben sind; die anderen zwei Faktoren sind bloß abstrakte Zahlen.

Wir könnten auch für jeden Zustand A_i den Wert $B_{1-i}\left(1-\dfrac{1}{\varepsilon_i}\right)$
ausrechnen und diese Zahl als Ordinate bei denselben Abszissen ab-
legen, dann erhielten wir eine Kurve, die direkt die Zeit der Ausströmung vom Anfangspunkt A_1 bis zu jedem Zustand A_i darstellen würde.

Die oben erwähnte graphische Berechnung ist auch für den
Fall eines veränderlichen Ausflußquerschnittes gültig, wenn derselbe
als Funktion des Zustandes angegeben ist. Es ist dann die Ordinate gleich:

$$\frac{F_1}{F_m}\cdot\frac{u_1}{u_m}\cdot\frac{v_m}{v_1}$$

abzulegen, was auch einer abstrakten Zahl entspricht.

Analytische Berechnung der Arbeit des Ausströmens. Die Hauptgleichung des Ausströmens (158)

$$A\,dL = -(J - J_m)\,d\left(\frac{V}{v_i}\right)$$

kann in einer anderen Form dargestellt sein.

In der Tat, da:

$$d\left[(J - J_m)\frac{V}{v_i}\right] = \frac{V}{v_i}\cdot d(J - J_m) + (J - J_m)\cdot d\left(\frac{V}{v_i}\right),$$

so ist:

$$A\,dL = \frac{V}{v_i}\cdot d(J - J_m) - d\left[(J - J_m)\frac{V}{v_i}\right].$$

Es folgt aus der letzten Gleichung, daß die ganze Arbeit beim Ausströmen vom Zustand A_λ bis Endzustand A_a im Inneren des Gefäßes, oder kurz von λ bis a ist gleich:

$$A\,L_{\lambda - a} = \left[(J_i - J_m)\frac{V}{v_i}\right]_{i = \lambda} - \left[(J_i - J_m)\frac{V}{v_i}\right]_{i = a} - \int_a^\lambda \frac{V}{v_i}\cdot d(J - J_m) \quad (167)$$

oder da $J_a = (J_m)_a$

$$A\,L_{\lambda - a} = (J_\lambda - J_m)\frac{V}{v_\lambda} - \int_a^\lambda \frac{V}{v_i}\cdot d(J_i - J_m) \quad . \quad . \; (167\,\mathrm{a})$$

Diese Gleichung ist für den allgemeinen Fall des veränderlichen Ausströmens der Gase und Dämpfe gültig. Sie vereinfacht sich aber für besondere Fälle, von denen die zwei wichtigsten in den nachstehenden Beispielen näher besprochen werden. Wir nehmen an, daß die Gase den Gesetzen der halbidealen Gase folgen, daß der Inhalt des Zwischenbehälters V konstant bleibt und daß Vorrichtungen vorhanden sind, die in jedem Augenblick die Ausnutzung des ganzen Wärmegefälles ermöglichen.

Beispiel 1. Die Zustandsänderung im Inneren des Gefäßes und im Ausfluß verlaufen nach derselben Kurve.

In diesem Fall ist

$$J_m = J_a = \text{konstant}$$

und

$$A\,L_{\lambda - a} = (J_\lambda - J_a)\frac{V}{v_\lambda} - \int_a^\lambda \frac{V}{v_i}\cdot d J_i.$$

Da aber

$$dJ = (c_p - c_v - g_x)\,dT = A\,R\,dT - g_x\,dT =$$
$$= A(R\,dT - p\,dv) = A\,v\,dp,$$

so erhalten wir:

$$A L_{\lambda-a} = (J_\lambda - J_a)\frac{V}{v_\lambda} - V A (p_\lambda - p_a)$$

oder

$$A L_{\lambda-a} = \frac{V}{v_\lambda}\left[(J_\lambda - J_a) - A R\left(T_\lambda - \frac{v_\lambda}{v_a} T_a\right)\right] \quad . \quad (168)$$

oder

$$A L_{\lambda-a} = \frac{V}{v_\lambda}[(J_\lambda - J_a) - A R(T_\lambda - T_{a/\lambda})] \quad . \quad (168\,\mathrm{a})$$

wo

$$T_{a/\lambda} = \frac{v_\lambda}{v_a} T_a = \frac{T_a}{\varepsilon_\lambda}$$

aus Abb. 68 als Ordinate des Schnittes der Isobare $O A_a$ mit der Vertikalen aus A_i abzunehmen ist.

Die Formel 168a ist für jede beliebige Zustandsänderung gültig.

Formel 168 und 168a stellen die Arbeit von $G_\lambda = \dfrac{V}{v_\lambda} - \dfrac{V}{v_a}$ $= \dfrac{V}{v_\lambda}\left(1 - \dfrac{1}{\varepsilon}\right)$ kg ausfließendes Gas dar. Die Arbeit auf 1 kg ausfließenden Gases ist gleich:

$$(A L_{\lambda-a})_{1\,\mathrm{kg}} = \frac{\varepsilon}{\varepsilon-1}[(J_\lambda - J_a) - A R(T_\lambda - T_{a/\lambda})] \quad (168\,\mathrm{b})$$

Beispiel 2. Es soll die Zustandsänderung im Inneren des Gefäßes nach Polytrope n und die Ausflußzustandsänderung nach Polytrope m vor sich gehen.

Für die Zustandsänderung im Inneren gilt:

$$T_i v_i^{n-1} = T_1 v_1^{n-1} = T_a v_a^{n-1},$$

für die Zustandsänderung bei Ausfluß dagegen:

$$T_i v_i^{m-1} = T^{(i)} v^{(i)\,m-1}.$$

Der Wert

$$\int_a^\lambda \frac{V}{v_i} \cdot d(J_i - J_m)$$

muß hier in zwei Teile zerlegt werden, und zwar:

$$\int_a^\lambda \frac{V}{v_i} \cdot d(J_i - J_m) = \int_a^\lambda \frac{V}{v_i} \cdot d J_i + \int_\lambda^a \frac{V}{v_i} \cdot d J_m.$$

In dem ersten Teil wird v_i als Funktion von T_i, im zweiten als Funktion von $T^{(i)}$ betrachtet worden.

16*

Nun ist für die beiden Teile:

$$dJ = (c_p - c)\,dT$$

und

$$c_p - c = c_p - c_v - g = AR - \frac{AR}{1-m} = \frac{m}{m-1}AR$$

und ferner für den ersten Teil

$$v_i = \frac{v_a\,T_a^{\frac{1}{n-1}}}{T_i^{\frac{1}{n-1}}},$$

so daß:

$$\int_a^\lambda \frac{V}{v_i}(c_p - c)\,dT = \frac{V \cdot AR}{m-1} \cdot \frac{m}{v_a \cdot T_a^{\frac{1}{n-1}}} \int_a^\lambda T^{\frac{1}{n-1}} \cdot dt =$$

$$= \frac{V \cdot AR}{m-1} \cdot \frac{m}{v_a T_a^{\frac{1}{n-1}}} \cdot \frac{n-1}{n}\left[T_\lambda^{\frac{1}{n-1}+1} - T_a^{\frac{1}{n-1}+1} \right] =$$

$$= \frac{V}{v_\lambda} \cdot AR \cdot \frac{m}{m-1} \cdot \frac{n-1}{n}\left[T_\lambda - \frac{v_\lambda}{v_a}T_a \right].$$

Für den zweiten Teil haben wir:

$$T_i p_i^{\frac{1-n}{n}} = T_a p_a^{\frac{1-n}{n}} \quad \text{und} \quad T_i p_i^{\frac{1-m}{m}} = T^{(i)} p_a^{\frac{1-m}{m}},$$

woraus wir durch Eliminierung von $\dfrac{p_i}{p_a}\,T_i$ erhalten

$$T_i^{\frac{1-m}{m}\,\frac{1-n}{n}} = \frac{T_a^{\frac{1-m}{m}}}{T^{(i)\frac{1-n}{n}}}$$

oder

$$T_i = T^{(i)\frac{m(n-1)}{n-m}} \cdot T_a^{\frac{(1-m)n}{n-m}}$$

und damit:

$$v_i = \frac{v_a\,T_a^{\frac{1}{n-1}}}{\left[T^{(i)\frac{m(n-1)}{n-m}} \cdot T_a^{\frac{(1-m)n}{n-m}} \right]^{\frac{1}{n-1}}} = \frac{v_a\,T_a^{\frac{m}{n-m}}}{T^{(i)\frac{m}{n-m}}},$$

so daß:

$$\int_{(\lambda)}^a \frac{V}{v_i}(c_p - c)\,dT' = \frac{V \cdot AR}{m-1} \cdot \frac{m}{v_a T_a^{\frac{m}{n-m}}} \int_{(\lambda)}^a T^{\frac{m}{n-m}}\,dT =$$

$$= V \cdot AR \cdot \frac{m}{m-1} \cdot \frac{n-m}{n} \cdot \frac{1}{v_a\, T_a^{\frac{m}{n-m}}} \left[T_a^{\frac{m}{n-m}+1} - T^{(\lambda)\,\frac{m}{n-m}+1} \right]$$

$$= \frac{V}{v_\lambda} \cdot AR \cdot \frac{m}{m-1} \cdot \frac{n-m}{n} \left[T_a \frac{v_\lambda}{v_a} - T^{(\lambda)} \right]$$

und schließlich:

$$\int_a^\lambda \frac{V}{v_i}\, d(J_i - J_m) = \frac{V}{v_\lambda} \cdot AR \cdot \frac{m}{m-1} \cdot \frac{1}{n} \left[n - 1) T_\lambda + \right.$$

$$\left. + (m - n)\, T^{(\lambda)} - \frac{v_\lambda}{v_a} T_a (m - 1) \right].$$

Wir erhalten also:

$$AL_{\lambda - a} = \frac{V}{v_\lambda} \left\{ (J_\lambda - J^{(\lambda)}) - \frac{m}{m-1} \cdot \frac{AR}{n} \left[(n - 1) T_\lambda + \right. \right.$$

$$\left. \left. + (m - n)\, T^{(\lambda)} - \frac{v_\lambda}{v_a} T_a (m - 1) \right] \right\} \quad \ldots \ldots \ldots \quad (169)$$

oder mit $J = \dfrac{m}{m-1} ART$

$$AL_{\lambda - a} = \frac{V}{v_\lambda} \cdot \frac{1}{n} \cdot \frac{m}{m-1} \cdot AR \left[\left(T_\lambda - \frac{v_\lambda}{v_a} T_a \right) - m \left(T^{(\lambda)} - \frac{v_\lambda}{v_a} T_a \right) \right].$$

Für den Fall, daß $m = n$, ergibt sich aus Gl. (169) die Formel (168).

Wirkungsgrad der Turbinen mit veränderlichem Anfangszustand. Auf Grund der Formel 168 können wir nun den wirtschaftlichen Wirkungsgrad einer Explosionsturbine mit veränderlichem Anfangszustand berechnen.

Wir unterscheiden wie früher zwei Fälle: im ersten Fall soll die Ladung in die Explosionskammer ohne Verdichtung, im zweiten mit Verdichtung eingeführt werden. Für die beiden Fälle nehmen wir jedoch an, daß die Zustandsänderungen in dem Zwischenbehälter und im Ausfluß adiabatisch vor sich gehen. Dann wird die Arbeit (168 b) auf 1 kg Mol. Verbrennungsgas (m_v kg) berechnet, gleich sein:

$$(m_v\, AL) = \frac{\varepsilon}{\varepsilon - 1} \left[(m_v\, J_1 - m_v\, J_a) - m_v\, AR \left(T_1 - \frac{v_1}{v_a} T_a \right) \right]$$

und der wirtschaftliche Wirkungsgrad für den ersten Fall gleich:

$$\eta_w = \frac{\varepsilon}{\varepsilon - 1} \cdot \frac{\eta_t (m_v\, AL)}{m_v\, Q}.$$

Der Turbinenwirkungsgrad η_t muß in diesem Fall bedeutend kleiner als früher angenommen werden, da bei Senkung der Ausflußgeschwindigkeit von seinem größten Wert bis 0 die Verluste auf mechanische Reibung der Turbine, sowie die Stoßverluste usw. fortlaufend steigen, so daß bei der kleinsten Ausflußgeschwindigkeit der Wirkungsgrad gleich 0 gesetzt werden muß. Wir schätzen η_t im Mittleren von 0,40 bis 0,50.

Wir wählen in unserem Beispiel dasselbe Gasgemisch wie in der Explosionsturbine mit unveränderlichem Anfangszustand. Der Anfangszustand soll durch $p = 1$ at, wo $T = 300^0$, gegeben sein. Für eine Endtemperatur der Verbrennung $T_1 = 1420^0$ wird der Enddruck, wie früher gezeigt, gleich ca. 4,5 at sein.

Bei adiabatischer Ausdehnung von Zustand $T_1 = 1420^0$, $p_1 = 4,5$ at und $v_1 = 1$ bis $p_a = 1$ at erhalten wir aus dem Zustandsänderungsdiagramm den zugehörigen Endzustand:

$$T_a = 1025^0, \quad p_a = 1 \text{ at} \quad \text{und} \quad v_a = 3,25$$

und damit das Wärmegefälle auf 1 Mol.

$$m\,J_1 - m\,J_a \sim 3550 \text{ WE,}$$

so daß:

$$\eta_w = \frac{3,25}{2,25} \cdot \frac{0,45 \cdot \left\{ 3550 - 1,975 \left(1420 - \dfrac{1025}{3,25} \right) \right\}}{6800} \sim 0,13 \,.$$

Wir sehen also, daß die Explosionsturbine mit einem veränderlichen Einströmungszustand keinen bedeutend größeren Wirkungsgrad hat, als diejenige mit einem unveränderlichen Einströmungszustand.

Für den zweiten Fall, d. h. in der Annahme, daß die frische Ladung in die Explosionskammer mit einer Verdichtung eingeführt wird, setzen wir dieselben Bedingungen wie für das früher erwähnte Beispiel der Explosionsturbine mit einem unveränderlichen Einströmungszustand.

Die Ladung wird von Zustand $p = 1$ at, $T = 300^0$ bis auf Zustand $p = 5,53$ at, $T = 300^0$ verdichtet und dann in die Explosionskammer eingeführt, so daß die Kompressorarbeit auf 1 Mol. Verbrennungsgase mit Berücksichtigung des Wirkungsgrades gleich (auf der Welle der Turbine gerechnet) $\dfrac{1}{\eta_k \cdot \eta_m} = 1,1$

$$\chi \cdot \frac{1}{\eta_k \, \eta_m} \cdot (m_L \, A\,L)_{komp} = 2,17 \cdot 1,05 \cdot 300 \cdot \ln 5,53 \sim 1150 \text{ WE}$$

ist.

In der Explosionskammer wird der Zustand bei der Explosion gleich sein:

$$T_1 = 1420^0, \quad p_1 = 25 \text{ at} \quad \text{und} \quad v_1 = 1$$

und beim Anfang der Einführung der neuen Ladung, d. h. bei Druck $p = 5,33$ at wie früher (vgl. Zustandstafel)

$$T_\lambda = 1025^0, \quad p_\lambda = 5,53 \text{ at} \quad \text{und} \quad v_\lambda = 3,25.$$

Die Arbeit des veränderlichen Ausflusses von Zustand A_1 bis A_λ wird gleich:

$$(AL)_{1-\lambda} = (AL)_{1-a} - (AL)_{\lambda-a}$$

sein.

Von Zustand A_λ verläuft das Ausströmen bei unveränderlichem Einströmungszustande, der sich innerhalb der Einführung der frischen Ladung einstellt und dem Zustand A_λ entspricht. Bei diesem Ausströmen wird das gebliebene Gewicht $G = \dfrac{V}{v_\lambda}$ aus der Explosionskammer ausgeschoben. Die Arbeit von G kg pro 1 Sekunde durchströmendes Gas ist für diesen Fall (stationäre Strömung) gleich:

$$AL = G(J_\lambda - J_a) = \frac{V}{v_\lambda}(J_\lambda - J_a).$$

Wir erhalten damit, daß die ganze Arbeit für G kg Gas gleich ist:

$$(AL)_{1-\lambda} + (AL)_{st.} = \frac{V}{v_1}\left[J_1 - J_a - AR\left(T_1 - \frac{v_1}{v_a}T_a\right)\right] -$$

$$- \frac{V}{v_\lambda}\left[J_\lambda - J_a - AR\left(T_\lambda - \frac{v_\lambda}{v_a}T_a\right)\right] + \frac{V}{v_\lambda}(J_\lambda - J_a)$$

oder

$$AL = \frac{V}{v_1}\left[(J_1 - J_a) - AR\left(T_1 - \frac{v_1}{v_\lambda}T_\lambda\right)\right] \quad \ldots \quad (170)$$

wo $\dfrac{V}{v_1}$ dem Gewicht des Gefäßinhaltes und gegebenenfalls auch dem Gewicht des ausfließenden Gases entspricht, so daß die Arbeit auf 1 Mol. Verbrennungsgase:

$$m_v AL = (m_v J_1 - m_v J_a) - m_v AR\left(T_1 - \frac{v_1}{v_\lambda}T_\lambda\right)$$

gleich ist.

Das Wärmegefäll $mJ_1 - mJ_a$ bleibt hier dasselbe wie früher, also gleich 6400 WE, und damit:

$$m_v AL = 6400 - 1,975\left(1420 - \frac{1}{3,25}\cdot 1025\right) = 4220 \text{ WE}.$$

Mit $\eta_t = 0,5$ erhalten wir:

$$\eta_t(m_v AL) = 2110 \text{ WE},$$

also schließlich:

$$\eta_w = \frac{2110 - 1150}{6800} \sim 0,15.$$

Zum Schluß werden wir noch kurz das isothermische Ausströmen und seinen kritischen Zustand untersuchen.

Isothermisches Ausströmen. Für ein isothermisches Ausströmen
können wir die Wärmehöhe laut Formel 34 (Teil I) als negativen
Arbeitsinhalt auffassen; damit wird das Wärmegefäll von Zustand 2
bis Zustand 1 als Ausdehnungsarbeit von Zustand 2 bis Zustand 1
betrachtet:

$$J_2 - J_1 = A\,L_1 - A\,L_2 = A\,R\,T\ln\frac{v_1}{v_2} = A\,R\,T\ln\frac{p_2}{p_1} \qquad (171)$$

also

$$J = A\,R\,T_0\ln p \quad \ldots \ldots \ldots \quad (172)$$

Hieraus folgt, daß

$$d\,J = A\,R\,T_0\frac{d\,p}{p} = A\,v\,d\,p = -\,A\,p\,d\,v.$$

Die Geschwindigkeit beim Ausströmen vom Gefäß mit Zustand
p/v in ein Gefäß mit Druck p_1 (zugehöriges spezifisches Volumen v_1)
ist mit (39) und (171)

$$u = \sqrt{2\,g\cdot R\,T_0\cdot\ln\frac{v}{v_1}} \quad \ldots \ldots \quad (173)$$

und der kritische Zustand läßt sich aus Gleichung:

$$\frac{\dfrac{d\,u}{d\,v}}{u} - \frac{1}{v} = 0$$

ermitteln (vgl. Teil I, Abschn. 5).

Da

$$\frac{d\,u}{d\,v} = \frac{g\,p}{u},$$

so erhalten wir:

$$\frac{g\,p}{u^2} - \frac{1}{v} = 0 \quad \text{oder} \quad u_{sch} = \sqrt{g\,R\,T_0}, \quad \ldots \quad (174)$$

was auch von (159) mit $m = 1$ folgt.

Aus dem Vergleich von (173) und (174) erhalten wir:

$$\ln\frac{v_{kr}}{v_i} = \frac{1}{2} \quad \text{oder} \quad \ln\frac{p_1}{p_{kr}} = \frac{1}{2},$$

folglich:

$$p_{kr} = \frac{p_1}{e^{0,5}} = 0{,}606\,p_1.$$

Zu demselben Schluß kommen wir auch aus Formel (161a), indem wir $m = 1$ setzen und den unbestimmten Wert 1^{∞} nach Gesetzen der Differentialrechnung finden. Wir haben:

$$\ln\left(\frac{p_i}{p_{kr}}\right) = \frac{\ln\frac{m+1}{2}}{\frac{m-1}{m}} = \frac{0}{0} = \frac{\left(\dfrac{d\ln\frac{m+1}{2}}{dm}\right)_{m=1}}{\left(\dfrac{d\frac{m-1}{m}}{dm}\right)_{m=1}}.$$

Da

$$\frac{d\ln\frac{m+1}{2}}{dm} = \frac{d\frac{m+1}{2}}{\frac{m+1}{2}} = \frac{1}{m+1}$$

bei $m = 1$ gleich $\frac{1}{2}$ und

$$\frac{d\frac{m-1}{m}}{dm} = \frac{1}{m^2}$$

bei $m = 1$ gleich 1 ist, so folgt:

$$\ln\frac{p_i}{p_{kr}} = \frac{1}{2}.$$

Das Verhältnis von p_{kr} zu p_1 im Anfangszustand ist für verschiedene Werte von m nachstehend angegeben:

Tabelle XIV.

$m =$	2	1,5	1,4	1,2	1,1	1	0,9
$\frac{p_{kr}}{p_1} =$	0,445	0,512	0,525	0,565	0,585	0,606	0,63

In der Einleitung zu dem vorliegenden Abschnitt haben wir darauf hingewiesen, daß zwischen der Dampf- und Verbrennungsturbine eigentlich kein großer Unterschied festgestellt werden kann. Eine Verbrennungsturbine steht zur Dampfturbine in demselben Verhältnis wie eine Heißluft- bzw. Heißgaskolbenmaschine (ohne Verbrennung) zu einer Kolbendampfmaschine.

Trotzdem ist die Frage in Betreff der Ausführung der Verbrennungsturbinen bis heute noch völlig ungelöst, da sich die zahlreichen und wichtigen Erfahrungsangaben der Dampfturbinen nicht ohne weiteres auf die Lehre der Verbrennungsmaschinen übertragen lassen. Selbst bei Verzicht auf die Unterschiede der physikalischen Eigenschaften der Dampf und der Verbrennungsgase ist noch eine andere Tatsache in Betracht zu ziehen, nämlich, daß die Temperaturschwanknng in einer Dampfturbinenanlage ca. 200^0, bei höchster Temperatur ca. 500^0 abs. beträgt, dagegen in Gasturbinenanlagen bis 600^0, bei höchster Temperatur 1500^0 abs. ausmacht. In Wirklichkeit und für eine bessere Ausnutzung einer Gasturbine muß jedoch die Anfangstemperatur der Ausströmung viel höher angesetzt werden (bis ca. 1800^0). Ob die praktischen Koeffizienten des Ausflusses, der Reibung usw. auch für diese hohen Temperaturen gültig sind, ist sehr fraglich.

Lassen wir auch diese Zahlen, wie es hier angenommen worden ist, gelten, so ergibt sich dennoch eine andere und vielleicht nicht minder wichtige Frage, nämlich: wie groß sich in diesem Fall der Wärmeverlust auf die Kühlung stellen wird, da es selbstverständlich ist, daß sich kein Material finden läßt, das dauernd große Verbrennungstemperaturen aushalten kann und gleichzeitig für den Bau der Maschine geeignet ist. Ziehen wir den 20$^0/_0$igen Wärmeverlust wie in der Kolbenmaschine in Betracht, so nimmt der wirtschaftliche Wirkungsgrad der Verbrennungsturbinen erheblich ab. Es ist jedoch zu vermuten, daß dieser Verlust besonders bei den Verbrennungsturbinen mit unveränderlichem Einflußzustand noch weit größer ist.

Für die Lösung dieser Fragen sind Versuche über die Ausströmung der Gase im Hochtemperaturgebiet unentbehrlich. Auch nähere Untersuchungen der bereits im Versuchsstande befindlichen Verbrennungsturbinen wurden dazu beitragen.